工业和信息化部"十四五"规划专著

碳纤维及其聚合物基复合材料界面性能

肇　研　曹正华　郝建伟　著

北京航空航天大学出版社

内 容 简 介

本书为工业和信息化部"十四五"规划立项专著,全面阐述国内外碳纤维的发展现状及其聚合物基复合材料的界面特性,从碳纤维表面微观形貌和化学性能两方面入手,分析碳纤维增强聚合物基复合材料微观界面性能及宏观界面性能,阐明界面形成机理,在此基础上对现阶段作者所在科研团队取得的热固性和热塑性聚合物匹配的碳纤维表面改性成果进行介绍。

本书可为从事碳纤维及其聚合物基复合材料工程研究的科研人员、技术人员提供阶段性数据参考,也可供高等院校和科研单位材料科学与工程专业师生和科技工作者使用。

图书在版编目(CIP)数据

碳纤维及其聚合物基复合材料界面性能 / 肇研,曹正华,郝建伟著. -- 北京 : 北京航空航天大学出版社,2023.10

ISBN 978 - 7 - 5124 - 4080 - 7

Ⅰ. ①碳… Ⅱ. ①肇… ②曹… ③郝… Ⅲ. ①碳纤维增强复合材料 Ⅳ. ①TB334

中国国家版本馆 CIP 数据核字(2023)第 067542 号

碳纤维及其聚合物基复合材料界面性能

肇 研 曹正华 郝建伟 著

策划编辑 冯 颖 责任编辑 张冀青

*

北京航空航天大学出版社出版发行

北京市海淀区学院路 37 号(邮编 100191) http://www.buaapress.com.cn

发行部电话:(010)82317024 传真:(010)82328026

读者信箱:goodtextbook@126.com 邮购电话:(010)82316936

北京建宏印刷有限公司印装 各地书店经销

*

开本:787×1 092 1/16 印张:16.5 字数:422 千字

2023 年 10 月第 1 版 2023 年 10 月第 1 次印刷 印数:1 000 册

ISBN 978 - 7 - 5124 - 4080 - 7 定价:89.00 元

序

　　碳纤维是一类具有特殊性能与功能的无机纤维材料,以其作为增强体制成的复合材料,具有比强度高、比模量高、耐疲劳和耐腐蚀的特点,深受航空航天等领域的青睐。20世纪60年代,日本研究者进藤昭男发明了由聚丙烯腈原丝制备碳纤维的基本工艺,此后的几十年内,碳纤维制造手段飞速发展,制造技术逐渐成熟。碳纤维增强聚合物基复合材料是复合材料中最早也最重要的一种,其相关研究也是材料学科中不可或缺的一部分。碳纤维增强聚合物基复合材料最早作为航空器和航天器的结构材料得以应用,经过几十年的发展,已经拓展到能源、现代交通、海洋工程、体育休闲及医疗器械等领域,而多领域的广泛应用又带动了材料的发展。

　　我国碳纤维研究工作和相关产业起步较晚,无论是从制造技术还是产能上,都仍处于奋力追赶阶段。数据显示,2021年我国的碳纤维需求量为6.24万吨,占全球总需求量的一半以上,而国产碳纤维产量却只能满足约44%的国内需求。目前,我国正大力完善碳纤维制造工艺,提高碳纤维产能与产量。大力发展碳纤维产能与产量意义重大,不但可以填补国内碳纤维供应的庞大缺口,还能提高航空航天等一系列相关领域的应用水平,带动产业一并发展,从材料到装备一同进入国际前列。

　　碳纤维增强聚合物基复合材料中,碳纤维与聚合物基体之间的界面扮演了二者之间性能传递的重要角色,可影响复合材料的多项性能,而碳纤维的微观形貌、化学性能和浸润性能等基本性能是决定复合材料界面性能的重要因素。本书首先从碳纤维的基本性能入手,介绍了碳纤维增强聚合物基复合材料界面的形成过程,选取有代表性的碳纤维/聚合物体系,表征其微观界面性能;在此基础上,对适用于匹配几种热固性和热塑性聚合物的碳纤维表面改性方法进行了介绍;最后对湿热环境中的碳纤维增强聚合物基复合材料的宏观界面性能进行了分析总结。

　　我作为碳纤维与复合材料的研究者,认识肇研教授等本书作者20余年。肇研教授在碳纤维增强聚合物基复合材料领域拥有丰富的研究经历和卓越成果,这给本书的编写提供了很大保障。本书全面系统地阐述了目前较为成熟通用的碳纤维增强聚合物基复合材料界面性能的表征与改性方法。同时,本书还有一个重要特点,即在不失碳纤维及其复合材料一般性的基础上,重点介绍了大量国产碳纤维的性能数据,力求突出国产碳纤维目前的优势与不足,激励国产碳纤维继续追赶世界顶尖水平。

　　碳纤维产业是新时代材料产业的主力军之一,国产碳纤维的发展与革新战略意义重大,任重道远。愿广大材料专业学子及碳纤维从业者在学习和研究中勇于挑战、敢于创新,从战略角度为碳纤维产业与国家新材料开发注入新的血液和活力!

中国工程院院士

2023 年 1 月

前　言

　　碳纤维增强聚合物基复合材料(Carbon Fiber Reinforced Polymer，简称 CFRP)即通常所说的碳纤维增强树脂基复合材料，具有比强度高、比模量高、抗疲劳性能优异、耐腐蚀、可设计性强及成型工艺性好等特点，主要应用在风电叶片、体育休闲及航空航天等领域，占比分别为 28.0%、15.7% 及 14.0%。

　　材料的复合是材料发展的必然趋势之一，因为采用两种及以上化学和物理性能不同的材料通过复合的途径形成一种新材料，既能保留单个组分的独特性能，又可以通过复合效应发挥优于单个组分的整体性能。碳纤维作为复合材料中最常用的增强体，是由有机纤维如聚丙烯腈纤维、粘胶纤维或沥青纤维在保护气氛下施加牵引力、经过高温碳化而制成的含碳量大于 90% 的纤维材料，因其力学性能优异、密度低、耐腐蚀性好，已成为最重要的高性能增强纤维。在碳纤维增强聚合物基复合材料中，碳纤维作为增强相，在承受外载荷时，聚合物基体通过界面将应力传递给碳纤维增强体，碳纤维承受了主要的应力。聚合物作为基体相，保护碳纤维并传递、分担负载。界面相是在碳纤维与聚合物基体间具有一定厚度的过渡层，承受从增强体至基体梯度分布的应力。由于碳纤维表面通常呈现化学惰性、表面能低及存在弱边界层等缺点，影响了聚合物基体的浸润和粘结，因此提高碳纤维增强聚合物基复合材料的界面性能，通常需要对碳纤维进行表面改性，以改变碳纤维表面微观形貌和化学性能，并增加表面能。

　　目前，在碳纤维增强聚合物基复合材料领域关注最多的当属界面问题和可靠性问题。复合材料性能受其界面结构的影响较大，而碳纤维表面微观结构和化学性能又与界面的结合性能息息相关。因此，随着国产碳纤维需求井喷式发展，研究不同的碳纤维增强聚合物基复合材料的界面性能有着极其重要的意义。另外，如何优化界面的设计，丰富碳纤维的表面改性方法，完善微观界面表征手段，也是需要重视的问题。复合材料的可靠性与其组分和环境等因素密切相关，湿热环境是碳纤维增强聚合物基复合材料使用过程中经常遇到的一种环境。因此，了解不同碳纤维增强聚合物基复合材料在湿热环境下的宏观界面性能，对保证复合材料的可靠应用具有十分重要的意义。

　　本书从碳纤维表面微观形貌及化学性能入手，旨在介绍碳纤维及其聚合物基复合材料界面性能,包括碳纤维基本性能、热固性聚合物匹配的碳纤维表面改性、热塑性聚合物匹配的碳纤维表面改性、碳纤维增强聚合物基复合材料微观界面性能及碳纤维增强聚合物基复合材料宏观界面性能五部分。本书分析了碳纤维增强聚合物基复合材料微观及宏观界面性能,阐明界面形成机理,并在此基础上对现阶段作者所在团队取得的热固性和热塑性聚合物匹配的碳纤维表面改性成果进行了介绍。

本书由肇研教授、曹正华研究员、郝建伟研究员著。肇研教授拥有多年碳纤维增强聚合物基复合材料及其界面的研究经验,负责全书内容的编写与统稿,曹正华研究员主要参与了第6章的编写工作,郝建伟研究员主要参与了第2章的编写工作。同时,中航复合材料有限责任公司包建文研究员对本书第3章的编写做了大量工作。在撰写本书过程中还参考了罗云烽、陈俊林、熊舒、李学宽、刘寒松、李诗乐、陈藩、孙沛、陈文等人的工作成果。北京航空航天大学王凯副教授参与了本书的编写及校对工作,肇研教授团队成员熊舒、刘寒松、柳肇博、刘志威、李冠龙、孙铭辰、宋九鹏、陈俊、周超、李井融、杨开、王奕夫、曹悦然等参与了本书的部分工作。同时,感谢隋晓东研究员、杨卫平研究员、张磊研究员、钟翔屿研究员、王新庆高级工程师、张朋高级工程师和安学峰高级工程师对本书的大力支持。本书部分原材料由中航复合材料有限责任公司、中国航空制造技术研究院、中国航空工业集团公司第一飞机设计研究院及中国航空工业集团公司沈阳飞机设计研究所提供。在撰写过程中,作者参考了师昌绪院士主编的《材料科学与工程手册》、杜善义院士主编的《复合材料手册》、陈祥宝院士主编的《聚合物基复合材料手册》及贺福研究员主编的《碳纤维及石墨纤维》。

碳纤维增强聚合物基复合材料仍在蓬勃发展,日新月异。在篇幅有限的条件下,本书无法将现有国产及进口碳纤维尽数编入其中,仅对有代表性的、应用广泛的碳纤维进行表征。此外,在此基础上对现阶段作者团队取得的热固性和热塑性聚合物匹配的碳纤维表面改性成果进行了介绍,感兴趣的同仁可参阅相关文献资料。书中若有不当之处,敬请读者指正。

作 者

2023 年 3 月

目　　录

第1章　绪　论

碳纤维增强聚合物基复合材料(Carbon Fiber Reinforced Polymer,CFRP)是以聚合物为基体、碳纤维为增强体,采用先进复合材料的成型加工方法制备而成的一系列高性能复合材料。这种复合材料具有轻质高强、可设计性好、抗疲劳性好、耐腐蚀和便于大面积整体成型等诸多优秀性能,在航空航天、电子信息、交通运输、冶金化工、体育健身和医疗卫生等领域得到日益广泛的重视和发展。

1.1　碳纤维

碳纤维(Carbon Fiber,CF),是指含碳量大于90%的纤维材料,其中石墨纤维含碳量高达99%以上。碳纤维的分子结构属于乱层石墨结构,作为广泛使用的增强材料,其刚度和强度高,密度低,耐腐蚀性好,热、电和化学性能良好,目前已经成为最重要的高性能增强纤维。碳纤维与其他增强纤维的主要性能对比如图1.1所示。

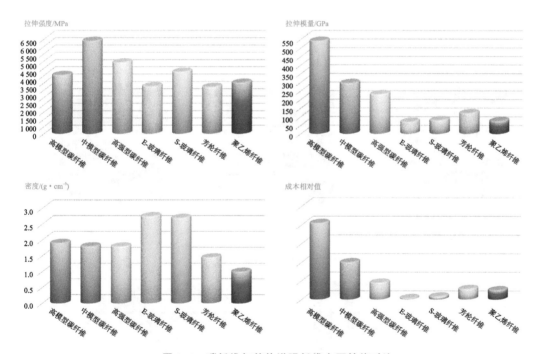

图 1.1　碳纤维与其他增强纤维主要性能对比

根据前驱体的不同,可以将碳纤维划分为聚丙烯腈(Polyacrylonitrile,PAN)基碳纤维、沥青基碳纤维和粘胶基碳纤维。其中 PAN 基碳纤维因生产工艺相对比较简单,生产技术较为成熟,产品的综合力学性能优异,得到了飞速发展,目前其用量约占高强碳纤维的 90%。

根据丝束的大小(单丝数量),可以将碳纤维划分为小丝束碳纤维和大丝束碳纤维,航空航天领域多采用每束不大于 24 000 根(简称 24K)的碳纤维,如 1K、3K、6K、12K、24K 的产品,这类碳纤维通常被称为"小丝束碳纤维"或"宇航级碳纤维"。小丝束碳纤维性能优异但价格较高,一般用于航天军工等高科技领域以及体育用品中产品附加值较高的产品类别,主要下游产品包括飞机、导弹、火箭、卫星、钓鱼杆、高尔夫球杆、网球拍等。而一般工业上多采用每束大于 48 000 根(简称 48K)的碳纤维,如 48K、50K、60K 等的产品,这类碳纤维通常被称为"大丝束碳纤维"或"工业级碳纤维"。大丝束碳纤维性能相对较低但制备成本亦较低,因此往往用于基础工业领域,如土木建筑、交通运输、能源等。

根据碳纤维的使用长度,可以将碳纤维划分为研磨碳纤维、短切碳纤维和连续碳纤维,如图 1.2 所示。短切碳纤维可制成纤维粉、纸和毡等;连续碳纤维可编制成各种形式的平纹、缎纹及斜纹织物(如图 1.3 所示),也可与其他纤维混编成各类织物,具有质量轻、可折可弯的特点,适用于不同形状的构件制备,成型十分方便。如图 1.4 所示,通过树脂基体浸渍连续纤维或织物,还可制成预浸料,作为制造复合材料的中间材料。

(a) 研磨碳纤维

(b) 短切碳纤维

(c) 连续碳纤维

图 1.2　碳纤维的分类

(a) 平纹织物

(b) 缎纹织物

(c) 斜纹织物

图 1.3　碳纤维织物种类

图 1.4　碳纤维织物与预浸料

1.1.1　碳纤维发展简史

碳纤维的起源最早可追溯到 19 世纪 60 年代,例如英国人斯旺(J. Swan)使用碳丝制作灯泡的灯丝。1950 年美国人胡兹(Houtz)发现,由杜邦(DuPont)公司生产的商品 Orlon,其 PAN 纤维在温度 200 ℃的空气中加热 16～20 h 颜色由白色逐渐变成黄色、棕色并最终变成黑色。这种黑色纤维即使在本生灯的火焰下也不会熔化或者燃烧,这是 PAN 纤维作为初始原料获得预氧化纤维和碳纤维的最早记录。1954 年,美国 Union Carbide 公司以纤维素为原料开始工业化生产碳纤维,并于 1964 年正式推出第一种商业化碳纤维 Thornel-25,其拉伸强度为 1.25 GPa,拉伸模量为 170 GPa。

1959 年,日本大阪工业试验所近藤昭男发现,腈纶在经过一系列热氧化处理后物理化学结构会发生显著变化,由此奠定了制取 PAN 基碳纤维的基本工艺流程,并一直沿用至今。1964 年,英国皇家航空研究院(Royal Aeronautical Establishment,RAE)瓦特(W. Watt)等人在对 PAN 纤维热处理过程中施加张力,以抑制原丝的收缩,当碳化温度分别为 1 000 ℃和 2 500 ℃时,拉伸模量值分别高达 145 GPa 和 414 GPa,由此奠定了制造高性能 PAN 基碳纤维的生产基础。1969 年,日本东丽公司成功研制了以特殊共聚单体为组分的 PAN 原丝,结合美国 Union Carbide 公司的碳化技术,具备了生产高性能 PAN 基碳纤维的条件。

20 世纪 70 年代,拉伸强度 3.0 GPa 左右的高强型碳纤维实现了工业化生产,由此推动了碳纤维在国防和工业领域的广泛应用。20 世纪 80 年代,拉伸强度 4.9 GPa 的新一代高强型碳纤维 T700 和拉伸强度 5.49 GPa、拉伸模量 294 GPa 的高强中模型碳纤维 T800H 制备技术取得突破,并实现了工业化生产。1990 年,拉伸强度 6.37 GPa 的新一代高强中模型碳纤维 T1000 实现了规模化生产,之后相继研发出拉伸模量大于 450 GPa、拉伸强度大于 4.0 GPa 的高模碳纤维。2014 年 3 月,日本东丽公司推出了拉伸强度 7.0 GPa、拉伸模量 324 GPa 的 T1100G 碳纤维。

目前,欧美碳纤维制造商主要有 Hexcel (赫氏,HexTow®,HexForce®)、AKSA (阿克萨,AKSACA)、Cytec (氰特,Thornel®,现被比利时 SOLVAY 集团收购)、Zoltek (卓尔泰克,PANEX®,现被日本东丽收购)及 SGL (西格里,SIGRAFIL®)等;日本碳纤维制造商主要有 Mitsubishi Rayon (三菱人造丝,PYROFIL_TM)、Teijin (帝人,TENAX®,东邦隶属于日本帝人集团)及 Toray (东丽,TORAYCA®)等。全球碳纤维的市场分布如图 1.5 所示。

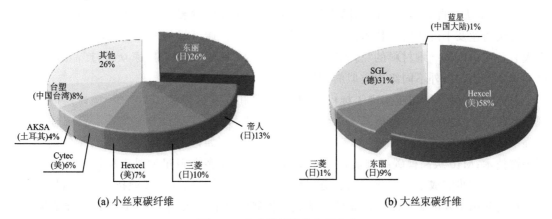

(a) 小丝束碳纤维　　　　　(b) 大丝束碳纤维

图 1.5　全球碳纤维的市场分布

全球碳纤维主流市场长期被日美企业所占领,日本碳纤维生产起步最早,发展得最为成熟。日本东丽公司依靠长期对 PAN 基碳纤维纺丝工艺的精通和钻研,生产出多种低成本且高性能的 PAN 基碳纤维,保持着独特优势,已先后形成高强型、中模型和高模型三个系列产品,包括 1K、3K、6K、12K、18K 的产品。图 1.6 所示为日本东丽公司系列碳纤维和主要品种性能。美国的 Hexcel 公司也发展了标准型(AS)、中模型(IM)和高模型(HM)系列产品。

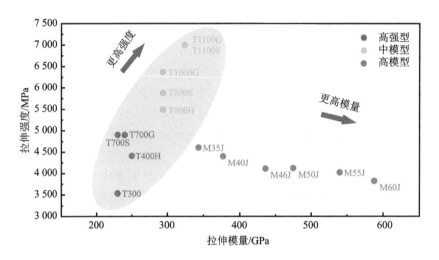

图 1.6　日本东丽公司系列碳纤维和主要品种性能

1.1.2　国产碳纤维发展现状

我国研制 PAN 基碳纤维起步于 20 世纪 60 年代中期,从无到有,取得了许多成绩,但与国外先进水平相比难以望其项背,国产化技术长期徘徊在低水平。差距之一是原丝质量无法突破,影响了我国高性能碳纤维的生产制备与批量生产;差距之二是聚合、纺丝、预氧化、碳化工艺参数的稳定性和重复性差,批次间分散性大,致使生产的碳纤维应用受到限制。

20 世纪 90 年代,我国研制 PAN 原丝有三条技术路线,分别是榆次化纤厂的 DMSO 一步法和上海合纤所的 DMSO 两步法,吉林石化碳纤维生产厂的 HNO$_3$ 一步法,兰州化纤厂的 NaSCN 一步法。自 2000 年开始,国产碳纤维向技术多元化发展,基于二甲基亚砜作溶剂的一步法湿法纺丝及干湿法纺丝技术的成功,大大提升了国产碳纤维的发展速度,初步解决了国防重大装备用国产碳纤维材料的"有无"问题。目前,国产碳纤维生产厂家众多,产品牌号较多,已初步生产出与国外不同级别类似的产品。

目前,国产碳纤维初步实现了标模型(T300 级)和高强标模型(T700 级)碳纤维的产业化规模生产。标模型碳纤维性能基本达到国际水平,基本满足了国防领域需求。高强标模型与高强中模型(T800 级)碳纤维逐步实现了产业化生产。例如,T1100 级高强碳纤维的制备突破了关键技术;M40 级高模碳纤维实现了小批量生产,并在多个卫星型号上应用;M40J 级高强高模碳纤维初步完成了工程化研制。更高性能的碳纤维品种仍处在关键技术研发阶段。

目前我国主要的碳纤维生产企业包括威海拓展纤维有限公司、中复神鹰碳纤维有限责任公司、江苏恒神股份有限公司、中简科技股份有限公司、吉林化纤集团有限责任公司、中国石化上海石油化工股份有限公司、山西钢科碳材料有限公司、江苏航科复合材料科技有限公司、中国科学院宁波材料技术与工程研究所等。

1.1.3　碳纤维制造

本小节以 PAN 基碳纤维为例,简要介绍碳纤维的制造过程。PAN 基碳纤维的制造主要分为三步:第一步是 PAN 原丝的制造;第二步是原丝的预氧化和碳化,有的纤维还需要进行石墨化处理;第三步是表面处理和上浆。石墨化处理并不是碳纤维生产过程中必须进行的过程,可以根据对目标产品的性能需求来决定是否进行石墨化处理。图 1.7 所示为 PAN 基碳纤维制造流程图。

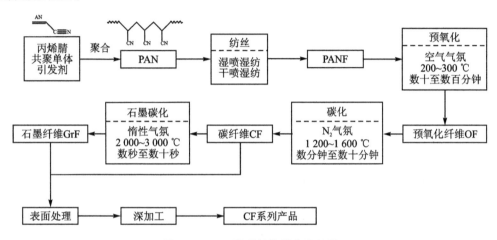

图 1.7　PAN 基碳纤维制造流程图

1. PAN 原丝制备

PAN 原丝的制备,需经历纺丝原液聚合、脱泡、过滤、纤维凝固成形、预牵伸、水洗、沸水牵伸、上油、干燥致密化、蒸汽牵伸、热定型和干燥等过程。制备纺丝原液时,通常要加入共聚单体与丙烯腈单体进行共聚,引入共聚单体可以使制得的纤维更加稳定,并且有助于降低后续环化反应的引发温度。采用 PAN 均聚物制备原丝的过程是通过自由基引发反应,但在反应过程中会大量放热,散热问题难以解决,局部温度急剧上升,从而导致碳纤维质量下降。而共聚单体的引入,削弱了分子间的作用力,降低了氧化活化能,使得预氧化过程中环化反应由不可控的自由基反应转化为可控的离子型反应,降低了反应温度和放热程度。常用于制备 PAN 原丝的共聚单体如表 1.1 所列。

表 1.1　常用于制备 PAN 原丝的共聚单体

共聚单体	化学结构
衣康酸	$CH_2=C(COOH)CH_2COOH$
丙烯酸甲酯	$CH_2=CHCOOCH_3$
丙烯酰胺	$CH_2=CHCONH_2$
甲基丙烯酸	$CH_2=C(CH_3)COOH$
甲基丙烯酸甲酯	$CH_2=C(CH_3)COOCH_3$

共聚单体	化学结构
丙烯酸	CH_2=$CHCOOH$
乙酸乙烯酯	CH_3COOCH=CH_2
氨基乙基-2-甲基丙烯酸甲酯	CH_2=$CH(CH_2)COOC_2H_4NH_2$
N-羟基丙烯酰胺	CH_2=$CHCONHCH_2OH$
丙烯酸钠	CH_2=$CHCOONa$
2-甲基丙烯腈	CH_2=$C(CH_3)CN$

除共聚单体外,还要选择合适的聚合方法:均相溶液聚合可直接获得物性均一的 PAN 溶液,也称为一步法;非均相聚合工艺(水相悬浮聚合、水相沉淀聚合、混合溶剂沉淀聚合)首先要获得粉末状的 PAN 颗粒,经干燥、粉碎、充分溶解后制得物性均一的 PAN 溶液,也称为两步法。

PAN 纺丝原液经喷丝孔喷出后形成纺丝细流,再经凝固浴后形成初生纤维。初生纤维凝固还不充分,实际上是一种含有大量溶剂的冻胶,必须经过一系列后续加工处理,包括预牵伸、水洗、沸水牵伸、上油、致密化、蒸汽牵伸、热定型和烘干等过程,才能成为高性能碳纤维的前驱体。

PAN 原丝有很多种纺丝工艺,目前常用的纺丝工艺为湿法纺丝工艺和干喷湿纺工艺。湿法纺丝工艺中喷丝板浸在凝固液中,而干喷湿纺工艺中纺丝液经喷丝孔喷出后不立即进入凝固浴,而是先经过空气层,再进入凝固浴进行双扩散和相分离,有利于形成致密化和均质化的丝条,为生产高性能原丝奠定了基础。两种纺丝工艺的主要差异如表 1.2 所列。

表 1.2 两种纺丝工艺的主要差别

项 目	湿法纺丝工艺	干喷湿纺工艺
喷丝孔径/mm	0.05～0.075	0.10～0.30
牵伸率	喷丝后为负牵伸,一般负率为 20%～50%	喷丝后为正牵伸,一般正率为 100%～400%
纺丝速度	较慢,一般为 40～80 m/min	较快,一般为 60～400 m/min
纤维表面状态	密度较低,纤维表面有沟槽	密度较高,纤维表面相对光亮平滑
纺丝温度	较高,一般为 50～70 ℃	较低,一般为 40～45 ℃

图 1.8 所示为碳纤维侧面扫描电子显微镜(SEM)照片。

碳纤维结构上的差别可以由原液细流在轴向牵引力的作用下和在凝固浴中发生双扩散、相分离的过程来解释。纤维皮芯双扩散速率的差异引发其凝固收缩速率的不同,这是导致湿法纺丝所得 PAN 纤维表面形成沟槽结构的重要因素。而干喷湿纺过程中纤维的挤出胀大效应和由双扩散、相分离所致的纤维体积收缩效应分开进行,所以干喷湿纺纤维表面相对比较光洁,表面沟槽较少。采用多级凝固浴预牵伸和水洗处理等工艺,可以逐步除去纤维中的溶剂,减少纤维的内部空隙,提高纤维的结构致密性,改善纤维内部的分子取向,保证进一步高倍牵伸的顺利进行。

2. 原丝的预氧化和碳化

PAN 原丝制备完成后,为保证其在碳化过程中能够保持原始形态,不发生熔融,必须进行

(a) 带槽碳纤维

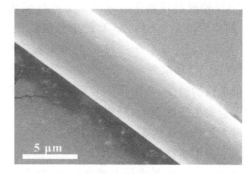

(b) 不带槽碳纤维

图 1.8　碳纤维侧面 SEM 照片

预氧化处理,以获得热稳定性较好的梯形聚合物。PAN 原丝的预氧化热处理一般是在温度 200～300 ℃的空气中。在预氧化的初期阶段,一般需要对纤维施加一定的牵伸张力来提高纤维的轴向取向程度;而在预氧化的后期阶段,纤维分子链的氧化和芳环化等化学反应会引起纤维收缩,为避免这个问题的发生,工艺上通常采取纤维定长的方式来减少收缩,进而提高纤维轴向的取向程度。预氧化处理后,原丝的线性大分子链经历氧化脱氢和环化反应转变成梯形结构,之后进一步氧化形成相互交联的网状结构。图 1.9 所示为 PAN 基碳纤维预氧化和碳化过程中分子结构的变化。

在预氧化过程中,由于氧化反应中氧元素的扩散速度存在差异,使得纤维极易形成皮芯结构,进而预氧化纤维组织不均匀,最后在碳化处理过程中极易发生烧蚀,产生大量微孔等缺陷。这些缺陷在高温处理时会进一步放大,部分会遗留在碳纤维中,从而大幅降低碳纤维的力学性能。目前,工业中对 PAN 原丝预氧化处理过程主要采用梯度升温工艺,其中预氧化温度、预氧化时间及牵伸张力等因素对预氧化纤维的质量有直接的影响。因此,需要根据 PAN 原丝的特性,设计合理的预氧化工艺,控制预氧化反应的进度,最终制备均质、高性能的预氧化纤维。这也是当前原丝预氧化处理的研究重点。

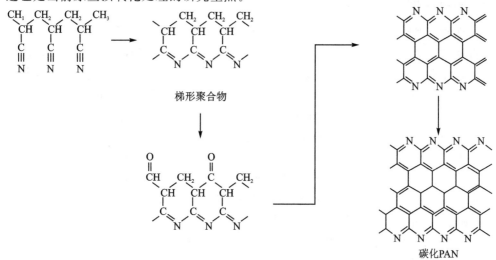

图 1.9　PAN 基碳纤维预氧化和碳化过程中分子结构的变化

PAN 原丝经预氧化处理后需要进行碳化处理。碳化过程一般在纯净的惰性气体保护下进行,初期阶段是 300～800 ℃的中低温碳化过程,这一阶段的主要分解产物是氨、水和二氧化碳等;后期阶段是 1 000～1 600 ℃的高温碳化处理过程,这一阶段主要有缩合产物生成,包括氮化氢(HCN)和氮气(N_2)。在碳化处理过程中,PAN 原丝内部的化学成分和组织结构都会发生根本性的改变,其中梯形分子链会进一步发生环化交联,同时一些非碳元素,如氧、氮及氢等元素会发生脱除现象,纤维的含碳量进一步提高,从约 60%提高到 92%以上,逐渐形成一种由梯形六元环连接的类石墨状结构。

为了制得更高模量的 PAN 基碳纤维,可将碳纤维置于 2 000～3 000 ℃的高温碳化炉中并在惰性气体保护下进行石墨化处理,使得碳纤维中非碳成分得到进一步脱除,进而将含碳量提升至 99%以上。

3. 表面处理和上浆

碳纤维表面的含氧官能团经碳化及石墨化过程后被热解脱除,使得碳纤维表面呈现惰性,因此,为增加碳纤维表面活性,需要在碳纤维生产过程中进行表面处理。工业上通常采用阳极电解氧化法,该方法易于控制,氧化后碳纤维自身拉伸强度的下降幅度可控。经阳极电解氧化处理后,碳纤维表面含氧活性官能团增加,表面能提高,利于碳纤维被聚合物基体浸润,提高复合材料的界面结合性能。

碳纤维经表面电化学处理后还要进行上浆处理。上浆剂通常由一种或多种树脂组成,具有成膜能力,可包裹在碳纤维表面保护碳纤维。现在工业生产中使用的碳纤维上浆剂主要是乳液型上浆剂,其主体成分一般为环氧树脂,另外还包括表面活性剂、润滑剂和抗氧化剂等辅剂。上浆剂的质量分数一般在 1%左右,尽管其质量分数很小,但其对碳纤维的性能及加工、复合材料的制备成型起到不可或缺的作用。例如,可减少碳纤维在后续纺织或预浸料加工过程中起毛或断丝等情况的发生,防止碳纤维力学性能降低;在不影响其开纤性的基础上增加集束性,可方便加工和运输;还可以保护碳纤维表面的活性官能团,增加与聚合物基体的浸润性,改善碳纤维增强聚合物基复合材料的界面性能。

1.1.4 碳纤维的综合性能

碳纤维的物理性能主要包括单丝直径、线密度、体密度和上浆剂质量分数等。目前碳纤维的单丝直径主要包括 7 μm 和 5 μm。7 μm 碳纤维主要包括标模型碳纤维和高强标模型碳纤维,5 μm 碳纤维主要包括高强中模型碳纤维和高模型碳纤维。碳纤维的线密度不仅与碳纤维的密度有关,也与碳纤维的 K 数有关,通常定义为 1 000 m 长纤维的质量,也称为纤度。碳纤维的密度通常与碳纤维的力学性能相关,如 T300 碳纤维的密度为 1.76 g/cm³,T700 碳纤维的密度为 1.80 g/cm³,而 T800 碳纤维的密度为 1.81 g/cm³。碳纤维上浆剂的用量通常与碳纤维的种类、上浆剂的种类以及与碳纤维相匹配的树脂基体有关,但总体来说,上浆剂的质量分数都在 1%左右。质量分数过高则会导致丝束僵硬,不利于开纤、扩幅和深加工。

在碳纤维的力学性能中,拉伸强度、拉伸模量和断裂延伸率尤为重要。碳纤维拉伸强度越高,纤维轴向可以承受的载荷就越高。拉伸模量越大,纤维在一定载荷下的变形量越小,即刚性越好,这也是碳纤维在使用过程中最为关注的性能参数。根据碳纤维的拉伸强度和拉伸模量,通常可将其分为 3 个等级,如表 1.3 所列。

表 1.3   碳纤维等级划分

碳纤维等级		力学性能		典型代表
		拉伸强度/MPa	拉伸模量/GPa	
高强型/标准型	HS/AS	＞3 500	200～280	T300,T700S,AS4
中模型	IM	＞5 000	280～340	T800H,IM7
高模型	HM		＞340	M40J,M50J

不同应用领域对碳纤维力学性能的要求不同,因此碳纤维生产商根据不同需求生产出了具有不同拉伸强度和拉伸模量的碳纤维产品。下面简单列举部分国内外碳纤维产品的牌号及性能。

日本东丽公司不同等级碳纤维牌号及性能见图 1.10、表 1.4 和表 1.5。根据东丽公司官方数据,T 系列为高强型碳纤维;M 系列为高模型碳纤维;J 代表在基本型号基础上增强了拉伸强度;H 代表在基本型号和 J 型号上增强了拉伸强度和拉伸模量,通常为湿法纺丝碳纤维;S 代表拉伸强度最高的型号,通常为干喷湿纺碳纤维;G 代表在 S 型号基础上进一步增强模量和界面粘合性能。

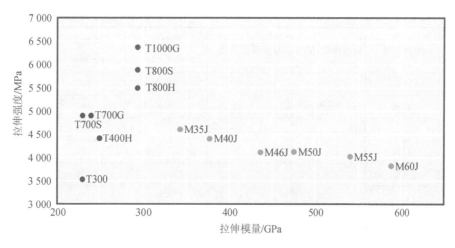

图 1.10   东丽公司碳纤维牌号及性能

表 1.4   东丽公司 T 系列碳纤维牌号及性能

纤维种类	单丝数量	拉伸强度/MPa	拉伸模量/GPa	断裂伸长率/%	线密度/(g·km⁻¹)	密度/(g·cm⁻³)
T300	1K	3 530	230	1.5	66	1.76
	3K				198	
	6K				396	
	12K				800	

纤维种类	单丝数量	拉伸强度/MPa	拉伸模量/GPa	断裂伸长率/%	线密度/(g·km⁻¹)	密度/(g·cm⁻³)
T300J	3K	3 530	230	1.5	198	1.76
	6K				396	
	12K				800	
T400H	3K	4 410	250	1.8	198	1.8
	6K				396	
T700S	12K	4 900	230	2.1	800	1.80
	24K				1 650	
T700G	12K	4 900	240	2.0	800	1.80
	24K				1 650	
T800S	24K	5 880	294	2.0	1 030	1.80
T800H	6K	5 490	294	1.9	223	1.81
	12K				445	
T830H	6K	5 340	294	1.8	223	1.81
T1000G	12K	6 370	294	2.2	485	1.8

表 1.5 东丽公司 M 系列碳纤维牌号及性能

纤维种类	单丝数量	拉伸强度/MPa	拉伸模量/GPa	断裂伸长率/%	线密度/(g·km⁻¹)	密度/(g·cm⁻³)
M35J	6K	4 510	343	1.3	225	1.75
	12K	4 700		1.4	450	
M40J	6K	4 400	377	1.2	225	1.77
	12K				450	
M46J	6K	4 200	436	1	223	1.84
	12K	4 020		0.9	445	
M50J	6K	4 120	475	0.9	216	1.88
M55J	6K	4 120	475	0.9	216	1.88
	6K	4 020	540	0.8	218	1.91
M60J	3K	3 820	588	0.7	103	1.93
	6K				206	
M30S	18K	5 490	294	1.9	760	1.73

除日本东丽公司外,美国 Hexcel 公司也开发出了不同种类、不同力学性能的碳纤维产品,见图 1.11 和表 1.6。

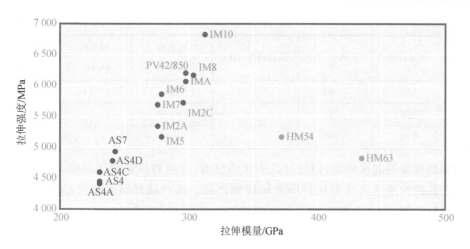

图 1.11 Hexcel 公司碳纤维牌号及性能

表 1.6 Hexcel 公司 AS 系列碳纤维牌号及性能

纤维种类	单丝数量	拉伸强度/MPa	拉伸模量/GPa	断裂伸长率/%	线密度/(g·km⁻¹)	密度/(g·cm⁻³)
AS4	3K	4 616	231	1.8	210	1.79
	6K	4 413		1.7	427	
	12K	4 413		1.7	858	
AS4C	3K	4 654	231	1.8	200	1.78
	6K	4 447		1.7	400	
	12K	4 482		1.8	800	
AS4D	12K	4 826	241	1.8	765	1.79
AS7	12K	4 895	248	1.7	800	1.79

Hexcel 公司 IM 系列碳纤维为中模型碳纤维,2010 年 Hexcel 公司推出了超高强中模型碳纤维 IM10。该系列产品的具体牌号及性能如表 1.7 所列。

表 1.7 Hexcel 公司 IM 系列碳纤维牌号及性能

纤维种类	单丝数量	拉伸强度/MPa	拉伸模量/GPa	断裂伸长率/%	线密度/(g·km⁻¹)	密度/(g·cm⁻³)
IM2A	12K	5 309	276	1.7	446	1.78
IM2C	12K	5 723	296	1.8	446	1.78
IM6	12K	5 723	279	1.9	446	1.76
IM7	6K	5 516	276	1.9	223	1.78
	12K	5 654			446	
IM8	12K	6 067	310	1.8	446	1.78
IM9	12K	6 136	303	1.9	335	1.80

续表 1.7

纤维种类	单丝数量	拉伸强度/MPa	拉伸模量/GPa	断裂伸长率/%	线密度/(g·km⁻¹)	密度/(g·cm⁻³)
IM10	12K	6 964	310	2.0	324	1.83
HM63	12K	4 688	441	1	418	1.83
	12K	4 020		0.9		

国内碳纤维发展起步较晚,但经过几十年的努力,目前初步形成了较完善的产品系列,主要碳纤维产品的性能达到或者接近国外同级别产品。国产碳纤维主要产品的牌号及性能见图 1.12、表 1.8、图 1.13 及表 1.9。

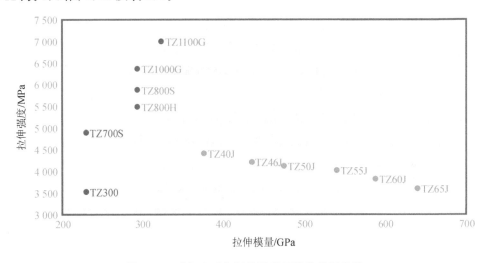

图 1.12　威海光威复材公司碳纤维牌号及性能

表 1.8　威海光威复材公司碳纤维牌号及性能

纤维种类	单丝数量	拉伸强度/MPa	拉伸模量/GPa	断裂伸长率/%	线密度/(g·km⁻¹)	密度/(g·cm⁻³)
TZ300	3K	3 530	230	1.5	198	1.78
	12K				800	
	24K				1 600	
TZ700S	12K	4 900	230	2.1	800	1.8
	24K				1 600	
TZ800H	6K	5 490	294	1.9	223	1.8
	12K				445	
TZ800S	12K	5 880	294	2	450	1.8
	24K				900	
TZ1000G	12K	6 370	294	2.2	510	1.8

纤维种类	单丝数量	拉伸强度/MPa	拉伸模量/GPa	断裂伸长率/%	线密度/(g·km⁻¹)	密度/(g·cm⁻³)
TZ1100G	12K	7 000	324	2.2	505	1.8
TZ40	3K	2 740	392	0.7	182	1.81
	12K				728	
TZ40J	6K	4 410	377	1.2	225	1.78
	12K				450	
TZ46J	6K	4 210	436	1	223	1.84
	12K				445	
TZ50J	6K	4 120	475	0.9	218	1.88
	12K				436	
TZ55J	3K	4 020	540	0.8	109	1.91
	6K				218	
TZ60J	3K	3 820	588	0.7	103	1.93
	6K				206	
TZ65J	3K	3 600	640	0.6	90	1.96
	6K				180	

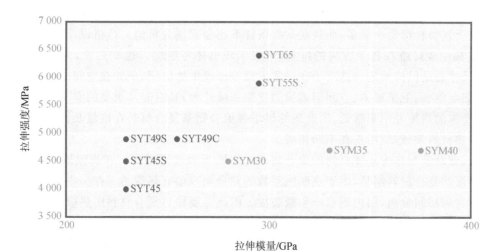

图 1.13 中复神鹰公司碳纤维牌号及性能

表 1.9 中复神鹰公司碳纤维牌号及性能

纤维种类	单丝数量	拉伸强度/MPa	拉伸模量/GPa	断裂伸长率/%	线密度/(g·km⁻¹)	单丝直径/μm
SYT45	3K	4 000	230	1.7	198	7

续表1.9

纤维种类	单丝数量	拉伸强度/MPa	拉伸模量/GPa	断裂伸长率/%	线密度/(g·km⁻¹)	单丝直径/μm
SYT45S	12K	4 500	230	1.9	800	7
	24K	4 500	230	1.9	1 600	7
SYT49S	12K	4 900	230	2.1	800	7
	24K	4 900	230	2.1	1 600	7
SYT49C	3K	4 900	255	1.9	198	7
	12K	4 900	255	1.9	800	7
SYT55G	12K	5 900	295	2	450	5
SYT55S	12K	5 900	295	2	450	5
	24K	5 900	295	2	900	5
SYT65	12K	6 400	295	2.1	450	5
SYM30	12K	4 500	280	1.5	740	7
SYM35	12K	4 700	330	1.4	450	5
SYM40	12K	4 700	375	1.2	430	5

碳纤维的比热容为 0.7~0.9 kJ/(kg·K)(从室温到 70 ℃的平均值),与铁、铝和钛合金等金属材料的比热容基本处于同一水平,大约为高分子材料比热容的 1/2。温度越高,碳纤维的比热容越大,从室温到 1 500 ℃的平均比热容值为 1.7 kJ/(kg·K)。碳纤维的线膨胀系数比大多数金属材料都要小得多,而且在某些条件下还会表现为负值。严格设计的碳纤维织物,通过调整其中碳纤维在各个方向的排列,可以实现整体零膨胀。也就是说,无论温度如何变化,材料尺寸总是保持恒定。这对于在一些大温差环境中的应用,例如在空间中使用的通信天线、太阳能电池板、卫星星体、空间望远镜的支架和镜片等,具有非常重要的意义。在极低温环境下,碳纤维的热传导率非常低,因此碳纤维增强聚合物基复合材料在液氮及液化天然气等容器用的隔热材料领域,应用正在不断拓展。

但是,碳纤维与作为基体材料的聚合物的线膨胀系数差别较大。在高温固化成型加工后冷却到室温的复合材料制品,由于热膨胀系数的差异而残留有热应力。在一些极端情况下,层压材料会发生层间分离,层内则会产生微裂纹。因此需要注意复合材料中热应力的问题,通过选择适当的铺层结构设计来加以回避。

碳纤维具有良好的导电性,其体积电阻率与环境温度有关,温度越高,电阻率就越小。可以将碳纤维添加到塑料或橡胶中利用其导电性除去静电,或者用于电加热体。另外,由于碳纤维可以反射中长波,可将其用于电磁屏蔽,例如,碳纤维增强聚合物基复合材料多被用作汽车的发动机罩、电视天线或反射板等。

碳纤维的加工性能较好,由短切纤维可制成纤维粉、纸和毡等,由连续纤维可编制成各种形式的平纹、缎纹和斜纹织物,并可与其他纤维进行混编。各类织物具有质量轻、可折可弯的特点,可适应不同形状的构件制备,成型十分方便。

碳纤维具有良好的耐化学性,对大多数的化学品保持惰性,能够耐浓盐酸、磷酸及硫酸等腐蚀,还能够耐油、抗辐射、抗放射,具有吸收有毒气体和使中子减速等特性,是一种化学性质十分稳定的材料。与石棉相比,碳纤维对强酸具有更强的惰性,而且耐热性和自润滑性也更出色,因此常被用作高级密封材料。与玻璃纤维相比,碳纤维在低浓度的氢氟酸和高温下的碱性水溶液中不会被腐蚀,在水蒸气氛围中,其力学强度也不会受到影响,因此常被用于高温高湿环境中的增强材料。

1.1.5 碳纤维的微观结构

碳纤维的结构是由石墨碳、无定型碳以及缺陷组成的乱层石墨结构。有些区域内的石墨层堆积相对规整,更接近于理想石墨晶体,这些区域被称为晶区或微晶;有些区域内的石墨层堆积相对杂乱,更接近于无定型碳,这些区域被称为非晶区或无定型区。缺陷主要存在形式是表面缺陷和内部缺陷。表面缺陷一般是指表面裂纹、表面沟槽和吸附杂质等,而内部缺陷主要是指内部存在的微裂纹、微孔和晶格缺陷等。

由于碳纤维表面和内部可能存在的缺陷,碳纤维的微观结构并不是一个理想的排列规则、有序的石墨点阵晶格结构,而是多晶、杂乱无序的乱层石墨结构,即一系列大致完整的石墨网面彼此平行排列,但网面不是沿某一方面铺展而是形成弯曲褶皱,堆叠过程中也无明确的规律。如图 1.14 所示,在乱层石墨结构中,石墨层片是一级结构单元,其直径约为 20 nm;石墨微晶是二级结构单元,一般由数张到数十张层片组成,微晶厚度 L_c 约 10 nm,微晶直径 L_a 约 20 nm,层片与层片之间的距离称为面间距(用 d 表示,约为 0.34 nm)。由石墨微晶可组成原纤结构,其直径为 50 nm 左右,这是纤维的三级结构单元。最后由原纤结构组成碳纤维的单丝,直径一般为 5~7 μm。

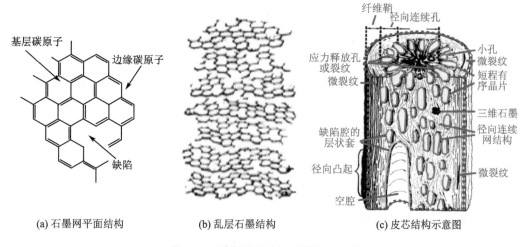

(a) 石墨网平面结构　　(b) 乱层石墨结构　　(c) 皮芯结构示意图

图 1.14　碳纤维中的石墨结构及剖面

有研究者通过在 O_2 等离子体中用腐蚀方法研究碳纤维的结构发现,石墨微晶在整个纤维中的分布是不均匀的。通过研究纤维腐蚀后的显微结构,发现碳纤维由外皮层和芯层两部分组成,外皮层和芯层之间是连续的过渡区。沿直径测量,皮层约占 14%,芯层约占 39%。皮层的微晶尺寸较大,排列较整齐有序。由皮层到芯层,微晶尺寸减小,排列逐渐变得紊乱,结构的不均匀性越来越明显,所以称之为过渡区。这种不均匀的结构称为碳纤维的皮芯结构,由碳纤维纵向切片的透射电子显微镜（TEM）结果可以看出，皮芯结构存在结构差异，如图 1.15 所示。

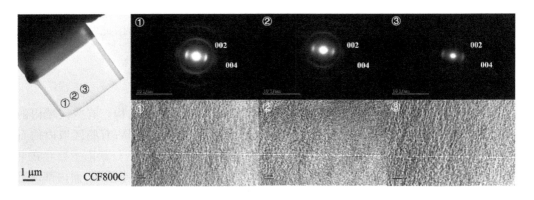

图 1.15　皮芯结构微晶的 TEM 照片

1.1.6　碳纤维的表面改性

碳纤维在制造过程中须在惰性气体中经过 1 000 ℃以上的高温碳化处理，伴随其他非碳元素（如氧和氮）的逸出以及碳原子晶格的重新排列而呈现乱层状的石墨结构。其表面变得较为光滑，缺少具有活性的官能团，因此表面呈现惰性，反应活性比较低。碳纤维作为复合材料的增强纤维，其表面与聚合物之间的粘结性较差，界面之间结合力比较弱，会导致碳纤维增强聚合物基复合材料的层间剪切强度低，从而影响其应用。碳纤维表面或碳纤维与聚合物的界面性能的改善是获得较高性能碳纤维增强聚合物基复合材料的关键。碳纤维通常在出厂前会进行表面处理（阳极化处理等）及上浆，有些研究者为提高碳纤维表面活性，会对碳纤维表面进行再处理，使纤维表面粗糙度增加，极性基团增多，改善与聚合物的亲和性。目前为止，对碳纤维进行表面改性的方法主要有氧化处理、表面涂覆处理、等离子体处理、表面接枝处理、γ 射线处理以及超声处理等。

1. 氧化处理

氧化处理是指对纤维进行气相、液相或阳极氧化，以赋予纤维化学活性，增强与聚合物的亲和性。

（1）气相氧化

气相氧化通常是在低温或高温下使用空气、O_2 或含氧气体（如臭氧和 CO_2）进行的，其特点是设备简单、成本低且污染小。与液相氧化法相比，通过严格控制时间和温度等条件，气相氧化法在工业上更易实现。随着时间增加和温度升高，氧化会刻蚀碳纤维，增大其表面积的同时也影响其拉伸强度。因此需要精确控制处理时间、温度等因素，避免碳纤维的过度损伤和复合材料力学性能的下降。

（2）液相氧化

液相氧化是将碳纤维放置于液相的反应体系中，使液相体系中的氧化剂与碳纤维发生反应，从而刻蚀碳纤维的表面。HNO_3、$KMnO_4$、$NaOCl$ 和 $NaClO_3$ 等是目前常用的氧化剂。与气相处理相比,液相处理通常更为温和,不会引起过度点蚀,处理时间较长,可用于研究表面处理的机理。

（3）阳极氧化

阳极氧化法也称为电化学氧化法,是以碳纤维为阳极,对碳纤维施加电位以在表面产生氧气的处理方法。新生态氧具有高活性,可以氧化、刻蚀碳纤维。阳极氧化法使用的电解质主要包括 HNO_3、H_2SO_4、$NaCl$、KNO_3、$NaOCl$、NH_4OH、NH_4HCO_3、NH_4HS 和 $NaOH$ 等。在实际生产中,NH_4HCO_3 溶液由于其高反应速率、弱腐蚀性,得到了广泛的使用。阳极氧化法具有温和的反应条件,可操作性强,氧化速度快且均匀,适合大规模生产,因此被广泛应用于商业碳纤维的处理。在实际应用中,操作者常通过改变电解质种类或调节电流大小等方法调整碳纤维最终的性能,以达到生产要求。图 1.16 所示为连续碳纤维拖拽动态阳极氧化的工艺流程。

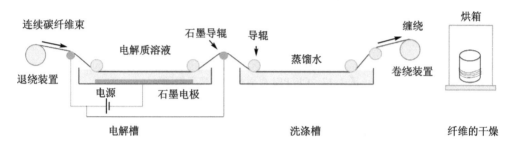

图 1.16 连续碳纤维拖拽动态阳极氧化的工艺流程

2. 表面涂覆处理

表面涂覆处理是在对惰性的纤维表面氧化之后进行的,即在纤维表面涂覆一层几十至几百纳米厚的上浆剂,对于碳纤维而言是最常用的表面处理方法。研究表明,碳纤维上浆处理,可以保护碳纤维的活性表面,改善基体与纤维间的浸润吸附性能,提高材料层间剪切强度;可以保护碳纤维,避免在加工过程中发生弯折,防止产生毛丝等现象,导致碳纤维强度下降;还能有效改善碳纤维的表面物理状态,增加碳纤维表面粗糙度或在碳纤维表面生成凹凸结构,从而通过“锚定效应”提高复合材料界面性能。

通过表面涂覆处理,在纤维-上浆剂、上浆剂-聚合物基体间形成了双界面层,碳纤维-聚合物基体间界面性能是由上浆剂的成分以及上浆量共同影响的,这也是碳纤维增强聚合物基复合材料界面性能的重要影响因素之一。

目前,许多研究是围绕上浆剂成分对复合材料界面性能的影响展开的。由于上浆剂种类繁多,且作为各生产厂家的特色技术,上浆剂具体成分一般不予透露,因此实际使用时商业碳纤维所用上浆剂并不能匹配各类聚合物。图 1.17 所示为采用 PEI/改性氧化石墨烯乳液上浆剂对碳纤维表面上浆处理的示意图。

3. 等离子体处理

等离子体处理也是一种被研究者们较为关注的改性方法。等离子体是含有离子、电子、自由基以及激发的分子和原子的电离混合物质,与碳纤维表面相互作用产生高活性物质。根据所用气体性质的不同,可能会产生自由基、离子和亚稳态物质,从而引发烧蚀、交联或氧化反应。用于产生等离子体的典型气体包括空气、O_2、NH_3、N_2 和 Ar。等离子体在处理过程中会

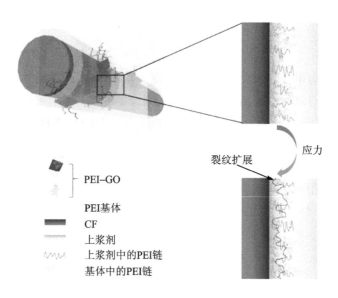

图 1.17　CF/PEI 界面强度机理示意图

对纤维表面进行刻蚀改变其表面形貌,进而增加纤维表面的粗糙度,氧化产生含氧活性官能团,增加纤维表面的活性,从而提高纤维与聚合物之间的物理嵌合以及化学结合等作用,增强界面间的粘结性能。使用温和等离子体处理材料主要有两个优点:一是可以使用任何气氛,如惰性、还原性或氧化性气氛;二是反应仅在材料表面发生,不会显著改变整体性质。这种处理方法操作简单、效率高,对碳纤维的损伤较小,不需要后续处理,但存在时效性,也就是说,在等离子体中处理完毕后的碳纤维需尽快与聚合物基体复合。另外,等离子体处理的设备较为复杂,对操作环境要求高,难以在工业上实现大规模应用。图 1.18 所示为 GO 和 CF 的等离子体改性和静电自组装工艺示意图。

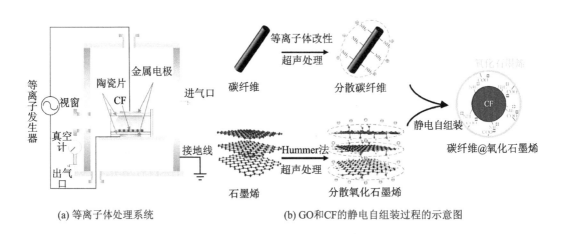

(a) 等离子体处理系统　　　　(b) GO和CF的静电自组装过程的示意图

图 1.18　GO 和 CF 的等离子体改性和静电自组装工艺示意图

4. 表面接枝处理

表面接枝处理是指对碳纤维表面进行处理,使其接枝或原位生长出具有某种所需官能团的化合物或者聚合物,还可进一步连接纳米粒子,增加界面过渡层,从而达到提高碳纤维增强聚合物基复合材料的界面粘结力的目的。表面接枝处理在引入官能团、增加粗糙度和浸润性的同时避免了对碳纤维的损耗,甚至对碳纤维的强度有一定的补强作用,因此对碳纤维自身的拉伸性能不会产生负面影响,可以有效增加界面粘合。

图 1.19 所示为在碳纤维表面接枝氧化石墨烯的过程示意图。

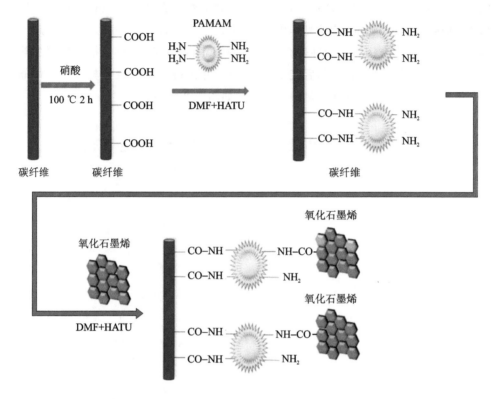

图 1.19　在碳纤维表面接枝氧化石墨烯的过程示意图

对于化学接枝而言,在接枝小分子时,碳纤维的表面活性官能团含量得到了增加,进而增强了碳纤维与聚合物基体的化学键合作用;在接枝大分子或纳米材料时,既引入了化学官能团、增加了表面粗糙度,化学键合和机械啮合作用同时也得到了增强。

5. γ射线处理

γ射线处理是指将纤维暴露于高能γ射线中,从而形成羰基等化学基团,并使得纤维表面粗糙度提升。当复合材料暴露于辐射环境时,聚合物基体发生硬化,这样可以使复合材料的强度和磨损性能增强。当碳纤维受到辐射时,碳纤维增强聚合物基复合材料的性能得到很大改善,这是由于碳纤维表面粗糙度增加并且复合材料内部纤维与聚合物基体粘附性提高所导致的。

6. 超声处理

超声处理是近年来新发展起来的一种纤维表面处理方法,纤维表面的树脂在超声振动带来的压力下充分渗入纤维表面的微小孔隙及沟槽中,既能增加纤维表面粗糙度、加强纤维和聚合物基体间的机械啮合作用,又可以有效去除纤维表面吸附的气泡、制备试样的界面孔隙等缺陷,帮助提高复合材料的力学性能。同时,超声处理还可以通过超声振荡去除纤维表面的杂质,清洁纤维表面,有助于提高复合材料的力学性能。

1.2 碳纤维增强聚合物基复合材料

基体(Matrix)是复合材料中在增强材料之间起传递载荷作用的粘结材料。按照基体的特性,可分为热固性聚合物和热塑性聚合物两大类。热固性聚合物(Thermosetting polymer)是指在加热、加压下或在固化剂、紫外光作用下,发生化学反应,固化交联形成网状分子结构,受热不熔融、不流动的聚合物。热塑性聚合物(Thermoplastic polymer)是指可反复加热软化或熔化,在流动状态下加工成型,冷却后能变硬或固化,并保持模具形状和具有力学性能或功能特性的一类聚合物。典型热固性和热塑性聚合物如图1.20所示。

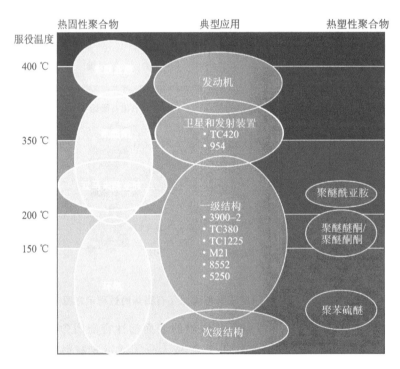

图1.20 典型热固性和热塑性聚合物

在聚合物基复合材料中,碳纤维作为增强体的地位最为重要,笼统地说到聚合物基复合材料时,通常是指碳纤维增强的复合材料。本节主要从应用及性能等方面分别介绍碳纤维增强热固性聚合物基复合材料和碳纤维增强热塑性聚合物基复合材料。

1.2.1 国内外碳纤维增强热固性聚合物基复合材料应用现状

热固性聚合物作为复合材料基体,发展较早,应用更广,凭借良好的力学性能和工艺性能以及较低的价格,成为碳纤维增强聚合物基复合材料的主要基体材料。常用的热固性树脂基体有环氧树脂(Epoxy resin)、酚醛树脂(Phenolic resin)、不饱和聚酯树脂(Unsaturated poly-ester resin)、氰酸酯树脂(Cyanate resin)、双马来酰亚胺树脂(Bismaleimide resin)和聚酰亚胺树脂(Polyimide resin)等。这些热固性树脂粘度低,容易浸润纤维,并且易于进行改性和调整,能够较好地满足各种性能要求及成型工艺,占到了目前碳纤维增强聚合物基复合材料中基体材料使用总量的 80% 以上,在航空航天、国防、工业及体育等领域拥有良好的应用前景。

1. 碳纤维增强环氧树脂基复合材料

环氧树脂(Epoxy resin,EP)是指由环氧化合物聚合而成的含有两个或多个环氧基团的一类树脂。由于分子结构中含有活泼的环氧基团,环氧树脂可与多种类型的固化剂发生交联反应而形成不溶、不熔的具有三维网状结构的聚合物。

环氧树脂的特点:形式众多,可满足多种需求;粘附力强,由于极性羟基和醚键的存在,对各种物质具有突出的粘附力;收缩率低,固化时没有水或其他挥发性副产物放出;固化后具有优异的力学性能;化学稳定性好,具有优良的耐碱性、耐酸性和耐溶剂性;在宽频率和温度范围内拥有良好的电绝缘性;尺寸稳定性和耐久性好;耐霉菌,可在苛刻热带条件下使用;通常使用温度在 150 ℃ 以内。

环氧树脂根据分子结构不同,可分为 5 大类:缩水甘油醚类、缩水甘油酯类、缩水甘油胺类、线形脂肪族类及脂环族类。

环氧树脂本身是热塑性的线型结构,不能直接使用,必须再向聚合物中加入第二组分,即固化剂(Curing agent),在一定的温度条件下进行交联固化反应,生成体型网状结构的聚合物之后才能使用。固化剂通过与聚合物分子结构中具有的环氧基或仲羟基的反应完成固化过程。合理地选用固化剂,在环氧树脂使用中十分重要,既要满足复合材料生产过程中的工艺性要求,也要满足制品的性能要求。

碳纤维增强环氧树脂基复合材料广泛应用于航空航天领域,在保证飞机结构材料的强度及刚度的前提下,能有效减轻机身质量,提高燃油经济性。目前在各型号先进飞机中,碳纤维增强环氧树脂基复合材料均占据结构材料较高的比例。如图 1.21 所示,空客 A380 复合材料用量高达 52%,中央翼盒和机翼采用美国 Hexcel 的 M21 高韧性环氧树脂基复合材料。美国 Hexcel 生产的环氧树脂基复合材料约占空客 A380 飞机结构材料的近 20%,主要应用部件包括中央翼、外翼、垂尾、后承压框、后机身蒙皮以及压舱壁等。波音 B787 复合材料的用量约为 50%,机翼、机身等主承力结构采用日本东丽的碳纤维 T800/环氧树脂 3900-2 复合材料。

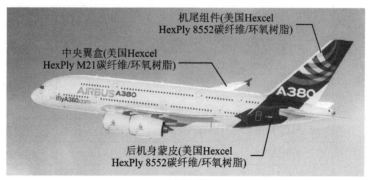

(a) A380

图 1.21　民用客机中碳纤维增强环氧树脂基复合材料的应用实例

(b) B787

图 1.21　民用客机中碳纤维增强环氧树脂基复合材料的应用实例(续)

　　另外,部分新一代军用飞机、直升机及无人机结构材料中碳纤维增强环氧树脂基复合材料的应用也已接近甚至超过结构材料总量的 50%。表 1.10 所列为国内外典型的碳纤维增强环氧树脂基复合材料。表 1.11 所列为碳纤维增强环氧树脂基复合材料在军用飞机上的应用。

表 1.10　国内外典型的碳纤维增强环氧树脂基复合材料

代　次	材　料	CAI/MPa	应用机型	服役温度/℃
基础型	AS4/3501 - 6	—	B737, F - 18	130
	T300/5208	120	F - 18	130
第一代	IM7/977 - 3	193	F - 22, F35	130
	IM7/8552	234	CH - 53K, RAH - 66	130
第二代	IM7M21	273	A400M, A380	120
	IM7/977 - 2	262	MA700	120
第三代	T800/3900 - 2	310	B777, B787	82
	IM7/8551 - 7	350	V22, GE90	80
	IM7/977 - 1	310	—	100
	G40/5276 - 1	323	—	120
	IMA/M21E	334	A350	100
	IM7/M91	350	GE90X	120
	IM8/X850	330	C919	120
	CF800H/AC531	335		
	CF800G/BA9918	313		
	CF800H/5228A	280		

表 1.11　碳纤维增强环氧树脂基复合材料在军用飞机上的应用

应用机型	应用部位
"鱼鹰"U-22X	记忆整体壁板、梁、肋、前后缘；机身、尾翼占机身50%结构重量
A-6	机翼
"美洲虎"	发动机舱门、机翼盒
"狂风"	升降副翼、尾翼蒙皮
EAP	机翼、前机身、鸭翼、垂尾
"狮"	机翼蒙皮、垂尾、前置翼面、壁板、机身
阵风	机翼、机身、鸭翼、操纵面、起落架、舱门占机身50%结构质量
JAS39	机翼、垂尾、鸭翼、进气道、起落架、舱门占机身30%及以上结构质量
F-4	检验口
F-16	垂直安定面翼盒、垂尾前缘、方向舵、平尾、水平尾翼蒙皮、垂尾蒙皮、操纵面
F-18	机翼蒙皮、前缘延长部、后缘襟翼、水平尾翼蒙皮、垂尾蒙皮、操纵面、口盖、减速板、机身壁板/门占机身12%及以上结构质量
B-1	弹舱门、操纵面、导弹发射装置
AV-8B	机翼蒙皮/抗扭盒梁、肋、水平尾翼蒙皮、前机身、操纵面、整流罩、襟翼、副翼、起落架支座
EF-200	垂尾、鸭翼、前机身、起落架舱门、进气道
幻影2000	襟翼、垂尾、抗扭盒、蒙皮、方向舵、升降舵、副翼、电子舱起落架舱
JAS39	机翼、垂尾、防翼、前机身、起落架舱门、进气道
XF-2	尾翼、机身、起落架舱门
歼ⅩⅢ	前机身、垂尾
强5	垂直安定面、前机身前段
歼Ⅹ	方向舵、减速板

　　碳纤维增强环氧树脂基复合材料在民用工业、风力发电、交通运输及体育运动等领域也有广泛应用。

2. 碳纤维增强酚醛树脂基复合材料

　　酚醛树脂（Phenol-formaldehyde resin，PF）是由酚、酚的同系物和衍生物与醛类或酮类缩聚而成的一类树脂，具有耐热性高、耐烧蚀、高残碳性、耐腐蚀、成本低、成型压力高及脆性大和固化收缩率高（8%～10%）等特点，固化时有小分子放出。

　　酚醛树脂具备出色的耐热性能和隔热性能，其碳纤维增强复合材料常用作耐火材料、摩擦材料耐燃织物防护服以及航空航天领域的耐烧蚀材料；机械性能强、化学稳定性和尺寸稳定性好的优势还使其广泛应用于各类制动器的摩擦材料和抗腐蚀材料。碳纤维增强酚醛树脂基复合材料的应用如图1.22所示。

图 1.22　发动机喷管扩张段、内绝热层

3. 碳纤维增强不饱和聚酯树脂基复合材料

不饱和聚酯树脂(Unsaturated polyester resin)是由不饱和二元羧酸、饱和二元羧酸组成的混合酸与多元醇缩聚而成的,具有酯键和不饱和双键的线性高分子化合物,是制造玻璃纤维增强树脂基复合材料的一种重要材料,占玻璃纤维增强树脂基复合材料用树脂总量的 80% 以上。

不饱和聚酯树脂按化学结构可分为邻苯二甲酸型、间苯二甲酸型、双酚 A 型、乙烯基酯型和卤代不饱和聚酯。大部分不饱和聚酯树脂的特点:热变形温度为 $50 \sim 60$ ℃,耐热性好的可达到 120 ℃;线热膨胀系数为 $(130 \sim 150) \times 10^{-6}/$℃;具有较高的拉伸强度、弯曲强度和压缩强度;介电性能良好;工艺性能良好,室温下粘度低,可以在室温下固化成型。

碳纤维增强不饱和聚酯树脂基复合材料多用于船舶领域,如乙烯基酯树脂作为基体材料的碳纤维复合材料。船舶结构材料采用碳纤维增强不饱和聚酯树脂基复合材料后,可以使船体的质量减至原来的 30%,船舶的速度和燃油经济性得以大幅提高。除了低密度、高比强度和高比模量的优势以外,碳纤维增强不饱和聚酯树脂基复合材料优越的减振性能还能起到提高船体固有振动频率的效果。

4. 碳纤维增强氰酸酯树脂基复合材料

氰酸酯树脂(Cyanate resin,CE)是指含有两个或两个以上氰酸酯官能团的酚衍生物树脂。氰酸酯树脂的特点:力学强度和韧性优良,玻璃化转变温度高($240 \sim 290$ ℃),粘合性能优良,固化收缩率低,介电常数低($2.8 \sim 3.2$),介电损耗极低(介电损耗角正切为 $0.002 \sim 0.008$),吸水率低($<1.5\%$),工艺性能类似环氧树脂。氰酸酯树脂主要用作高频印刷电路板、高性能透波结构材料和航空航天结构材料。

美国 Hexcel HexPly® 954 系列(固化温度 177 ℃)增韧氰酸酯预浸料产品,因其优异的韧性、低吸湿性、低导电性、抗辐射性和尺寸稳定性,且拥有比环氧树脂更好的透气性能,NASA大量使用了超高模量的沥青和 PAN 基石墨纤维增强 954 氰酸酯树脂基复合材料作为空间设备的结构材料。图 1.23 所示为氰酸酯树脂基复合材料的应用。

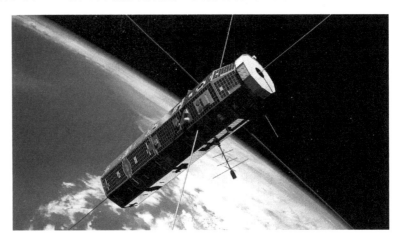

图 1.23 氰酸酯树脂基复合材料的应用

5. 碳纤维增强双马来酰亚胺树脂基复合材料

双马来酰亚胺(Bismaleimide resin,BMI 或者双马)是以马来酰亚胺为活性端基的双官能团化合物,是一类由聚酰亚胺树脂派生出的树脂体系。BMI 树脂具有良好的耐高温、耐辐射、耐湿热、阻燃、低烟毒、吸湿率低和热膨胀系数小等优点,克服了环氧树脂耐热性相对较低、耐高温聚酰亚胺树脂成型温度高与成型压力大的缺点,因此,近 20 年来 BMI 树脂得到了迅速发展和广泛应用。它的结构通式如图 1.24 所示。

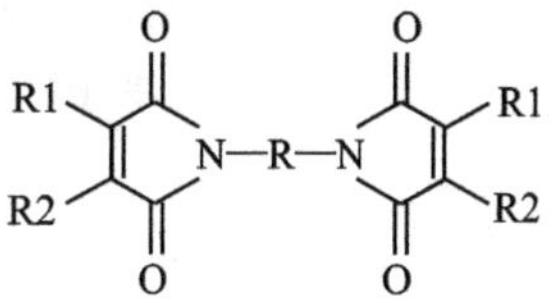

图 1.24 双马来酰亚胺结构通式

BMI 的化学结构表明它具有良好的耐热性,较高的强度和模量,但高的交联密度、分子链刚性大,使其呈现出不可忽视的脆性。此外,未经改性的 BMI 树脂还存在熔点高、溶解性差和成型温度高(固化及后固化温度高达 225 ℃)等缺点,严重影响了 BMI 树脂的应用和发展,为此,必须对双马来酰亚胺进行改性,以使其适应于碳纤维增强聚合物基复合材料基体聚合物的基本条件。

碳纤维增强双马来酰亚胺树脂基复合材料在航空航天领域已经得到广泛应用,主要用于飞机机身、骨架或尾翼以及机翼蒙皮。20 世纪 90 年代初,国内开始了双马来酰亚胺树脂基复合材料的研究,逐步形成了以 5405 和 QY8911 为代表的标模型碳纤维增强第一代韧性双马来酰亚胺树脂基复合材料,高强型碳纤维增强第二代韧性双马树脂基复合材料体系则以 5429、5428 和 QY9511、QY9611 为主,第三代韧性水平的 AC631 高韧性双马来酰亚胺树脂则主要与高强中模型碳纤维复合,CF800H/AC631 双马树脂基复合材料冲击后压缩强度显著提升,其综合力学性能优于美国 Hexcel IM7/5250-4 双马树脂基复合材料。另外,我国自主研发的 QY8911 系列制备的碳纤维增强双马树脂基复合材料已应用于超过五种飞机,其制品几乎覆盖了所有飞机或航天器的结构形式,如大面积变载面蒙皮、夹层结构等。QY8911-3 开创性合成了具有芳香族醚链段的新型双马来酰亚胺树脂基体,能够满足新一代歼击机复合材料机翼的需求。表 1.12 所列为碳纤维增强双马来酰亚胺树脂基复合材料的应用。

表 1.12 碳纤维增强双马来酰亚胺树脂基复合材料的应用

材 料	冲击后压缩强度/MPa	服役温度/℃	应用机型	应用部位
AS4/5250-2	≤170		BR710	
IM7/5250-4	225	177	F-22,F-35	蒙皮、进气道、框、隔框
IM7 或 AS4/M65	170~250	—	—	
IM7/5260	352	177	SST	
5270	175	260		
QY8911	166	150		
5428,QY9511,QY9611	270	150~170		
5429	300	150		

6. 碳纤维增强聚酰亚胺树脂基复合材料

聚酰亚胺(Polyimide,PI)是分子主链上含有酰亚胺环的一类聚合物,是目前耐热性最好、已实现工业化生产的重要品种。若聚酰亚胺齐聚物的端基为反应性的基团,经过化学交联则形成热固性聚酰亚胺。热固性聚酰亚胺活性端基包括降冰片烯、乙炔基、苯乙炔基、氰基、马来酰胺、苯并环丁烯、双苯撑、异氰酸酯和苯基三氮烯等。目前,最重要且使用最广泛的热固性聚酰亚胺是降冰片烯封端聚酰亚胺和苯乙炔封端聚酰亚胺。聚酰亚胺树脂结构式如图 1.25 所示。

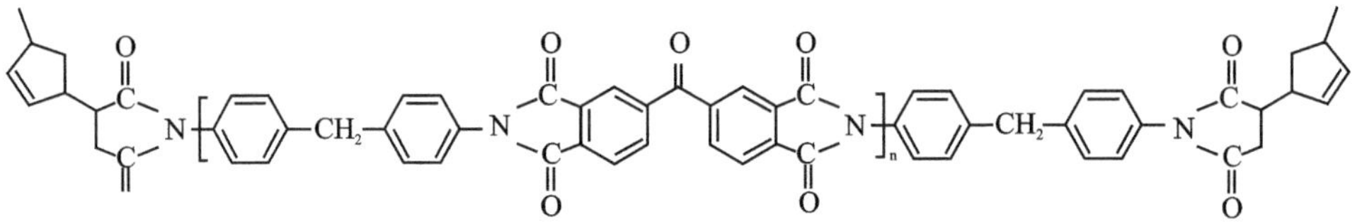

(a) PMR型聚酰亚胺树脂

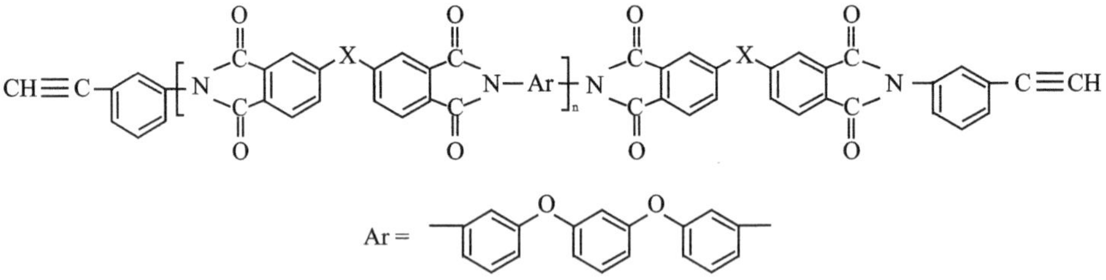

(b) 炔基封端型聚酰亚胺树脂

图 1.25　聚酰亚胺树脂结构式

聚酰亚胺树脂作为基体材料,最大的优势在于其超强的耐高温性,随着碳纤维增强聚酰亚胺树脂基复合材料的发展,其最大耐热性能也逐步提高,如表 1.13 所列。除了其优异的耐高温性能,聚酰亚胺还可耐极低温度,在零下 269 ℃的液氢中仍不会脆裂,并且聚酰亚胺具有低热膨胀系数、优异的介电性能、良好的化学稳定性以及生物相容性等优点。聚酰亚胺品种繁多、形式多样,合成具有多种方式,因此具有优秀的结构和性能可设计性。

表 1.13　聚酰亚胺树脂代次及主要型号

代　次	聚酰亚胺牌号	服役温度/℃
第一代	PMR－15	280～315
第二代	PMR－Ⅱ－50, AFR－700A, PETI330	315～370
第三代	AFRPE－4, RP－46, DMBZ－15	370～426
第四代	P2SI900HT	426～500

国外第一、二代降冰片烯封端聚酰亚胺复合材料早在 2000 年之前就已经实现商业化,并在航空航天领域得到了广泛应用,如表 1.14 所列。

表 1.14　国内外聚酰亚胺树脂的典型应用

树脂型号	耐温/℃	应用机型	应用部位
PMR－15	316	F404,F414,F110－GE－132,F136	外涵机匣
		GE90－115B,GEnx,BR710,M88－2	外涵机匣
		F－15	襟翼、导流叶片
PMR－Ⅱ	371	F119	外涵机匣

续表 1.14

树脂型号	耐温/ ℃	应用机型	应用部位
AFR700B	371	F119	静子叶片
AMB21	280	GE90	中心风管
DMBZ – 15	420		
BMP316	316		外涵机匣
AC729RTM			外涵机匣

随着材料及工艺技术的日渐成熟,耐高温聚酰亚胺复合材料在飞机机体结构中的应用也日益广泛。20 世纪 90 年代之后逐步发展成熟的苯乙炔苯酐封端的聚酰亚胺复合材料也在国外航空航天装备上陆续得到应用验证。在 X37B 空天飞机研制计划中,采用 NASA 研究中心研发的 IM7/PETI5 复合材料作为防热层内部的承力结构,进行了综合验证,可通过减少飞行器热保护层的用量以实现减轻飞行器质量,如图 1.26 所示。

图 1.26 采用 IM7/PETI5 复合材料作为防热层内部的承力结构

采用聚酰亚胺复合材料的飞机机身耐高温结构在内埋式布局的飞机发动机喷口附近的高温辐射区也普遍应用,如 B-2 隐形轰炸机发动机尾喷口上部的机身壁板尾缘(Hot Trailing Edge,HTE)、F-22 发动机喷口的高温辐射区和 F-35 发动机的矢量喷管舱均采用了高温聚酰亚胺复合材料,如图 1.27 所示。

(a) B-2机身壁板尾缘上   (b) F-22发动机喷口高温辐射区

图 1.27 采用聚酰亚胺复合材料的飞机机身耐高温结构

总的来说,以复合材料的耐温级别为标准,航空碳纤维增强聚合物基结构复合材料可分为中温、中高温和高温复合材料,主要对应的为环氧、双马、聚酰亚胺树脂基体等热固性树脂。而以复合材料的冲击后压缩强度(compressive strength after impact)为划分标准,航空碳纤维增强聚合物基复合材料大致可分为基础型、第一代韧性复合材料、第二代韧性复合材料和第三代韧性复合材料。

国内复合材料树脂基体的发展同样经历了从基本型树脂(非增韧)、第一代韧性树脂基体、第二代中等韧性树脂基体,再到第三代高韧性树脂基体的发展历程。为发挥碳纤维增强热固性高性能树脂基复合材料的优异性能,不同等级碳纤维需与合适的树脂基体进行匹配使用。与国外树脂基复合材料发展不同的是,由于我国碳纤维技术滞后美国、日本 25～30 年,因此国内基本型、第一代韧性和第二代韧性复合材料的增强碳纤维基本为高强型碳纤维,而以美国为主的发达国家从第一代韧性复合材料开始即选用高强中模碳纤维。目前,国产标模型碳纤维通常与 5405、QY8911 等双马树脂基体进行匹配,国产高强标模型碳纤维通常与 5429 双马树脂基体进行匹配,国产高强中模型碳纤维通常与 AC531 环氧树脂基体和 AC631 双马树脂基体进行匹配。

1.2.2　国内外碳纤维增强热塑性聚合物基复合材料应用现状

热塑性聚合物与热固性聚合物相比,热塑性聚合物具有加工周期短、可重复加工成型、储存期长、易修补、耐腐蚀性良好、断裂韧性和抗冲击性高以及可回收利用等特点,近年来发展很快,正不断取得突破。目前热塑性聚合物已有不少品种实现了商品化,典型的品种有聚苯硫醚(Polyphenylene sulfide,PPS)、聚醚醚酮(Polyetheretherketone,PEEK)、聚醚酰亚胺(Polyetherimide,PEI)、聚酰胺(Polyamide,PA)、聚对苯二甲酸乙二醇酯(Polyethylene glycol terephthalate,PET)、聚碳酸酯(PC)、双酚 A 型聚砜(Polysucfone,PSF)、聚芳砜(Polyarglsulfone,PASF)和聚醚砜(Polyethersulfone,PESF)等,已在航空航天、汽车、电子电器、化工、建筑、医疗和体育等领域得到了广泛应用。

国外连续纤维增强热塑性聚合物基复合材料发展于 20 世纪 70 年代。近年来,伴随着高性能热塑性树脂基础研究的深入、工艺装备的进步以及纤维与树脂浸渍技术的突破,连续纤维增强高性能热塑性预浸料及复合材料得以成功研制。国外热塑性预浸料及复合材料的主要供应商有荷兰 Tencate 公司(现被日本 Toray 收购)、英国 Victrex 公司以及美国 Cytec 公司(现被比利时 Solvay 收购)和 Barrday 公司等。此外,德国 Lanxess 公司、英国 Imhotep 公司以及美国 PMC 公司和 Polystrand 公司等均参与连续纤维增强热塑性聚合物基复合材料的竞争。国外碳纤维增强高性能热塑性聚合物基复合材料相关成型工艺日臻完善,成型制件质量稳定,开始应用于航空航天等各个领域。目前,优化高性能热塑性聚合物基复合材料结构设计和成型工艺,提高连续纤维生产效率,降低生产成本,实现热塑性复合材料大规模应用,以满足多种型号飞机不同部位的应用需求,已成为国外的主要发展趋势。

国内对于连续纤维增强高性能热塑性聚合物基复合材料制件的结构设计与应用尚处于起步阶段,高性能热塑性聚合物基复合材料的上游材料即高性能热塑性预浸料的批量化生产尚属空白,追赶国外高性能热塑性聚合物基复合材料设计和制造技术,积累国内热塑性聚合物基复合材料设计和制造经验仍是当前研究的重要内容。接下来对几种主要的热塑性聚合物基复合材料进行介绍。

1. 碳纤维增强聚苯硫醚基复合材料

聚苯硫醚(Polyphenylene sulfide,PPS)的分子主链由苯环和硫原子交替排列构成,具有较大的刚性和规整性,是一种结晶型热塑性高分子材料。其结构通式如图 1.28 所示。

图 1.28 聚苯硫醚结构通式

PPS 的特点是:耐热性优良,在高温下具有极好的刚性、强度及耐疲劳性,连续使用温度可达 170~200 ℃,分解温度大于400 ℃,热变形温度高于 260 ℃;在机械强度、热稳定性、耐蚀性、耐老化、电绝缘性能及阻燃性能等方面,均显示了良好的性能优势;PPS 也存在着一些缺陷,如纯 PPS 树脂脆,韧性不足。通过碳纤维增强的方法,可使 PPS 性能强度和热稳定性得到进一步提高,从而更好地实现其应用价值,广泛应用于航空航天等领域。表 1.15 及图 1.29 所示为碳纤维增强聚苯硫醚基复合材料的应用及实例。

表 1.15 碳纤维增强聚苯硫醚基复合材料的应用

机 型	使用部位
A330	副翼肋、方向舵前缘部件
A330 - 200	方向舵前缘肋
A340	副翼肋、龙骨梁肋、机翼前缘
A340 - 500/600,A380	副翼肋、方向舵前缘部件、翼内检修盖板、龙骨梁连接角片、龙骨梁肋、发动机吊架面板、机翼固定前缘组件及前缘盖板
A400M	副翼翼肋、除冰面板
G650	方向舵及升降舵
Fokker50	方向舵前缘翼肋、主起落架翼肋和桁条

(a) A340

(b) A340–500

(c) A380

(d) A400M

图 1.29 碳纤维增强聚苯硫醚基复合材料应用实例

2. 碳纤维增强聚芳醚酮基复合材料

聚芳醚酮(Polyetherketoneketone, PAEK)是亚苯基通过醚键和羰基连接而成的一类高分子。按分子链中醚键、酮基与苯环连接次序和比例的不同,可形成许多不同的种类,如聚醚醚酮(Polyetherketoneketone, PEEK)、聚醚酮(PEK)、聚醚酮酮(PEKK)、聚醚醚酮酮

(PEEKK)和聚醚酮醚酮酮(PEKEKK)等品种,如表1.16所列。

表 1.16　PAEK 的名称及结构

名　称	简　称	结构式
聚醚醚酮	PEEK	｛O—⬡—O—⬡—C(=O)—⬡｝$_n$
聚醚酮	PEK	｛O—⬡—C(=O)—⬡—O｝$_n$
聚醚酮酮	PEKK	｛O—⬡—C(=O)—⬡—C(=O)—⬡｝$_n$
聚醚酮醚酮酮	PEKEKK	｛O—⬡—O—⬡—C(=O)—⬡—O—⬡—C(=O)—⬡—C(=O)｝$_n$

　　聚醚醚酮是聚芳醚酮树脂中的代表,具有热固性塑料的耐热性、化学稳定性和热塑性塑料的成型加工性。聚醚醚酮还具有优异的耐热性,其热变形温度为160 ℃。聚醚醚酮的热稳定性良好,在温度420 ℃的空气中2 h失重仅为2%,500 ℃时失重为25%,550 ℃时才产生显著的热失重。聚醚醚酮的长期使用温度大约为200 ℃,在此温度下,仍可保持较高的抗张强度和抗弯模量,而且它还是一种非常坚固的材料,有优异的长期耐蠕变性和耐疲劳性能。

　　近年来,碳纤维增强聚醚醚酮基(CF/PEEK)复合材料在众多领域开展应用研究,目前处于研究阶段的部件主要集中在航空、航天、船舶、石油以及高端民用制造领域。其中,航天领域主要涉及卫星的内部支架或者蒙皮和火箭地面发射筒等抗辐射、耐温的轻质高强部件;航空领域主要集中在运输机和战斗机的前缘、弹舱门和机身,飞机发动机的冷端机匣或风扇叶片,以及直升机的旋翼桨毂、起降支撑等抗冲击、抗损伤、抗疲劳、耐温的轻质高强部件。碳纤维增强聚醚醚酮基复合材料具体应用及实例见表1.17、图1.30和图1.31。

表 1.17　碳纤维增强聚醚醚酮基复合材料的应用

机　型	使用部位
F－22,T－38,F－5E	主起落架舱门
F－117A	全自动尾翼
F/A－18	机翼壁板
Rafale	发动机周围、机身蒙皮
C－130	机身腹部壁板
V－22	前起落架门
Alpha－Jet	水平安定面前缘
A400M	油箱口盖
B787	吊顶部件

(a) 卫星支架或蒙皮

(b) 机翼前缘

(c) 发动机机匣和风扇叶片

(d) 直升机旋翼桨毂和起降支承

图 1.30　碳纤维增强聚醚醚酮基复合材料已经应用和正在研发的部件实例

除此之外,碳纤维增强聚醚醚酮基复合材料也应用于高端民用领域,主要涉及医疗器械等对生物相容性、高抗冲、轻质高强有强烈需求的部件。例如需要高温蒸汽消毒的各种医疗器械、人工关节假体、椎融合器、接骨板、骨科瞄准器、外固定支架、X 光相关器械、骨外固定器等。

3. 碳纤维增强聚醚酰亚胺基复合材料

聚醚酰亚胺(Polyetherimide, PEI)相较均苯型 PI,其分子链段中增加了醚键,增加了大分子链段的柔性,因而显著改善了加工性能。其结构式如图 1.32 所示。

聚醚酰亚胺耐高温性能优异,热变形温度超过200 ℃,连续应用温度超过170 ℃;阻燃性优异,氧指数大于 4.7,发烟量低;在宽广的频率和温度范围中有稳定的介电常数、介电损耗和极高的介电强度;具有极佳的耐化学品和耐辐射性;刚度大、抗蠕变性好、强度高、热变形温度

(a) 波音777座椅靠背

(b) 波音787行李架

图 1.31　碳纤维增强聚醚醚酮基复合材料应用实例

(c) F-22及其起落架舱门

(d) 发动机整流罩　　　　　　　　(e) 空客A340机翼前缘

图 1.31　碳纤维增强聚醚醚酮基复合材料应用实例（续）

图 1.32　聚醚酰亚胺结构式

高,作为一种高性能树脂基体,在航空航天领域广泛应用,具体应用见表 1.18。

表 1.18　碳纤维增强聚醚酰亚胺基复合材料的应用

机　型	使用部位
G650	方向舵及升降舵机翼后缘、肋
G450,G650,G550	方向舵肋、后缘、压力舱壁板
Dornier328	襟翼肋、防冰面板
Gulfstream Ⅴ	地板、压力面板、方向舵肋及机翼后缘
Gulfstream Ⅳ	方向舵肋及机翼后缘
Fokker 50/100	地板
A320	货舱地板夹层结构面板
A330/340	机翼整流罩

4. 碳纤维增强聚丙烯基复合材料

聚丙烯(Polypropylene,PP)是一种应用广泛的热塑性塑料,其密度低,无毒无污染,价格低,一直作为人们研究的热点材料之一。但聚丙烯材料在使用时尚存在一些劣势,如低温时脆性大、成型收缩率大、机械强度和硬度较低、耐磨性差、易老化且耐热性差,作为结构件材料,限制了聚丙烯应用领域的进一步拓展。碳纤维增强聚丙烯基复合材料结合了两者的优点,改善了原材料的缺点和不足,重点提高了材料的机械性能,在汽车船舶、航空航天、交通运输等领域均有广阔的应用前景。

5. 碳纤维增强聚酰胺基复合材料

聚酰胺(Polyamide,PA),又称为尼龙(Nylon)或者锦纶,是指主链上含有多个重复酰胺基团(—NHCO—)的线型高分子化合物。聚酰胺可以由二元胺和二元酸通过缩聚反应制得,也可由 ω-氨基酸或内酰胺自聚而得。聚酰胺分子链段中重复出现的酰胺基是一个极性基团,该基团上的氢能够与另一个分子的酰胺基团链段羰基上的氧结合,形成相当强大的氢键,如图 1.33 所示。

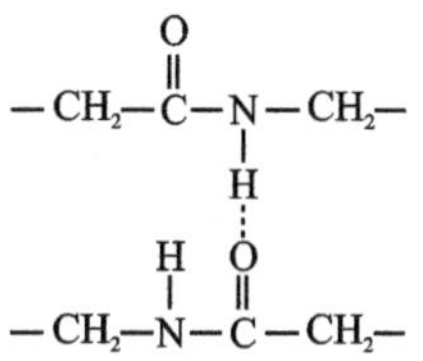

$$-CH_2-\overset{\displaystyle O}{\overset{\displaystyle \|}{C}}-\underset{\displaystyle H}{N}-CH_2-$$
$$\underset{\displaystyle O}{\overset{\displaystyle H}{|}}$$
$$-CH_2-\underset{\displaystyle H}{N}-\overset{\displaystyle O}{\overset{\displaystyle \|}{C}}-CH_2-$$

图 1.33　聚酰胺分子间的氢键

氢键的形成使得聚酰胺的分子间的作用力较大,因而有较高的结晶度、熔点和力学强度。聚酰胺还具有良好的耐油性、热稳定性和耐化学药品性。但聚酰胺的吸水性较高,其吸水性的大小取决于酰胺基之间次甲基链节的长短,即分子链中 $CH_2/CONH$ 的比值。

碳纤维增强聚酰胺基复合材料近年来发展很快,碳纤维可提高聚酰胺的强度与刚度,减小其高温蠕变,显著提高热稳定性和耐磨性。目前国内外碳纤维增强聚酰胺基复合材料主要是以短切或长碳纤维增强 PA6、PA66 等基体。短切碳纤维增强聚酰胺基复合材料具备了代替金属的优异性能,且质轻高韧,易于加工,在汽车工业、体育用品、纺织机械、航空航天材料等领域已得到应用。

在美国、西欧和日本,碳纤维增强聚酰胺基复合材料已被用于汽车的摇臂杆盖、空气袋外壳、轮毂罩、车顶导流板、座椅靠背的摆背、引擎盖等部位。另外,由于其具有较强的耐疲劳能力,也常用于汽车内燃机同步驱动齿轮的制造,德国重型柴油机就使用了这种材料制造齿轮、管接头等零件。

1.3　碳纤维增强聚合物基复合材料界面

1.3.1　碳纤维增强聚合物基复合材料界面的组成与结构

碳纤维增强聚合物基复合材料的界面(interface),是指在碳纤维与聚合物基体接触浸润以及固化时形成的厚度在纳米级范围的过渡区域,这一区域也称为界面相(interphse)或界面层。界面相是碳纤维与聚合物基体接触的几何表面以及由此延伸出的与增强体和基体都有明显差异的新相,其化学、物理和机械性能在碳纤维与聚合物基体之间呈现连续变化或梯度变化。图 1.34 所示为界面区域示意图。

界面的作用,主要是在碳纤维增强聚合物基复合材料受到载荷时把基体上的应力传递到增强体上。同时,界面还会影响裂纹扩展方向和路径,良好的界面粘结可以吸收更多能量,使复合材料不易脱粘,呈现出韧性破坏。除此之外,界面层还影响到复合材料的耐环境性,界面的吸湿降解和存在的空隙会使复合材料的整体性能大幅下降。而对于功能复合材料,界面在

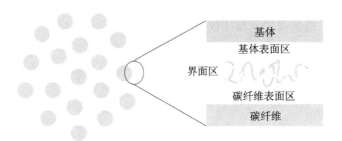

图 1.34　界面区域示意图

透波、吸波、导电和阻尼等领域也具有关键影响。

　　界面的形成主要有两个阶段:第一个阶段是在一定的温度、压力条件下,聚合物吸附并包裹碳纤维,实现两者间的完全浸润;第二个阶段是在另外的温度和压力条件下,碳纤维与聚合物基体之间发生物理及化学的相互作用,产生界面并固定下来。

　　碳纤维的表面结构和性能,如碳纤维上浆剂与聚合物的匹配性、碳纤维表面石墨微晶大小、取向程度等,都会对碳纤维与聚合物之间的界面相产生一定的影响。此外,由于聚合物基体固化反应、结晶效应,并且增强体纤维与聚合物基体热膨胀系数及导热率的不同,会在碳纤维增强聚合物基复合材料中产生内应力。因此,需要采用一系列手段和方法对碳纤维的表面结构和性质进行研究。

1.3.2　碳纤维增强聚合物基复合材料的界面结合理论

　　界面相形成机理以及两相之间的相互作用是人们一直关注的核心问题。目前,随着界面研究的不断深入,界面理论的研究也得到了快速的发展,有关碳纤维增强聚合物基复合材料界面间作用理论的研究讨论,主要是在微观机理方面,如化学键合作用、机械啮合理论、浸润吸附理论、过渡层理论、静电吸引、扩散缠结作用、过渡层理论和弱边界层理论等界面理论。图 1.35所示为几种界面结合示意图。

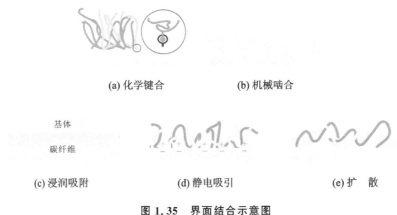

(a) 化学键合　　　　　　　(b) 机械啮合

(c) 浸润吸附　　　　　(d) 静电吸引　　　　　(e) 扩　散

图 1.35　界面结合示意图

1. 化学键合理论

化学键合理论是提出最早,应用最广泛、最成功的一个理论。Bjorksten 和 Lyaeger 等在

1949 年首先提出了化学键理论,认为界面作用就像偶联剂一样,至少需要两个官能团,一个官能团可以和增强体表面反应,另一个官能团应该能参加基体的固化反应,然后通过稳定的化学键连接增强体和基体,从而起到"桥梁"的作用。

目前,对于化学键理论的研究主要集中在增强体表面官能团的种类、含量以及与基体的反应性等方面。碳纤维表面活性基团种类及含量直接影响了纤维与聚合物的亲和性,活性基团能与聚合物本身的官能团在复合时发生各种作用(极性作用、氢键或共价键),从而能够使得复合材料具有良好的界面性能,因此通常对碳纤维进行表面处理,在碳纤维表面引入羟基、羧基、羰基和胺基等活性官能团,在表面处理之后通常还会对碳纤维进行上浆处理,上浆剂的选用也会对复合材料的界面性能造成影响。

2. 机械啮合理论

机械啮合理论认为,固体表面的微观粗糙的形貌,能够增加固体的表面积,改善浸润性能,并提供粘结的啮合中心,从而增加两相界面处的粘结强度。机械啮合理论建立的前提是,聚合物能良好地浸润纤维,可以进入纤维表面的沟槽或接枝物的缝隙中,待固化或冷却后与纤维表面形成机械啮合的结构,如图 1.36 所示。

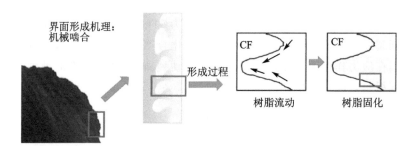

图 1.36 机械啮合示意图

除了简单的形貌匹配之外,碳纤维增强聚合物基复合材料中还存在许多不同类型的内应力,这些内应力是由聚合物基体的收缩及冷却时纤维与基体之间的热膨胀差异引起的。在这些应力中,垂直于纤维方向作用的残余应力与上述机械啮合作用产生了协同效应。

3. 浸润吸附理论

界面的结合强度受浸润作用的影响,纤维与聚合物浸润是形成界面的基本条件之一。良好的浸润性是碳纤维增强聚合物基复合材料两相可达到良好粘结的必要条件。不完全浸润会在界面处产生界面缺陷,从而降低碳纤维增强聚合物基复合材料的界面结合强度;良好的浸润可增加断裂能和结合功,从而提高界面结合强度。此理论认为,粘结力由次价键力决定。

现阶段,在碳纤维增强聚合物基复合材料界面的研究领域,关于浸润理论的研究主要集中在纤维表面能的研究方面。由于物质表面具有表面张力,当在恒温恒压下增大单位表面积的时候,需要外界做功,因为所需的功等于物质自由能的增加,且这一增加是由于物质的表面积增大所致,故称为表面自由能。表面能是表面自由能的简称,其物理意义是指增加一个单位表面积时体系能量的增量,单位是焦耳/平方米(J/m^2)。表面能 γ_s 由极性成分 γ_s^p 和非极性成分 γ_s^d 组成,即

$$\gamma_s = \gamma_s^p + \gamma_s^d \qquad (1.1)$$

浸润吸附理论的观点认为要使基体在纤维上铺展,基体的表面张力必须小于增强材料或

经过偶联剂处理后的临界表面张力,但在实际中情况并非如此。由此可见,浸润吸附理论尚有不完善之处,还需进一步深入研究。

4. 过渡层理论

过渡层理论包括"变形层理论"和"抑制层理论"。Filiou 等基于过渡层理论在纤维和树脂基体间引入过渡层,通过过渡层的形变来吸收微裂纹扩展所需的能量,进而消除复合材料界面的残余应力。图 1.37 所示为界面模量过渡层示意图。

"变形层理论"认为,聚合物在聚合物基复合材料的固化过程中通常会发生收缩,但由于基体和纤维的热膨胀系数差异很大,收缩过程中纤维和基体的界面会产生额外的应力,导致界面破坏,使复合材料的性能劣化。此外,在静载荷作用下产生的应力,在复合材料中分布也不均匀,部分界面的集中应力高于平均水平,这种应力集中会破坏基体与纤维之间的化学键,导致复合材料内部出现微裂纹,从而降低复合材料的性能。因此,增强体和基体的界面应存在一个过渡层,起到松弛附加应力和内应力的作用。

"抑制层理论"认为,增强体和基体之间存在的松弛应力的过渡层不是柔性的变形层,而是模量介于增强体与基体之间的界面层,即"抑制层"。它可以使应力均匀传递,减弱界面应力。

还有一个相对较新的理论,被称为"弱化界面局部应力理论"。该理论认为,在基体和增强体之间,界面上的上浆剂提供了一个具有"自愈合能力"的化学键。化学键在静荷载作用下处于连续形成和断裂的动平衡状态。低相对分子质量化合物(其中之一是水)的应力腐蚀破坏了化学键。上浆剂在应力作用下可以沿增强体表面滑动到新的位置,断裂的键可以转化为新键,保持基体与增强材料之间一定的粘附强度。

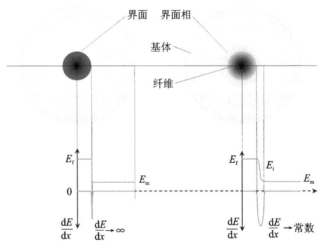

图 1.37　界面模量过渡层示意图

5. 静电吸引

界面的静电吸引作用是指由于复合材料的增强体与基体所带静电荷不同,导致在界面上产生静电引力,从而提高界面结合强度。界面的强度将取决于电荷密度。虽然这种吸引力不太可能对界面的最终结合强度有重大贡献,但当用某种偶联剂处理纤维表面时,它可能是重要的。根据该理论,非极性聚合物不粘结,但实际上,它们也能具有很高的界面强度。

6. 元素或分子相互扩散理论

本理论是基于 Barodkim 提出的高聚物之间粘结作用得来的:两种高聚物之间的粘结,先是聚合物分子浸润接触,然后分子链扩散运动,最后大分子链跨越界面建立缠结性网络。通过大分子链或链段的相互缠结导致最后的界面粘结。这个理论是建立在高分子链段的熵弹性和易缠结的特征基础上的。对于聚合物来说,两相扩散程度,也就是高分子能否互溶,取决于溶解度参数是否相似。界面的元素或分子相互扩散理论是指复合材料的增强体和基体的原子/分子通过扩散作用,越过增强体相和基体相的边界在界面区域发生分子的相互缠结。

除了上述6种机制外,氢键、范德华力和其他低能量力(low energy forces)也可能涉及其中。所有这些机制都发生在界面区域,有些是孤立作用,有些是共同作用对界面产生贡献。介于不同复合材料界面相的复杂性和特殊性,在复合材料界面分析时,必须具体问题具体分析,取长补短,互相融合,建立针对性的界面机理。

1.3.3　碳纤维增强聚合物基复合材料的界面力学模型

对于纤维增强树脂基复合材料,高模量的纤维被低模量的树脂基体包埋。基体通过纤维和树脂基体间的界面层将载荷传递给纤维。载荷从基体传向纤维的过程被许多研究者研究过,范围涉及从简单的物理模型如 Kelly‐Tyson 模型到大量的热‐力学性能和微观失效机理。Kelly‐Tyson 模型假设纤维/基体界面上的剪应力均匀分布,但实验过程中发现了许多微观现象,如界面脱粘、横向基体裂纹和基体屈服等,无法用此模型解释。此后,更多复杂的综合理论模型被提出来,这些理论大致可以分为两类:一类是基于剪滞理论的一维理论模型;另一类基于轴对称理论的二维理论模型。

1. 基于剪滞理论的一维理论模型

最早的纤维和基体间的应力传递一维模型(Shear-lag 模型)是由 Cox 于 1952 年提出的。模型表明,有限纤维长度内,纤维中的轴向应力在中部最大,两端最小,且趋近于零;界面的剪应力在纤维末端最大,中间最小,且趋近于零;纤维末端附近区域几乎不承受载荷。尽管模型很简单,但是解释了载荷传递的基本机理。Tyson 和 Davies 于 1965 年采用光弹性方法研究发现,纤维末端的剪应力大于 Cox 和 Dow 的预测,此结论后来被 Allison 和 Hollaway 采用光弹性技术进一步证实。由于纤维末端具有较高的剪应力,可能导致界面脱粘现象发生。于是,Piggott 综合利用 Outwater 关于脱粘区域的摩擦理论和 Cox 的完好粘结模型提出了部分脱粘模型,描述了纤维与基体之间的弹性应力传递和摩擦应力传递共存时的界面应力状态。

另外,针对金属基体的塑性变形,Kelly 和 Tyson 于 1965 年还提出了常剪应力模型,如图 1.38 所示。随后,人们对 Cox 的剪滞模型进一步改进,建立了基于断裂力学理论和基于剪切强度的界面脱粘准则,并详细地描述了不同阶段,即完好粘结状态、部分脱粘状态和完全脱粘状态下的应力传递现象。

但是这些改进模型仍存在不足之处,即忽略了基体屈服的状态。对于树脂基复合材料纤维断裂时基体存在非线性行为,Lacroix 在剪滞模型中采用正割模量考虑了基体的塑性。Kim 在前人的研究基础上,将脱粘和基体屈服都引入剪滞模型,研究脱粘与基体屈服共存时界面性能对临界长度的影响。

2. 基于轴对称理论的二维理论模型

较早的二维模型,是由 Whitney 和 Drzal 利用经典的弹性理论提出的基于精确的远场解与近似的局部瞬时解叠加的二维理论模型。该模型认为最大的界面剪应力并不出现在纤维的末端,这与剪滞模型不同。该模型认为纤维末端的剪应力为零,具有严重的缺陷,故没有得到

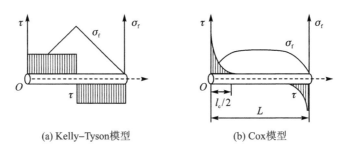

(a) Kelly–Tyson模型　　　　　　　(b) Cox模型

图 1.38　Kelly‑Tyson 和 Cox 模型的纤维中的拉应力和界面处的剪切曲线

广泛的应用。

此后,McCartney 提出一个相对复杂的轴对称二维理论模型。该模型认为纤维与基体中的轴向应力分布与径向位置坐标无关,即纤维与基体中轴向应力分量在径向上均匀分布,这与单丝断裂试验基体中存在的应力集中(存在于纤维末端)现象不符。1996 年,在 McCartney 模型的基础上,Nairn 提出了变分模型,此模型在纤维附近引入一个半径为 R 的近场基体区域,在该区域内存在应力集中的现象。在较低的应力状态,该模型与有限元分析的结果具有较好的一致性,但是在较高的应力状态下,基体表现出塑性,变分模型无法解释,这是变分模型的严重局限性,而且变分模型不能描述摩擦剪应力的传递,即不能解释非完好界面状态。随后,Nairn 利用 Bessel‑Fourier 级数应力函数加上一些额外的多项式项,提出了一个改进的模型,该模型包含了脱粘界面的摩擦应力。

Tripathi 等在变分力学的基础上提出了塑性效应模型(plasticity effect model)。该模型认为在没有脱粘出现的情况下,可以在变分模型的基础上引入基体的塑性行为,由此得到的纤维拉伸应力和界面的剪切应力与有限元计算和激光拉曼(Raman)光谱的测试具有较好的一致性;在出现脱粘的情况下,可以进一步引入 Coulomb 摩擦定律,用于摩擦应力传递的分析。但该模型的最大缺点是不能预报界面脱粘的起始和扩展,即缺少界面脱粘起始和进一步扩展的准则。

从 1997 年起,Wu 综合考虑脱粘和界面相区域,建立了一系列基于最小余能原理的变分力学改进模型。Wu 等认为,在 Narin 的变分模型中,引入的半径为 R 的区域(类似于剪滞模型中的剪切相互作用参数)是一个较难确定的量,这是变分模型的缺点。他们假设纤维中的轴向拉伸应力在径向上均匀分布,基体中的拉伸应力在径向上非均匀分布,利用最小余能原理获得基体中应力的分布形式,该模型对应力状态的预报结果与有限元分析结果具有很好的一致性。

2004 年,Johnson 建立了塑性模型(plasticity model)用于预报单根纤维在无限基体中的应力,该模型包含了基体和界面相的非线性行为,以及完全粘结和部分脱粘的界面状态,是一个较全面的数值模型。

综上所述,界面细观力学模型的发展经历了从简单到复杂的过程。在组分材料弹性、界面完好粘结的基础上逐步引入基体材料的弹塑性行为、界面脱粘等因素,并从一维情况逐步发展到二维应力状态分析。相较于一维剪滞理论的方法,基于二维轴对称理论的方法可以获得更加精确的应力分布解,包括轴向、径向以及环向的应力分布;但是,该理论方法较一维剪滞理论方法显得比较复杂。基于一维剪滞理论的方法,其应力分布解只包括轴向应力分布,且解的精确程度略低于二维轴对称理论,但是该方法简单且适用性较强。

1.3.4 碳纤维增强聚合物基复合材料界面性能表征

1. 界面强度性能微观表征方法

界面力学性能主要是通过测试复合材料界面粘结强度来体现的,微观界面强度测试方法是对单根纤维包埋在基体中所构成的碳纤维增强聚合物基纤维微复合材料进行测试,其方法主要包括单丝拔出试验(fiber pull-out technique test)、微脱粘试验(microbonding/microdroplet test)、单丝断裂试验(fiber fragmentation test)和纤维压入/顶出试验等方法,如图 1.39 所示。

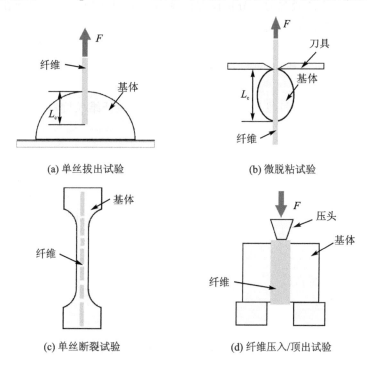

(a) 单丝拔出试验   (b) 微脱粘试验

(c) 单丝断裂试验   (d) 纤维压入/顶出试验

图 1.39 界面强度性能微观表征方法

(1) 单丝拔出试验

单丝拔出试验是 20 世纪 60 年代初由 Broutman 提出的,至今一直在改进和完善之中。单丝的一端被包埋在树脂基体中,固化后纤维的另一端被夹住并施加载荷使其从树脂基体中拔出,同时测量载荷和位移,即可得到界面剪切强度。图 1.40 中给出了单丝拔出的 3 种形式。若假定界面剪切应力沿整个界面近似不变,则平均剪应力可由下式得出:

$$\tau = \frac{F_d}{2\pi rl} \tag{1.2}$$

式中,F_d 为纤维脱粘瞬间的力;l 为埋入纤维长度;r 为纤维半径。

为了使单丝从基体中拔出而不发生纤维断裂,碳纤维埋入基体的最大埋入长度在 0.05~0.3 mm 之间。

近年来,拉曼光谱方法也常用来与单丝拔出技术结合来表征单纤维复合材料的界面强度。其原理是,首先测定自由纤维的拉曼谱图,得到该纤维特征拉曼峰,再测定纤维在受不同拉伸

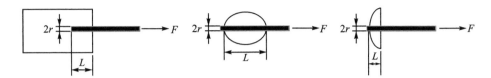

图1.40 单丝拔出示意图

应变情况下拉曼峰的平移规律;然后按图1.41所示,对包埋在树脂中的单丝进行拔出,同时测定沿纤维长度方向不同部位在不同拉伸应变作用时的拉曼峰,进而得出此时纤维上不同部位的应变情况;再根据下式的微观力学分析模型计算出在不同外加拉力下包埋在树脂中的纤维各个部位所受界面剪切应力作用:

$$\tau = \frac{F_d}{2\pi rL} = E_f \frac{r\,d\varepsilon}{2\,dL} \tag{1.3}$$

式中,r 为纤维的半径;F_d 为纤维脱粘瞬间的力;L 为包埋纤维长度;E_f 为纤维的拉伸模量;ε 为某位置处纤维的应变。

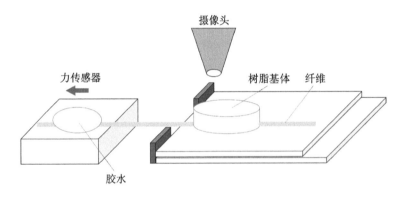

图1.41 结合拉曼光谱的单丝拔出试验

该方法的优点在于它可以给出界面剪应力沿纤维长度方向的分布,甚至还能给出在单纤维复合材料受力过程中界面剪切应力的分布和演化情况。但是,该方法也存在着不足:

① 它只能测定结晶度较高的纤维,如碳纤维、芳纶纤维、碳化硅纤维、硼纤维及超高分子量聚乙烯纤维等,而对于大量应用的玻璃纤维复合材料,则不能直接测试。

② 由于纤维之间的强烈干扰作用,所以这种方法目前只适用于单纤维复合材料样品体系,对于多纤维甚至层合板复合材料,则无法表征。

③ 由于拉曼光谱强度非常弱,所以该方法目前还只能对透明基体树脂单纤维复合材料进行测试。

(2) 微脱粘试验

微脱粘试验是Miller等于1987年开发的用于确定纤维单丝与基体的界面剪切强度(IF-SS)的一种测试方法。对于热固性树脂,首先将一根单丝固定在凹字形片上,然后在碳纤维单丝上滴附树脂液滴,固化后形成树脂微球。对于热塑性基体材料,可用合适的溶剂将其溶解,随后用上述方法将溶液转移到纤维上。如果溶液过于稀薄,可待溶剂部分蒸发,得到浓度合适的溶液;也可多次转移,获得合格形状的微滴。图1.42显示的试样制备方法,可用于多种热塑性基体材料和不同纤维的组合,例如碳纤维或芳纶纤维包埋于 PEEK、PPS、PC 或 PBT 等聚合物中。首先将聚合物薄膜剪成如图 1.42 所示的长条状,在中央剪开但不剪断;再将两边分开,如倒 V 字形;之后将 V 字形薄膜跨置于水平悬空的纤维上;最后将其加热,使热塑性聚合物熔融,获得合适形状的微滴。通常微滴的大小在 80～200 μm 范围内,可用薄膜厚度控制。

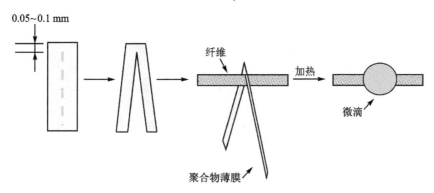

图 1.42　针对热塑性基体的微脱粘试样制备方法

将固化后的凹字形片固定在微脱粘装置的力传感器上,用仪器测试前端的刀片卡住树脂微滴,施加一个力移动纤维,从而将纤维从树脂微球中拔出。记录界面完全脱粘过程中的峰值载荷 F,测量包埋长度,然后计算得到界面剪切强度 τ。公式如下:

$$\tau = \frac{F}{\pi l d} \tag{1.4}$$

式中,F 为完全脱粘的峰值载荷;l 为树脂微球的包埋长度;d 为纤维直径。微脱粘试验示意图如图 1.43 所示。

这种方法的主要优点是,它可以准确地测量出脱粘瞬间力的大小,故这种方法可以适合任何纤维/基体间的研究。其缺点是:

① 不方便观察界面脱粘过程;

② 聚合物在纤维表面形成弯月面,不能精确测量纤维埋入长度;

③ 该方法假定界面上的剪切应力沿纤维长度方向呈均匀分布,故只能计算出界面处的平均剪切强度;

④ Rao 等指出,由于固化剂浓度的变化,使得微滴的力学性能将随着尺寸的大小而改变;

⑤ 过长的埋入也将导致纤维断裂而不是从基体中拔出。

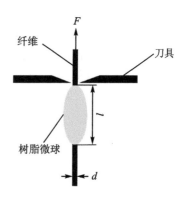

图 1.43　微脱粘试验示意图

(3) 单丝断裂试验

单丝断裂方法是用来表征纤维与聚合物基体间界面剪切强度的常用方法。将一根纤维埋入注满聚合物的哑铃形模具中,固化后得到拉伸试样。其中,基体材料的失效应变必须比纤维的失效应变大(理想情况下,至少 3 倍),以避免由于纤维断裂导致试件过早失效。沿轴向拉伸哑铃形试样,聚合物中的纤维开始发生断裂。随着载荷的增加,对试样的进一步应力导致纤维多处发生断裂,直到断裂的纤维长度达到临界长度,之后就不会再断裂。采用声发射(AE)或光弹性技术测量出聚合物中一定长度内的纤维断裂数和纤维平均断裂长度,单丝断裂实验装置及偏光显微镜下的纤维断点图如图 1.44 所示。用 Kelly – Tyson 公式计算出剪切强度：

$$\tau = \frac{d_f \sigma_{f(l)}}{2l_c} \tag{1.5}$$

式中，l_c 为纤维的临界长度；d_f 为纤维的直径；$\sigma_{f(l)}$ 为临界纤维长度下的纤维强度。

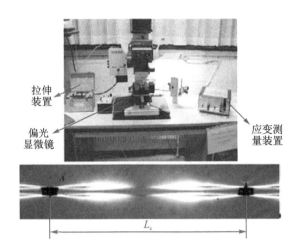

图 1.44　单丝断裂试验装置及偏光显微镜下的纤维断点图

单丝断裂试验是通过外加载荷对树脂进行拉伸的。在拉伸载荷下树脂产生形变不断伸长，然后树脂将拉伸载荷传递到碳纤维与树脂的界面处。当载荷达到纤维的断裂载荷时，纤维会断裂，载荷继续增加，会出现纤维与树脂一定的脱粘现象。此时，该断裂位置的纤维不再受力作用，而其他未断裂纤维则继续受力，直到纤维的所有断点出现。由此可见，单丝断裂试验的碳纤维单丝复合材料界面剪切强度与其碳纤维单丝强度之间具有一定的转化关系，因此在计算单丝断裂剪切强度时，需要首先测试碳纤维的单丝断裂强度。单丝断裂强度测试具有较大的离散性，在进行单丝断裂剪切强度计算时，通常代入单丝强度平均值进行计算。

该方法的优点：①试件制作简单，外在影响因素小；②在基体透明的情况下，采用光学/偏光显微镜就可以观察到纤维断裂的过程，并且只需引入较少的参数就可对界面强度进行表征；③该试验的试验结果可以进行统计性分析，并且在试验过程中出现了多种失效模式，例如纤维断裂、界面脱粘、基体屈服和裂纹等。

（4）纤维压入/顶出试验

纤维压入/顶出试验是一种用于测定复合材料界面剪切应力的技术。与前述几种微观复合材料试验方法不同，在顶出试验中，试样使用真实复合材料制作，是一种可对真实复合材料在原位测定界面力学性能的试验方法。将高纤维体积分数的真实复合材料沿着与纤维轴向垂直的方向切割成片状，将截面抛光，选定合适形状的压头，在纤维端面沿纤维轴向施加载荷。直至发生界面脱粘和纤维滑移，记录纤维压出过程中的载荷与位移的函数关系，由此计算出表征界面力学性能的各项参数，如图 1.45 所示。

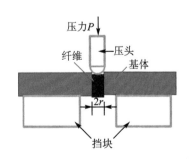

图 1.45　纤维压入/顶出试验示意图

这种试验方法的优点是测试过程接近实际受载状态,而且数据采集方便,试验结果更具有实际参考意义。缺点是不易观察和判断界面失效破坏模式,而且无法准确判断界面脱粘时的临界载荷大小;此外,试验前需对试样进行表面处理,该过程可能会对界面造成损伤。

所有前述试验方法都没有涉及应力分布的测定。因此数据分析时,假定界面有均匀的剪切应力,或者应用剪切-滞后模型分析、有限元分析进行计算。光弹性分析获得的也只是平均值。

目前文献还报道了结合拉曼光谱的微滴实验,以及分析碳纤维的电阻等新型界面测试手段。拉曼光谱分析原理是通过对纤维界面拉伸引起 G 峰偏移量和应力应变关系来计算界面剪切强度的。而通过单丝复合材料电阻值的变化监测界面应力变化,根据经验公式可以表征复合材料界面性能。

2. 界面强度性能宏观表征方法

复合材料宏观力学性能也可以评价纤维与基体界面的强度,常用的力学试验方法有短梁剪切、横向拉伸、导槽剪切和 Iosipescu 剪切等,如图 1.46 所示。另外,双悬臂梁试验和动态力学分析技术也能用来表征界面性能。

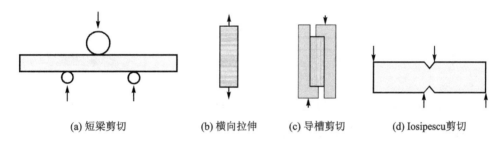

(a) 短梁剪切   (b) 横向拉伸   (c) 导槽剪切   (d) Iosipescu剪切

图 1.46　表征复合材料界面性能的宏观试验方法

（1）短梁剪切法

短梁剪切试验是最常用的宏观试验方法,主要参考 ASTM D2344 标准,短梁剪切试样尺寸见图 1.47。其方法的优点:样品制备及测试过程都比较简单易行;根据短梁剪切强度、破坏形式及断口的电镜分析,即可有效地评价界面剪切性能的优劣。因此,其已成为目前工程上测定在平行于纤维方向受到剪应力作用时的极限强度及评价界面粘结质量的重要手段,但是其失效应力实际上反映的是复合材料的短梁剪切强度,所以也不能直接与纤维/树脂界面结合强度建立联系。其失效模式可能是拉伸、压缩和剪切综合作用的结果。

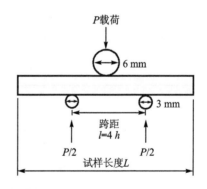

图 1.47　短梁剪切试样尺寸示意图

（2）横向拉伸法

横向拉伸法是目前唯一可以用来表征界面法向拉伸性能的方法,但是在界面区域复杂的应力状态下,将横向拉伸强度和界面强度建立准确的函数关系很难。

（3）双悬臂梁试验

对于双悬臂梁试验，临界应变能释放率 G_{Ic} 测试值反映了复合材料中的脱粘、分层和塑性变形消耗的能量，界面结合不是其主要控制因素。虽然宏观试验方法表征复合材料的界面性能简单方便，但由于宏观真实复合材料试样中纤维体积分数高，纤维间存在复杂的相互作用，而且界面性质也不可能均匀一致，导致其在载荷作用下破坏模式复杂。除此之外，力学性能测试结果又与破坏模式密切相关，因此该方法通常只用于工程上的直观比较。

（4）Iosipescu 剪切法

Iosipescu 剪切法又称 V 形缺口剪切法，根据 ASTM D5379M 标准，试样为平面矩形，总体尺寸为 76 mm×20 mm，在长边的中心有相反的 V 形缺口。如图 1.48 所示，试件中有 V 形开口，在试件工作区可得到较均匀的剪应力场，且试件破坏时也基本发生在工作区中。该方法可测得所有三个平面内的剪切性能（包括面内剪切性能及层间剪切性能），并且可获得较满意的测试结果。

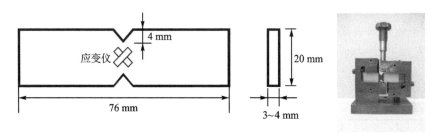

图 1.48　Iosipescu 剪切法所使用的试样尺寸以及 ASTM 标准 V 形梁剪切夹具

3. 复合材料界面的物理化学性能表征

复合材料的界面是结构不同于其组分材料的一个特殊区域，表征界面最方便的方法是通过表征各组分材料组合在一起之前的表面性能或复合材料断裂面间接进行。表面物理化学分析主要包括化学组成、特征成分的含量、分布状态及其原子/微观结构等形成界面的信息，通常可以采用光谱分析技术来实现。在分析中必须考虑许多因素，如过程变量、污染物、表面处理和环境条件，可用于复合材料界面性能表征的方法如表 1.19 所列。

表 1.19　复合材料界面性能表征方法

表征对象	表征方法	分析对象
结构评价	扫描电子显微镜（SEM）	表/界面结构
	原子力显微镜（AFM）	纳米级的表面结构、原子排列
	透射电子显微镜（TEM）	表/界面结构
	纳米压痕	界面模量
	扫描隧道显微镜（STM）	微细表面结构、表面形态结构
物理评价	比表面积分析（BET）	总表面积、微细孔其分布
	接触角分析	表面自由能、浸润性

表征对象	表征方法	分析对象
化学评价	X 射线光电子能谱(XPS)	定性与定量分析表面化学组成及官能团
	俄歇电子光谱(AES)	定性与定量分析表面化学组成
	二次离子质谱(SIMS)	化学组成及其深度分布
	飞行时间二次离子质谱(TOF – SIMS)	定量分析表面官能团和大分子碎片
	衰减全反射红外光谱(ATR – FTIR)	官能团的定性与定量
	拉曼光谱	化学结构分析
	电子能量损失谱(EELS)	定性分析表面元素及分布
	化学吸附	酸性、碱性的定性,活性表面积
	反气相色谱(IGC)	酸-碱基团的特性、表面自由能
	化学滴定法	定量分析表面官能团

第 2 章　碳纤维的基本性能

2.1　引　言

碳纤维是一类微米尺度的一维材料，其中碳纤维的微晶结构、石墨化程度、线密度、密度、直径、侧表面的微观物理形貌及化学活性官能团是其最基本的参数。在复合材料中，碳纤维与聚合物基体间通常存在机械啮合和化学结合的共同作用，其中机械啮合作用由碳纤维的微观形貌主导，如单丝的截面形状、侧表面是否带有沟槽及表面粗糙度等。化学结合作用则由碳纤维表面的化学性能主导，如上浆剂质量分数、氧碳比及活性官能团数量等。此外，碳纤维增强聚合物基预浸料的制备及复合材料的成型，均涉及不同粘度的液体（聚合物）浸润碳纤维的过程，因此碳纤维的表面能及其浸润角决定了碳纤维与聚合物复合的程度。在这些因素的协同作用下，决定了碳纤维增强聚合物基复合材料的界面性能。

碳纤维作为复合材料中的增强相，其拉伸性能是极为重要的一项性能指标，通常由拉伸强度、拉伸模量以及断裂伸长率来表征。研究碳纤维的基本力学性能是研究复合材料及其界面的基础。

本章分别介绍了日本东丽公司及国产标模型、高强标模型、高强中模型和高模型碳纤维的微观形貌、化学特性、浸润性能及力学性能进行了表征，分析目前国内高强和高模碳纤维的发展状况以及与日本东丽公司同级别的碳纤维的性能之间的差异，为不同聚合物基体与碳纤维的匹配提供相应的实验数据。表 2.1 所列是本章所用碳纤维的牌号。

表 2.1　本章所用碳纤维的牌号

碳纤维等级	进口/国产	牌　号
标模型	日本东丽公司	T300 - 3K - 40B
	国产	CF300 - 4
		CF300 - 5
		CF300(JHT)
		CF300(HF)
高强标模型	日本东丽公司	T700SC - 12K - 50C
	国产	CF700H
		CF700G
		CF700S

续表 2.1

碳纤维等级	进口/国产	牌　号
高强中模型	日本东丽公司	T800HB－6K－40B
		T800SC－12K－21A
		T800SC－12K－11A
	国产	CF800G
		CF800H
		CF800S
高模型	日本东丽公司	M40JB－6K－50B
	国产	CM40J
		CZ40J

2.2　碳纤维的物理性能

　　碳纤维物理结构主要包括其石墨微晶结构和表面沟槽形貌等,这与碳纤维的生产过程密切相关,由于制备和表面处理方法不同,碳纤维会呈现不同的晶体结构和表面状态。碳纤维在生产中经历了原丝的制备、预氧化、碳化和石墨化等过程,发生了复杂的物理化学变化,由PAN大分子链的结构转变为梯形碳结构,最后碳化成为二维乱层石墨结构。其内部石墨微晶沿纤维轴方向择优取向,石墨层面之间彼此扭曲。作为一种各向异性的碳材料,其沿纤维轴向和径向的石墨微晶结构会存在一定的差异,因此需要全面地研究其石墨微晶的晶体结构参数,需要测定碳纤维赤道方向、子午方向以及全方位角的衍射谱图。此外,碳纤维线密度和密度等基本性能参数,也是碳纤维应用的基本性能指标。

　　碳纤维的纺丝工艺主要有两种:一种为干喷湿纺,另一种为湿法纺丝。两种工艺生产出来的碳纤维的最大区别在于其侧表面物理形貌不同。其中,干喷湿纺制备出来的碳纤维单丝侧表面光滑,无沟槽,截面形状近似于圆形;而湿法纺丝制备出来的碳纤维单丝侧表面分布着大量沟槽,截面形状不统一。碳纤维纺丝工艺参数的不同将会进一步影响碳纤维的截面形状,侧表面沟槽的数量、深度及宽度。

　　碳纤维表面微观结构的定性表征、定量统计是碳纤维及碳纤维增强聚合物基复合材料研究工作的重要方向。本章采用X射线衍射仪(XRD)、小角X射线散射仪(SAXS)、拉曼(Raman)光谱、扫描电子显微镜(SEM)和原子力显微镜(AFM)等方法研究国内外不同等级碳纤维微晶结构、石墨化程度、截面和侧表面形貌和表面粗糙度,通过对比分析这些实验结果,为后续的研究提供基本数据支撑。

2.2.1　碳纤维的组成

　　采用X射线衍射仪(X-Ray Diffraction,XRD)、小角X射线散射仪(Small-Angle X-ray Scattering,SAXS)及拉曼光谱仪(Raman spectroscopy),对表2.1所列不同等级碳纤维的微晶结构和石墨化程度进行表征。

1. X 射线表征碳纤维的晶体结构

采用 Bruker D8 DISCOVER 二维 X 射线衍射仪(粉末法)和 Xeuss 3.0 HR 小角 X 射线散射仪(纤维束法),对碳纤维的晶面间距、叠层厚度、微晶尺寸以及纤维取向度等结构参数进行分析。

碳纤维石墨微晶的主要结构参数包括晶面间距 d_{002}、石墨叠层厚度 L_c、晶粒尺寸 L_a、微晶取向度 π。其中,d_{002} 可由 002 晶面或 004 晶面衍射线用布拉格方程计算求得;L_c 由 002 晶面衍射线求得;L_a 由 100 晶面衍射线求得。根据 Scherrer 公式:

$$L_{hkl} = \frac{k\lambda}{\beta_{hkl}\cos\theta} \tag{2.1}$$

可得到

$$L_{c\,002} = \frac{k\lambda}{\beta_{002}\cos\theta} \tag{2.2}$$

式中,λ 为 X 射线波长;θ 为(002)峰的布拉格衍射角;β 为(002)峰的半峰宽;k 为形状因子。

还可得到

$$L_{a\,100} = \frac{k\lambda}{\beta_{100}\cos\theta} \tag{2.3}$$

而取向度计算公式为

$$\pi = \frac{180 - Z}{180} \times 100\% \tag{2.4}$$

理想石墨材料的晶面间距理论值为 3.354×10^{-10} m,由于碳纤维的乱层石墨结构,所以其晶面间距一般大于 3.4~10 m,晶粒尺寸在 10~50 nm 之间。其中,碳纤维晶面间距越小,说明其晶体排列有序度越高,石墨化程度越高,因此纤维强度和模量也相越大。图 2.1~图 2.4 所示分别为不同等级碳纤维的测试图谱,表 2.2~表 2.5 分别为不同等级碳纤维的特征参数。总的来看,无论是晶粒尺寸还是取向度,高模型碳纤维相比标模型、高强标模型、高强中模型的碳纤维都有明显区别,而高强中模型碳纤维相比标模型、高强标模型的碳纤维则差距较为微小。

经过计算得到不同标模型碳纤维的特征参数如表 2.2 所列。从表中可以看出,5 种标模型碳纤维的(002)峰的布拉格衍射角、晶面间距、晶粒尺寸、取向度基本相同。

表 2.2 不同标模型碳纤维的特征参数

标模型碳纤维	$2\theta/(°)$	晶面间距 d_{002}/nm	晶粒尺寸/nm	取向度 π/%
T300B-3K-40B	25.39	0.350 5	1.81	79.41
CF300-4	25.59	0.347 8	1.82	79.63
CF300-5	25.39	0.350 5	1.88	79.74
CF300(JHT)	25.32	0.351 5	1.80	77.76
CF300(HF)	25.61	0.347 5	1.80	79.30

经过计算得到不同高强标模型碳纤维的特征参数如表 2.3 所列。从表中可以看出,4 种高强标模型碳纤维的(002)峰的布拉格衍射角、晶面间距、晶粒尺寸、取向度基本相同。与标模型碳纤维相比,高强标模型碳纤维的图谱特征参数差距不明显。

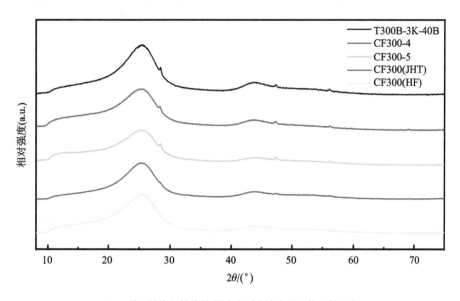

(a) 二维X射线衍射结果(图中小型尖峰为用于校正的Si峰)

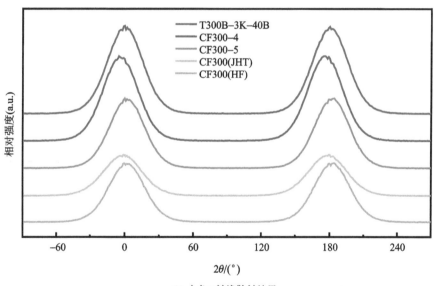

(b) 小角X射线散射结果

图 2.1 不同标模型碳纤维的测试图谱

表 2.3 不同高强标模型碳纤维的特征参数

高强标模型碳纤维	$2\theta/(°)$	晶面间距 d_{002}/nm	晶粒尺寸/nm	取向度 $\pi/\%$
T700SC – 12K – 50C	25.60	0.347 7	2.0	79.28
CF700H	25.41	0.350 3	1.8	80.36
CF700G	25.60	0.347 7	1.8	80.45
CF700S	25.45	0.349 8	1.8	79.38

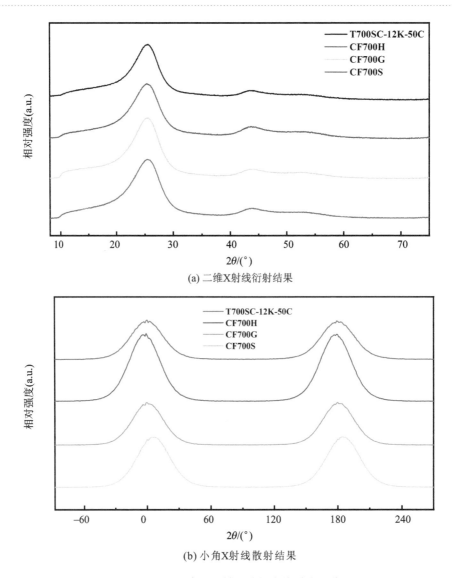

(a) 二维X射线衍射结果

(b) 小角X射线散射结果

图 2.2　不同高强标模型碳纤维的测试图谱

　　经过计算得到不同高强中模型碳纤维的特征参数如表 2.4 所列。从表中可以看出，6 种高强中模型碳纤维的晶粒尺寸在 $1.9\sim2.1$ nm 之间，取向度基本在 $80\%\sim82\%$ 附近，相比标模型、高强标模型的碳纤维，各特征参数稍有提高。

表 2.4　不同高强中模型碳纤维的特征参数

高强中模型碳纤维	$2\theta/(°)$	晶面间距 d_{002}/nm	晶粒尺寸/nm	取向度 $\pi/\%$
T800HB－6K－40B	25.55	0.348 4	1.9	80.53
T800SC－12K－21A	25.40	0.350 3	2.1	81.41
T800SC－12K－11A	25.42	0.350 1	2.0	81.28
CF800G	25.35	0.351 1	2.1	81.77
CF800H	25.40	0.350 4	1.9	80.93
CF800S	25.47	0.349 5	1.9	82.04

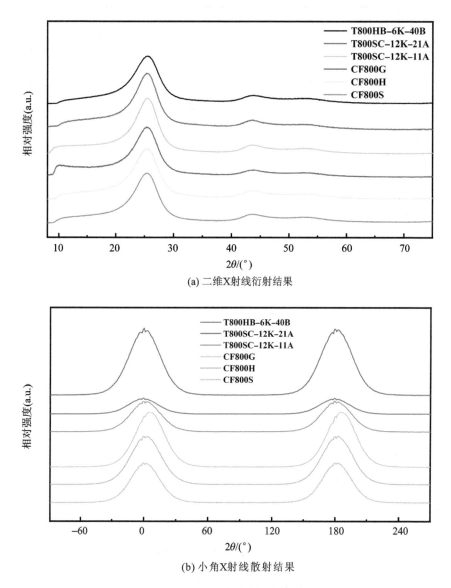

(a) 二维X射线衍射结果

(b) 小角X射线散射结果

图 2.3　不同高强中模型碳纤维的测试图谱

　　经过计算得到不同高模型碳纤维的特征参数如表 2.5 所列。从表中可以看出,3 种高模型碳纤维的晶粒尺寸、取向度相比标模型、高强标模型和高强中模型的碳纤维有明显提高,表明 3 种高模型碳纤维石墨化度较高,石墨微晶尺寸较大;(002)衍射峰更尖锐,而且出现了明显的(004)衍射峰,表明石墨化后纤维石墨微晶尺寸较大,晶面间距较小,石墨片层堆叠比较致密有序。

表 2.5　不同高模型碳纤维的特征参数

高模型碳纤维	$2\theta/(°)$	晶面间距 d_{002}/nm	晶粒尺寸/nm	取向度 $\pi/\%$
M40JB－6K－50B	25.93	0.343 3	3.0	86.01
CM40J	25.90	0.343 8	2.8	85.68
CZ40J	25.74	0.345 8	2.7	83.80

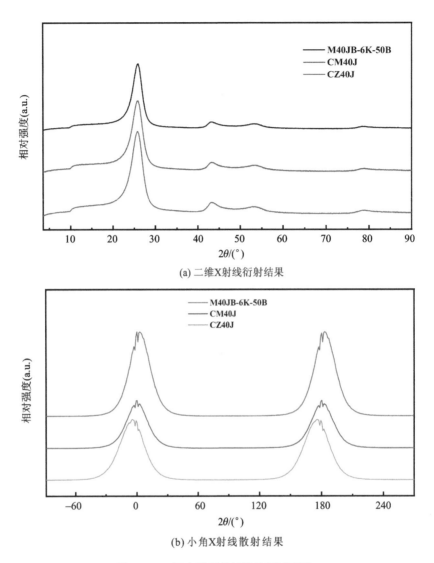

(a) 二维X射线衍射结果

(b) 小角X射线散射结果

图 2.4　不同高模型碳纤维的测试图谱

2. 拉曼光谱表征碳纤维石墨化程度

激光拉曼光谱是表征碳纤维化学结构的重要手段，可以利用这种手段研究碳纤维的表面几十纳米厚的石墨化度或有序化程度。当激光照射到石墨试样时，石墨片层平面中的碳原子发生拉曼振动（E_{2g}），石墨材料的拉曼频率①范围通常为 $0\sim3\,300\ \mathrm{cm}^{-1}$。其中，$0\sim1\,650\ \mathrm{cm}^{-1}$ 范围的为一级序区，是观测的主要序区，碳纤维材料在拉曼光谱中均会出现强的共振线，可定量测定 G 峰（$1\,580\sim1\,600\ \mathrm{cm}^{-1}$）和 D 峰（$1\,350\sim1\,380\ \mathrm{cm}^{-1}$）；对于高模碳纤维，在

---

①　在拉曼谱线中，横坐标的单位是相对激发光波长偏移的波数，称为拉曼波数或拉曼频率。若波长以厘米计，波数就是波长的倒数。因此拉曼光谱的横坐标（拉曼波数 w_0）是入射激光波长 γ_i 和拉曼散射光波长 γ_s 的波数之差，即 $w_0(\mathrm{cm}^{-1})=\dfrac{1}{\gamma_i}-\dfrac{1}{\gamma_s}$。

1 620 cm^{-1} 处还会存在一个 D$'$ 峰,这是由纤维表面碳原子的变化导致的,可以认为是石墨微晶的 E_{2g} 振动。

对于石墨化程度较低的碳石墨材料,出现 D 峰是由于其取向度低、石墨微晶不完整、结构缺陷多、边缘不饱和碳原子数目多而引起的,D 峰一般来源于晶粒的边界或者其他产生缺陷处 sp^3 杂化键的伸缩振动,一般代表材料的无定形碳部分,并随着无序结构程度的增大和微晶尺寸的减小而增大。而 G 峰是六元环网面 sp^2 杂化的 C—C 键振动所产生的,是材料中具有规整结构的石墨微晶部分。因此,一般用 D 峰和 G 峰相对强度比值 $R(I_D/I_G)$ 的大小来判断石墨化程度和石墨结构完整的程度,R 值越小,碳纤维石墨化程度越高,即有序结构的比例越大。

采用 LabRAM HR Evolution 型激光拉曼光谱仪对碳纤维表面的化学结构进行测定,对碳原子的杂化态以及碳纤维表面的石墨化进行分析。测试方法:将一段长度约 2 cm 的碳纤维平整地置于载玻片上,放上载物台,然后调整载物台的方向,使激光光斑沿碳纤维表面的轴向方向,多次平行扫描进行测量。

表 2.6~表 2.9 是不同等级碳纤维的拉曼分析结果,可以看出,随着碳纤维等级的提升,R 值逐渐缩小,碳纤维表面的石墨化程度逐渐升高。

图 2.5 和表 2.6 是不同标模型碳纤维的拉曼分析结果,在一级拉曼序区内纤维的拉曼光谱主要有两个明显的谱线:D 峰和 G 峰。其中 D 峰在 1 350 cm^{-1} 左右,而 G 峰在 1 590 cm^{-1} 附近。从表 2.6 可知,CF300(HF)碳纤维的 R 值和 D 峰的 FWHM 最大,日本东丽 T300B - 3K - 40B 与国产 CF300 - 4 碳纤维 R 值和 D 峰的 FWHM 居中,CF300 - 5 和 CF300(JHT)碳纤维 R 值和 D 峰的 FWHM 最小。这表明石墨化程度最好的是 CF300 - 5 和 CF300(JHT)碳纤维,CF300(HF)碳纤维的有序化程度较低。

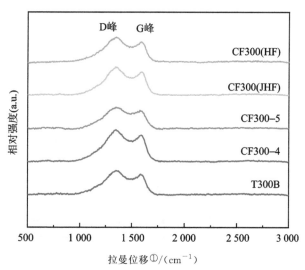

图 2.5 不同标模型碳纤维的拉曼光谱图

---

① 斯托克斯与反斯托克斯散射光的频率与激发光源频率之差统称为拉曼位移(Raman shift)。斯托克斯散射的强度通常要比反斯托克斯散射强度强得多,在拉曼光谱分析中,通常测定斯托克斯散射光线。拉曼位移取决于分子振动能级的变化,不同的化学键或基态有不同的振动方式,决定了其能级间的能量变化,因此,与之对应的拉曼位移是特征的。这是拉曼光谱进行分子结构定性分析的理论依据。

表 2.6　不同标模型碳纤维的拉曼分析结果

标模型碳纤维	D 峰拉曼位移/(cm^{-1})	D 峰占比/%	D 峰 FWHM	G 峰拉曼位移/(cm^{-1})	G 峰占比/%	G 峰 FWHM	I_D/I_G
T300B - 3K - 40B	1 356	81.04	316.48	1 591	18.96	110.04	4.27
CF300 - 4	1 355	80.78	317.10	1 591	19.22	112.16	4.20
CF300 - 5	1 356	79.64	307.20	1 587	20.36	120.89	3.91
CF300(JHT)	1 353	79.74	307.48	1 593	20.26	112.46	3.94
CF300(HF)	1 348	82.74	333.17	1 593	17.26	107.48	4.79

注:谱峰位置用 p_0 对应的拉曼波数 w_0 标识,谱峰的宽度通常用 $p_0/2$ 处的高、低波数差定义,称为半高全宽(FWHM),简称半高宽。

　　图 2.6 和表 2.7 是不同高强标模型碳纤维的拉曼分析结果,在一级拉曼序区内纤维的拉曼光谱的 D 峰和 G 峰的峰位与标模型碳纤维相差不大。由表 2.7 可知,日本东丽 T700SC - 12K - 50C 碳纤维具有最小的 R 值和 FWHM,这表明几种高强标模型碳纤维中 T700SC - 12K - 50C 碳纤维的有序化程度最高。

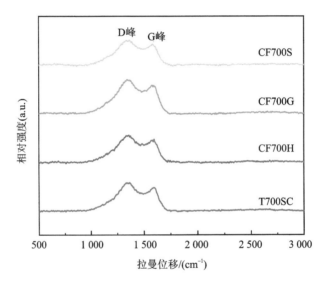

图 2.6　不同高强标模型碳纤维的拉曼光谱图

表 2.7　不同高强标模型碳纤维的拉曼分析结果

高强标模型碳纤维	D 峰拉曼位移/(cm^{-1})	D 峰占比/%	D 峰 FWHM	G 峰拉曼位移/(cm^{-1})	G 峰占比/%	G 峰 FWHM	I_D/I_G
T700SC - 12K - 50C	1 353	78.97	299.66	1 591	21.03	112.78	3.75
CF700H	1 355	79.60	307.89	1 590	20.40	116.03	3.90
CF700G	1 355	79.83	312.74	1 590	20.17	116.15	3.96
CF700S	1 354	79.67	303.19	1 588	20.33	115.00	3.92

　　图 2.7 和表 2.8 是不同高强中模型碳纤维的拉曼分析结果,在一级拉曼序区内纤维的拉曼光谱的 D 峰和 G 峰的峰位与标模型、高强标模型碳纤维相差不大,但 T800SC－12K－21A、T800SC－12K－11A、CF800G、CF800S 碳纤维的 D 峰的 FWHM 有明显下降,说明 D 峰有明显锐化;同时这几种纤维的 R 值在 2.3～2.6 之间,相比 T800HB－6K－40B 碳纤维明显更低,说明这几种高强中模型纤维具有更高的石墨化程度,这可能与其采用纺丝的工艺有关。

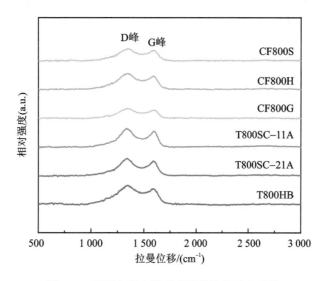

图 2.7　不同高强中模型碳纤维的拉曼光谱图

表 2.8　不同高强中模型碳纤维的拉曼分析结果

高强中模型碳纤维	D 峰拉曼位移/(cm⁻¹)	D 峰占比/%	D 峰 FWHM	G 峰拉曼位移/(cm⁻¹)	G 峰占比/%	G 峰 FWHM	I_D/I_G
T800HB－6K－40B	1 353	79.00	305.31	1 594	21.00	114.96	3.76
T800SC－12K－21A	1 343	70.51	234.79	1 588	29.49	113.93	2.39
T800SC－12K－11A	1 345	70.29	227.14	1 589	29.71	108.55	2.37
CF800G	1 348	72.42	250.46	1 588	27.58	115.59	2.63
CF800H	1 346	75.18	272.88	1 589	24.82	116.73	3.03
CF800S	1 349	72.53	259.02	1 591	27.47	118.60	2.64

　　图 2.8 和表 2.9 是不同高模碳纤维的拉曼分析结果,可以观察到峰形明显且完整的 D 峰与 G 峰,也存在峰形不完整、强度较弱的 D′峰。相比高强中模型碳纤维,高模碳纤维在石墨化过程中,高温和牵伸力导致其二维乱层石墨结构进一步向三维石墨结构转化。因此,CM40J、CZ40J、M40JB－6K－50 碳纤维中无序碳的 D 峰相对强度减弱,石墨化碳的 G 峰相对强度升高,R 值在 1.6～2.0 之间。三种高模碳纤维中,CM40J 碳纤维具有最高的表面石墨化程度。

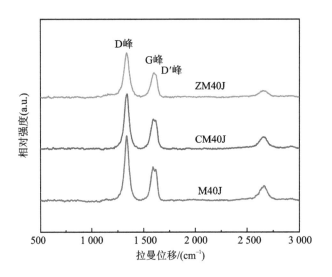

图 2.8 不同高模碳纤维的拉曼光谱图

表 2.9 不同高模型碳纤维的拉曼分析结果

高模型碳纤维	D 峰拉曼位移/(cm⁻¹)	D 峰占比/%	D 峰 FWHM	G 峰拉曼位移/(cm⁻¹)	G 峰占比/%	G 峰 FWHM	I_D/I_G
M40JB-6K-50B	1 333	48.88	57.46	1 592	28.60	62.49	2.01
CM40J	1 332	48.86	59.85	1 595	30.63	67.49	1.60
CZ40J	1 332	54.99	69.11	1 597	30.81	68.57	1.78

2.2.2 碳纤维的密度

碳纤维的线密度和密度分别代表其单位长度及体积下纤维的质量。碳纤维的密度反映了纤维的致密程度,能够从宏观上反映纤维中缺陷的存在。理想石墨的理论密度为 2.262 g/cm³,而碳纤维密度一般在 1.8 g/cm³ 左右。纤维的密度越低,则内部存在越多的缺陷。通过碳纤维的密度与线密度之比,可以计算出碳纤维的截面积。碳纤维的密度还可以与力学性能进行对照,计算出纤维比强度及比模量,为工程应用提供参考。

线密度是指纤维单位长度的质量,即纤维质量除以它的长度,是描述纤维粗细程度的指标,常用单位为克/千米(g/km)。密度是指单位体积纤维的质量,常用单位为克/立方厘米(g/cm³)。

碳纤维的线密度测试参照 GB/T 3362—2005 附录 C 的方法,取 3 根 1 m 长的复丝,使用天平分别称其质量,取 3 根复丝样品测量结果的算术平均值作为复丝线密度;碳纤维的密度测试参照 GB/T 30019—2013《碳纤维密度的测定》进行测试,利用电子密度仪测出至少 3 组纤维的密度并求出平均值。表 2.10 所列是 18 种碳纤维的线密度与密度测试结果。

表 2.10　不同等级碳纤维的线密度和密度测试结果

碳纤维等级	碳纤维名称	线密度/(g·km⁻¹)	密度/(g·cm⁻³)	等效直径/μm
标模型	T300B-3K-40B	199	1.77	6.91
	CF300-4-3K	197	1.77	6.87
	CF300-5-3K	198	1.77	6.89
	CF300(JHT)-3K	200	1.78	6.91
	CF300(HF)-3K	198	1.78	6.87
高强标模型	T700SC-12K-50C	807	1.80	6.90
	CF700H-3K	199	1.78	6.89
	CF700G-12K	798	1.81	6.84
	CF700S-12K	806	1.80	6.89
高强中模型	T800HB-6K-40B	223	1.81	5.11
	T800SC-12K-21A	523	1.78	5.58
	T800SC-12K-11A	507	1.77	5.51
	CF800G-12K	517	1.78	5.55
	CF800H-12K	446	1.78	5.13
	CF800S-12K	525	1.79	5.58
高模型	M40JB-6K-50B	224	1.78	5.17
	CM40J-12K	452	1.77	5.21
	CZ40J	448	1.77	5.18

对不同纤维的线密度和密度进行测试后可以发现，不同等级碳纤维的密度基本一致，均为 1.8 g/cm³ 左右，说明这些纤维的致密程度相似，碳化程度也相近。但是不同纤维线密度存在着较大的差异，在 200～800 g/km 间波动。这是由于不同纤维的横截面积区别较大造成的。在密度一致的情况下，横截面积越大，线密度越大，而截面积主要由纤维直径、沟槽数量及深度决定。直径越大、沟槽越少越浅，纤维截面积更大，而线密度相应也更高。

2.2.3　碳纤维的微观结构

扫描电子显微镜(Scanning Electron Microscopy，SEM)是目前碳纤维表面形貌表征的最主要方法之一，其分辨率可以达到 7～10 nm。从 SEM 照片中可以清晰地观察到碳纤维表面状态，包括光滑度、沟槽深浅、沟槽宽窄等信息，通过特殊制样(碳纤维截面垂直电子束方向)，还可以观察碳纤维截面形状和单丝直径。本小节采用 Apreo S LoVac 型 SEM 观察碳纤维截面及侧面形貌，并使用 MATLAB 编程处理碳纤维横截面照片，对碳纤维表面沟槽进行定量统计。

1. SEM 截面照片

用 SEM 对碳纤维截面形貌进行观察，可观察不同碳纤维截面的形状和单丝直径。图 2.9 所示为不同碳纤维截面 SEM 照片。

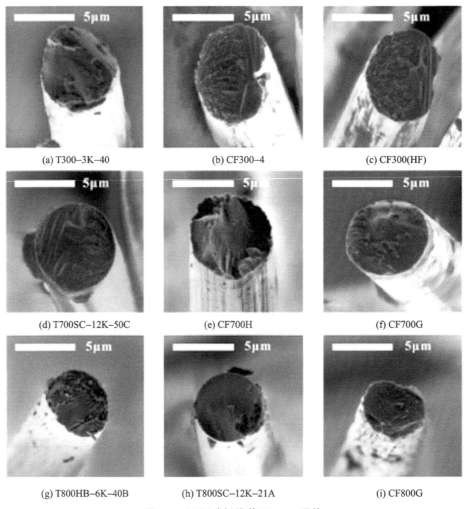

(a) T300-3K-40　　(b) CF300-4　　(c) CF300(HF)
(d) T700SC-12K-50C　　(e) CF700H　　(f) CF700G
(g) T800HB-6K-40B　　(h) T800SC-12K-21A　　(i) CF800G

图 2.9　不同碳纤维截面 SEM 照片

2. SEM 侧面照片

通过 SEM 可对碳纤维侧面形貌进行观察，目前碳纤维表面形貌最大的区别在于有无沟槽。图 2.10 所示为不同碳纤维侧面 SEM 照片。通常来说，湿法纺丝制备的碳纤维表面有较多的沟槽，

(a) T300B-3K-40B　　(b) CF300-4

图 2.10　不同碳纤维侧面 SEM 照片

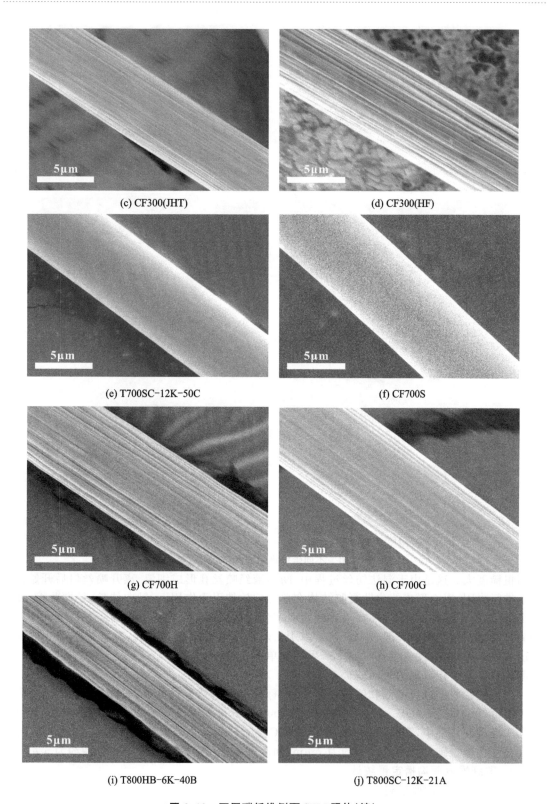

(c) CF300(JHT)

(d) CF300(HF)

(e) T700SC-12K-50C

(f) CF700S

(g) CF700H

(h) CF700G

(i) T800HB-6K-40B

(j) T800SC-12K-21A

图 2.10　不同碳纤维侧面 SEM 照片(续)

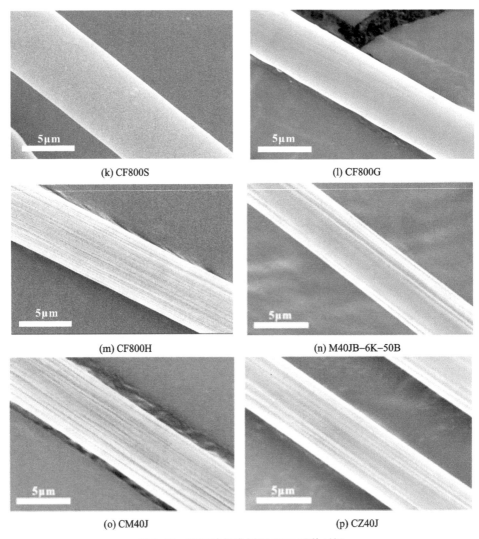

(k) CF800S   (l) CF800G

(m) CF800H   (n) M40JB-6K-50B

(o) CM40J   (p) CZ40J

图 2.10 不同碳纤维侧面 SEM 照片（续）

表面粗糙度大。这是由于湿法纺丝过程中，纺丝液经喷丝孔形成细流，离开喷丝口后开始由表及里进行凝固，表面形成的弹性凝胶结构在单轴向拉伸引力作用下，轴向伸长，径向收缩，使得纤维细化，纤维横截面积逐步减小，导致表面产生沟槽。而干喷湿纺制备的碳纤维表面则相对较为光滑、均匀，沟槽数一般较少。这是由于纺丝液在进入凝固浴之前，首先通过了一段干空气层或氮气层，在空气或者氮气层中产生溶剂单向扩散，进入凝固浴后又产生双向扩散，相对于湿法纺丝发生相分离的时间较长。

对上述碳纤维进行截面和侧面观察发现，标模型碳纤维和高模碳纤维均含有沟槽。高强标模型碳纤维中，T700SC-12K-50C 和 CF700S 碳纤维无沟槽，CF700H 和 CF700G 有沟槽。高强中模型碳纤维中，T800HB-6K-40B 和 CF800H 碳纤维均有沟槽。通过测量可知，标模型和高强标模型碳纤维的直径大约为 7 μm，而高强中模型和高模碳纤维的直径约为 5 μm。

3. 碳纤维表面沟槽定量统计

（1）碳纤维横截面形貌

碳纤维表面沟槽的定量分析是近几年新发展起来的一种碳纤维表面形貌分析方法，旨在提供更多、更详细、更接近真实情况的碳纤维表面数据,为碳纤维微观形貌与界面性能的关联性研究提供基础数据。本部分对 2.2.1 小节所列举的 10 种国产 CF800 碳纤维沟槽数据情况作简要介绍。图 2.11 所示为 10 种 CF800 碳纤维样品横截面的 SEM 照片。

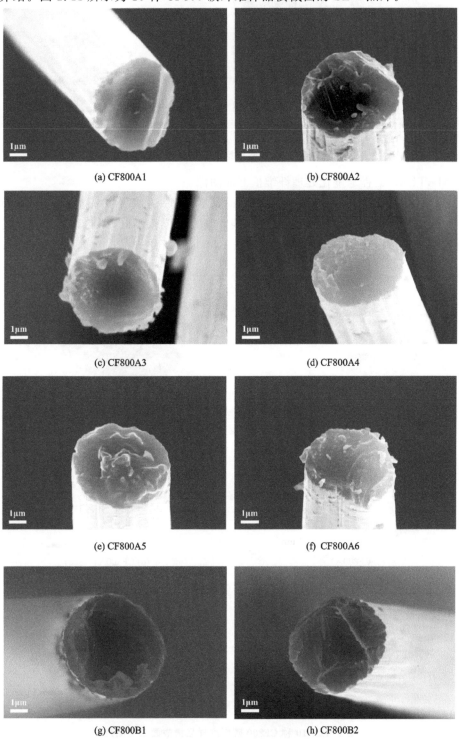

(a) CF800A1

(b) CF800A2

(c) CF800A3

(d) CF800A4

(e) CF800A5

(f) CF800A6

(g) CF800B1

(h) CF800B2

图 2.11 10 种 CF800 碳纤维样品横截面 SEM 照片

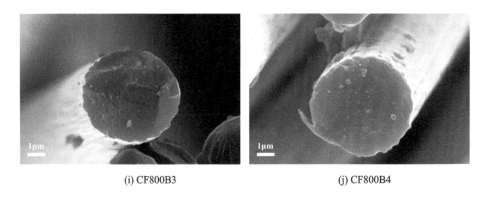

(i) CF800B3   (j) CF800B4

图 2.11　10 种 CF800 碳纤维样品横截面 SEM 照片(续)

（2）MATLAB 编程定量化处理纤维横截面图像

由于碳纤维表面存在一定数量的沟槽，因此其横截面一般都不是完整的圆，而是近似圆的不规则形状。经过不同表面的处理和上浆的碳纤维表面形貌不同，因此其表面沟槽的数量及深浅也存在一定的差异。图 2.12 所示为 10 种 CF800 碳纤维样品横截面的二值图形。

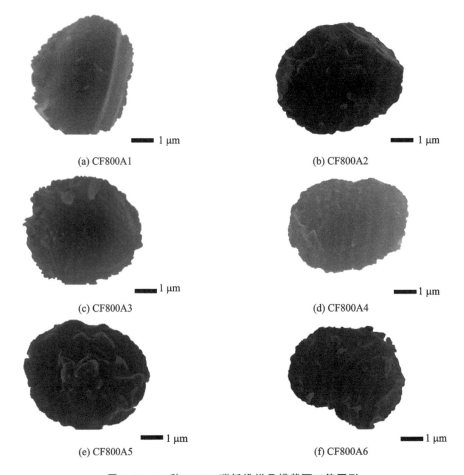

(a) CF800A1   (b) CF800A2

(c) CF800A3   (d) CF800A4

(e) CF800A5   (f) CF800A6

图 2.12　10 种 CF800 碳纤维样品横截面二值图形

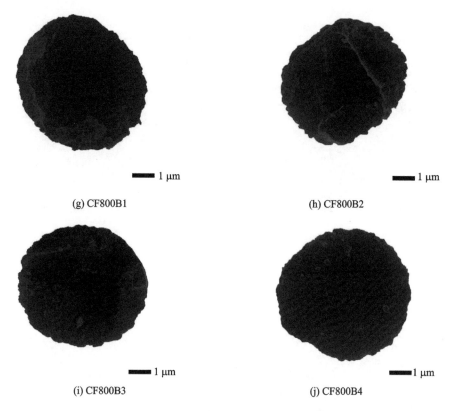

(g) CF800B1　　　　　　　　　　　　　(h) CF800B2

(i) CF800B3　　　　　　　　　　　　　(j) CF800B4

图 2.12　10 种 CF800 碳纤维样品横截面二值图形(续)

对 10 种 CF800 碳纤维样品的 SEM 图片进行二值化图像处理和计算,得到纤维样品的平均面积、平均周长,如表 2.11 所列。对比可知,10 种 CF800 碳纤维的周长与面积存在一定差异,这主要与纤维表面处理程度有关。

表 2.11　10 种 CF800 碳纤维样品图像数据定量汇总结果

碳纤维样品	平均面积/μm^2	平均周长/μm	碳纤维样品	平均面积/μm^2	平均周长/μm
CF800A1	21.79	22.35	CF800A6	18.65	21.00
CF800A2	21.09	20.70	CF800B1	24.43	21.15
CF800A3	20.64	21.71	CF800B2	21.61	20.79
CF800A4	17.84	19.67	CF800B3	24.46	21.31
CF800A5	20.30	20.01	CF800B4	22.26	20.62

(3) 碳纤维表面沟槽计算分析

图 2.13 所示为 10 种 CF800 碳纤维样品截面轮廓的沟槽统计结果。在程序调试过程中,如果统计所有符合判定规则的沟槽,则每个样品的沟槽会达到 60 个左右。有文献报道指出,当纤维表面凸起和凹陷的尺寸小于 10 nm 时,其表面粗糙度对界面结合没有显著影响。因此本实验对沟槽的统计进行了一定的筛选,选取深度在 7 个像素点(35 nm)以上的沟槽作为实际统计的数据。在图 2.13 中,纤维截面轮廓经 MATLAB 程序计算出的每一个沟槽均用红线标记出来,同时标出该沟槽的宽度与深度。

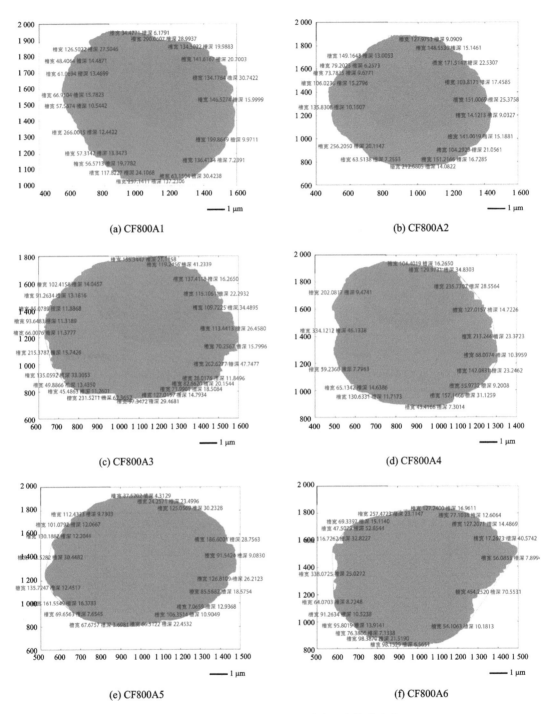

图 2.13　10 种 CF800 碳纤维样品横截面沟槽统计结果

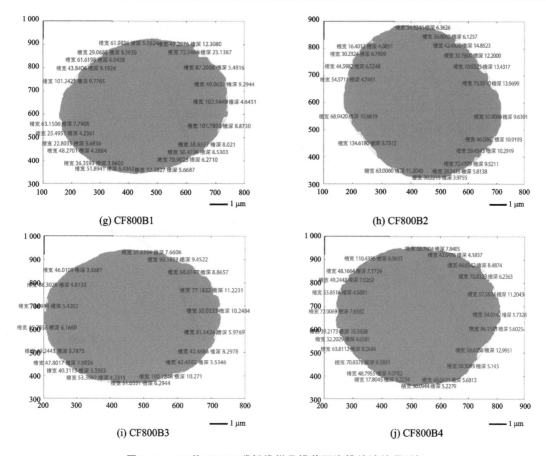

(g) CF800B1

(h) CF800B2

(i) CF800B3

(j) CF800B4

图 2.13　10 种 CF800 碳纤维样品横截面沟槽统计结果(续)

为了进一步研究碳纤维样品表面沟槽的深度和宽度的分布特性,本实验统计每种碳纤维的 6 根样品经图像处理和 MATLAB 编程计算后得到所有有效沟槽的深度和宽度数据,并对数据进行 Weibull 分布拟合。Weibull 分布函数的公式为

$$f(x) = A\left[1 - e^{-\left(\frac{x - x_c}{k}\right)^d}\right] \tag{2.5}$$

式中,A、x_c、k、d 为拟合参数;x 为测试数据。拟合曲线如图 2.14 所示。

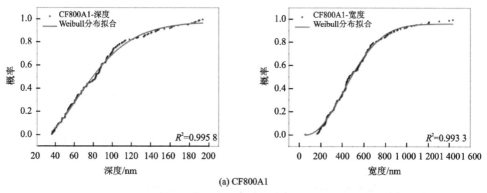

(a) CF800A1

图 2.14　不同表面处理 CF800 碳纤维横截面的沟槽深度及宽度分布

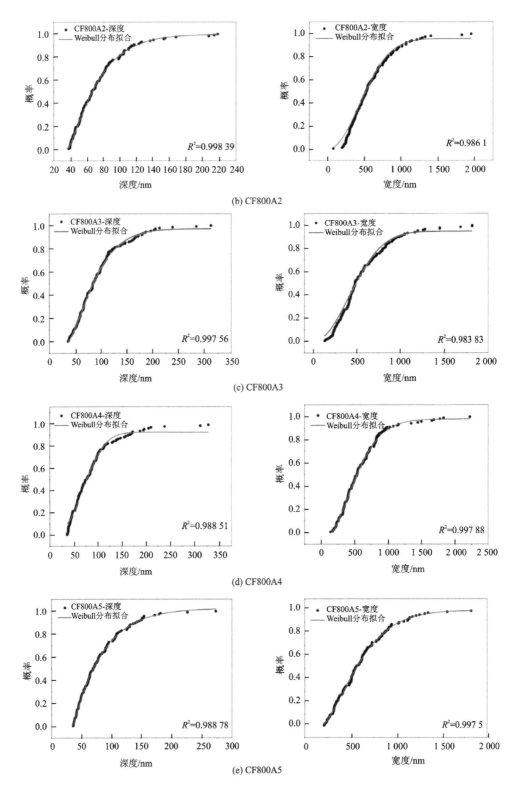

(b) CF800A2

(c) CF800A3

(d) CF800A4

(e) CF800A5

图 2.14 不同表面处理 CF800 碳纤维横截面的沟槽深度及宽度分布(续)

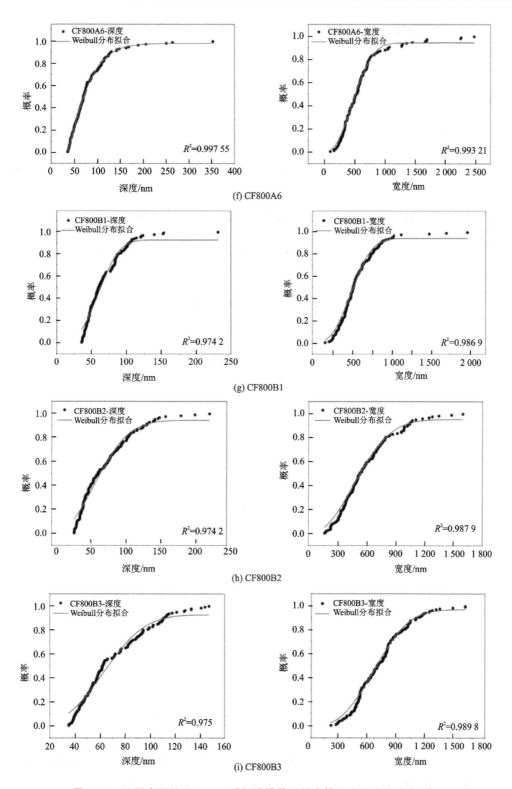

图 2.14　不同表面处理 CF800 碳纤维横截面的沟槽深度及宽度分布（续）

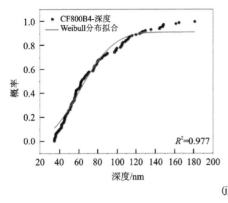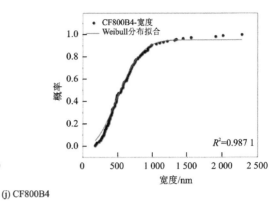

(j) CF800B4

图 2.14 不同表面处理 CF800 碳纤维横截面的沟槽深度及宽度分布(续)

表 2.12 列出了不同表面处理 10 种 CF800 碳纤维样品横截面的沟槽分布统计数据,统计的沟槽总数量在 120 个以上,以保证沟槽分布统计结果的准确性。结果显示,沟槽总个数因纤维的粗糙度不同而略有差异。

表 2.12 不同表面处理 10 种 CF800 碳纤维样品横截面沟槽分布统计

碳纤维样品	沟槽数	沟槽宽度/nm	沟槽深度/nm	形状因子	平均粗糙度/nm
CF800A1	160	529	87	1.548 0	30.11
CF800A2	122	597	76	1.159 5	25.96
CF800A3	150	575	97	1.412 9	37.27
CF800A4	125	616	89	2.485 7	37.61
CF800A5	120	623	82	1.043 0	32.37
CF800A6	120	617	84	1.240 4	33.31
CF800B1	133	567	69	3.031 6	22.54
CF800B2	129	594	85	2.257 8	24.45
CF800B3	141	554	72	2.920 2	23.20
CF800B4	122	625	82	1.528 6	26.91

2.2.4 碳纤维的表面粗糙度

原子力显微镜(Atomic Force Microscope,AFM)是由 Binning 等在扫描隧道显微镜(Scanning Tunneling Microscope,STM)的基础上开发出的一种新型的具有分子与原子级分辨率的显微镜。本小节采用 Bruker ICON 型 AFM 对碳纤维侧表面形貌进行观察,对碳纤维单丝 3 μm × 3 μm 的表面区域进行形貌成像,得到碳纤维侧表面局部的形貌照片,并使用 NanoScope Analysis 分析表面粗糙度。

图 2.15 所示为 5 种标模型碳纤维侧面 AFM 照片。这 5 种牌号的标模型碳纤维均含有沟槽,不同标模型碳纤维的表面粗糙度如表 2.13 所列。其中日本东丽 T300B – 3K – 40B 去浆后表面粗糙度增大明显,而 CF300(JHT)、CF300(HF)去浆前后表面粗糙度变化不大。T300B – 3K – 40B、CF300 – 5、CF300(JHT)三种牌号碳纤维去浆前 Ra 值均在 30 nm 以上,而 CF300(HF)去浆前后粗糙度都较小。

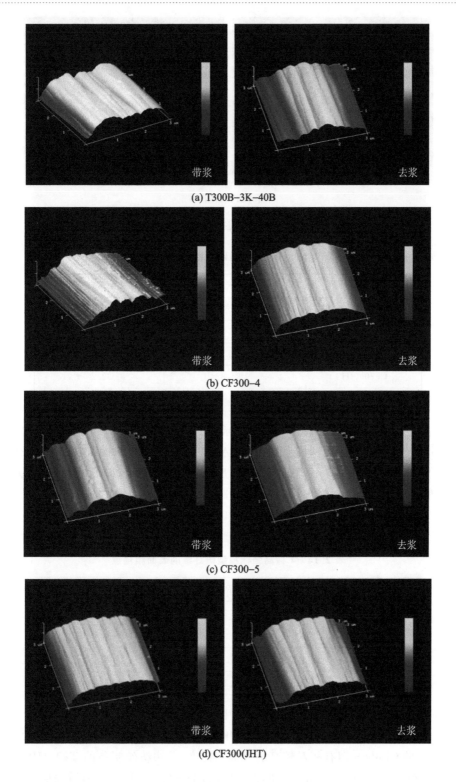

(a) T300B–3K–40B

(b) CF300–4

(c) CF300–5

(d) CF300(JHT)

图 2.15 5 种标模型碳纤维侧面 AFM 照片

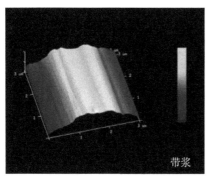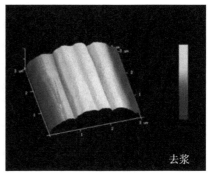

带浆 　　　　　　　　　　　去浆

(e) CF300(HF)

图 2.15　5 种标模型碳纤维侧面 AFM 照片(续)

表 2.13　5 种标模型碳纤维的表面粗糙度

标模型碳纤维	带浆 Ra /nm	去浆 Ra /nm
T300B－3K－40B	30.06	42.60
CF300－4	27.80	33.74
CF300－5	36.72	39.20
CF300(JHT)	34.32	32.20
CF300(HF)	26.78	28.50

在 4 种高强标模型碳纤维中,不同高强标模型碳纤维的表面粗糙度如表 2.14 所列。图 2.16 所示为这 4 种高强标模型碳纤维侧面 AFM 照片。日本东丽 T700SC－12K－50C 和国产 CF700S 碳纤维无沟槽,表面光滑,上浆后反而有利于表面粗糙度的提升,但去浆前后碳纤维的 Ra 值均小于 10 nm;国产 CF700H、CF700G 碳纤维有沟槽,去浆过程有利于碳纤维表面沟槽的暴露,提高纤维表面的粗糙度,但 CF700G 碳纤维相对来说表面粗糙度较低,去浆后 Ra 值约为 20 nm。

表 2.14　4 种高强标模型碳纤维的表面粗糙度

高强标模型碳纤维	带浆 Ra /nm	去浆 Ra /nm
T700SC－12K－50C	6.26	3.56
CF700H	33.40	36.18
CF700G	15.50	20.24
CF700S	6.19	4.73

在 6 种高强中模型碳纤维中,不同高强中模型碳纤维的表面粗糙度如表 2.15 所列。T800SC－12K－21A、T800SC－12K－11A、CF800G、CF800S 碳纤维去浆前后大部分 Ra＜10 nm,但带浆的 CF800S 拥有相对较高的表面粗糙度;湿法纺丝制备的 T800HB－6K－40B、CF800H 表面粗糙度在 20～30 nm 之间,但 T800HB－6K－40B 去浆前后表面粗糙度变化不大,CF800H 去浆后表面粗糙度有所提高。图 2.17 所示为这 6 种高强中模型碳纤维侧面 AFM 照片。

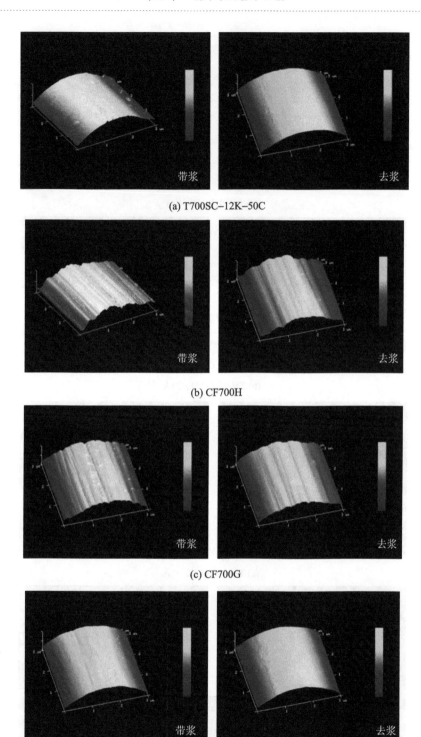

(a) T700SC–12K–50C

(b) CF700H

(c) CF700G

(d) CF700S

图 2.16　4 种高强标模型碳纤维侧面 AFM 照片

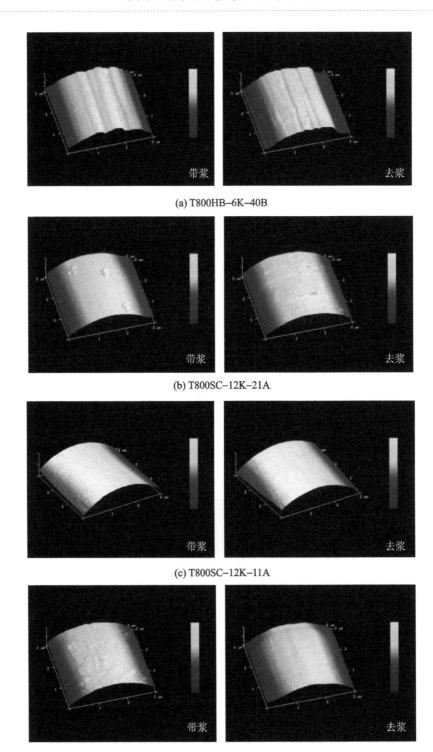

(a) T800HB-6K-40B

(b) T800SC-12K-21A

(c) T800SC-12K-11A

(d) CF800G

图 2.17　6 种高强中模型碳纤维侧面 AFM 照片

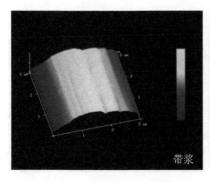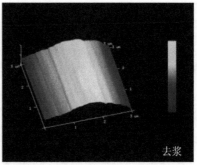

(e) CF800H

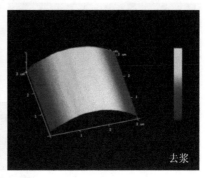

(f) CF800S

图 2.17　6 种高强中模型碳纤维侧面 AFM 照片(续)

表 2.15　6 种高强中模型碳纤维的表面粗糙度

高强中模型碳纤维	带浆 Ra/nm	去浆 Ra/nm
T800HB‑6K‑40B	25.13	25.36
T800SC‑12K‑21A	4.00	7.34
T800SC‑12K‑11A	6.93	3.11
CF800G	6.34	5.86
CF800H	19.50	22.94
CF800S	17.00	5.65

　　图 2.18 所示为 3 种高模型碳纤维侧面 AFM 照片。在这 3 种高模型碳纤维中,不同高模型碳纤维的表面粗糙度如表 2.16 所列。3 种碳纤维表面均有沟槽,M40JB‑6K‑50B 粗糙度较高,去浆前后 Ra 均约为 30 nm;CZ40J 粗糙度较低,去浆前后 Ra 均约为 20 nm。

表 2.16　3 种高模型碳纤维的表面粗糙度

高模型碳纤维	带浆 Ra/nm	去浆 Ra/nm
M40JB‑6K‑50B	32.30	30.62
CM40J	25.33	31.34
CZ40J	20.28	20.42

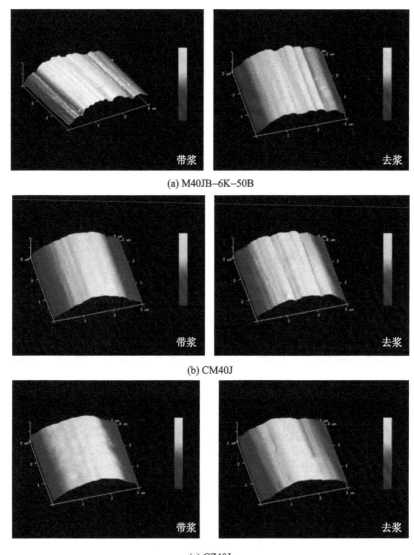

(a) M40JB-6K-50B

(b) CM40J

(c) CZ40J

图 2.18　3 种高模型碳纤维侧面 AFM 照片

对照同种碳纤维的 AFM 照片和 SEM 照片，能进一步佐证碳纤维表面的沟槽结构。由于成像原理不同，AFM 照片能够更加细致地反映纤维表面微小的起伏。带浆碳纤维相比于去浆碳纤维，存在更多小突起，这是由于上浆过程中上浆剂不均匀附着导致的。

根据 AFM 图计算得到的各种碳纤维表面粗糙度数据与表面形貌较一致，有无沟槽的碳纤维表面粗糙度表现出较大差异，碳纤维表面存在沟槽则表面粗糙度通常在 20～40 nm；而对于无沟槽碳纤维而言，表面粗糙度通常小于 10 nm。

总的来说，由 T300B-3K-40B、CF300-4、CF300-5、CF700H、CF800H 等带沟槽碳纤维去浆前后的粗糙度比较可知，碳纤维去浆后 Ra 增加，去浆过程使碳纤维表面沟槽数量增多，深度增大，提高了粗糙度。由 T700SC-12K-50C、CF700S、T800SC-12K-11A 等无沟槽碳纤维去浆前后的粗糙度比较可知，碳纤维上浆后 Ra 增加，说明对于无沟槽碳纤维，上浆过程可能会提高粗糙度。

2.3　碳纤维的表面化学性能

碳纤维微观结构多样,其表面化学状态也不尽相同,目前商用碳纤维在制备过程中须在高温碳化后进行阳极化处理,以改善碳纤维表面的惰性状态,再进行上浆处理。这些步骤决定了碳纤维表面的基本化学状态。

2.3.1　碳纤维表面上浆剂

参考 GB/T 26752—2011《聚丙烯腈基碳纤维》附录 B"碳纤维上浆剂质量分数测试方法",对碳纤维表面上浆剂质量分数进行测试,结果如表 2.17 所列。可以看出,不同种类的碳纤维表面上浆剂质量分数均在 1% 左右,其中,CF300、CF300(HF)、CF700G 最低,为 0.80%;T800SC 最高,达 1.50%。整体来看,不同种类碳纤维表面上浆剂质量分数并没有显著区别。

表 2.17　碳纤维表面上浆剂质量分数

碳纤维等级	碳纤维名称	上浆剂质量分数/%
标模型	T300 - 3K - 40B	1.47
	CF300 - 4	1.30
	CF300 - 5	0.80
	CF300(JHT)	1.20
	CF300(HF)	0.80
高强标模型	T700SC - 12K - 50C	1.10
	CF700H	1.06
	CF700G	0.80
	CF700S	1.04
高强中模型	T800HB - 6K - 40B	1.44
	T800SC - 12K - 21A	0.97
	T800SC - 12K - 11A	1.50
	CF800G	1.03
	CF800H	0.95
	CF800S	1.20
高模型	M40JB - 4K - 50B	1.02
	CM40J	1.13
	CZ40J	1.10

2.3.2　碳纤维表面元素分析

X 射线光电子能谱(XPS)是分析物质表面化学性质的一项技术,采用 X 射线光电子能谱仪(X-ray Photoelectron Spectroscopy),可对碳纤维的表面元素及活性官能团的组成和含量进行分析。

在 1 000 ℃以上的高温碳化处理过程中,碳纤维原丝中的有机化合物热分解为碳和其他产物,碳元素含量达到 90%以上,而氧、氮等其他元素在碳化过程中通过化学分解逸出,碳原子晶格在高温环境下重新排列,呈现出乱层状的石墨结构。

碳化后的碳纤维表面氧碳比很低,缺少活性基团,表面呈现惰性,不易与基体聚合物间产生作用。而碳纤维作为复合材料的增强纤维,若与基体聚合物的浸润性较差,不能与基体聚合物形成较强的化学键合作用,会导致碳纤维增强聚合物基复合材料的界面性能差。因此,在实际生产过程中,碳化后的碳纤维需要进行表面处理,增加碳纤维表面粗糙度,改善表面活性。目前最为常用且已经实现工业化生产配套的处理方法为阳极化处理,即在电解质溶液中以碳纤维为阳极、石墨板为阴极,在通电状态下对碳纤维表面进行氧化处理。

由界面作用的化学键理论和浸润吸附理论可知,碳纤维表面化学结构中活性基团种类及含量直接影响了纤维与聚合物的亲和性,活性基团能与聚合物本身的官能团发生各种化学作用(极性作用、氢键或共价键),从而使得整个碳纤维增强聚合物基复合材料具有良好的界面性能。阳极化处理后碳纤维表面的化学状态,是进行碳纤维表面改性的初始状态,因此需要进行具体的表征和分析。

商业化碳纤维都需要进行上浆处理,即碳纤维表面处理后,再使其表面附着薄层聚合物。上浆最主要的作用是使碳纤维成束不易散,保护碳纤维表面,防止纤维在运输过程中产生毛丝。同时,上浆改变了碳纤维表面的化学状态,还能提高碳纤维与聚合物基体的浸润性和结合能力,使纤维和基体之间形成结合良好的界面,提高碳纤维增强聚合物基复合材料的界面结合性能。

本节对阳极化和上浆碳纤维的表面化学状态进行分析,研究影响碳纤维增强聚合物基复合材料界面性能的关键因素。本小节测试采用的阳极化碳纤维均直接由购买的商品化碳纤维去浆处理后得到。采用 ESCA250LabXi 型 X 射线光电子能谱仪分析带浆、去浆碳纤维表面元素及所含活性官能团的组成和含量。首先对碳纤维表面进行全谱扫描,确定碳纤维表面所含元素种类及含量。然后对 C 1s 峰进行高精度窄谱扫描,采用 XPS Peak 软件进行曲线分峰,分析含碳官能团的成分和比例,确定每种碳纤维表面所含活性官能团的种类和含量。

1. 标模型碳纤维 XPS 结果分析

阳极化处理后的碳纤维表面主要有 C、O、N、Si、S 等几种元素,其中 C、O 元素为碳纤维表面主要元素。表面的 Si 元素可能是在原丝制备过程中的硅系油剂污染所致,纤维表面存在的硅化物吸水将发生溶胀而产生界面裂纹,Si 元素含量高不利于碳纤维的力学性能。另外,纤维表面有少量 S 元素,这可能是原丝制备过程中杂质没有在预氧化和碳化中完全逸出,残留在纤维中。

图 2.19 所示为标模型碳纤维扫描全谱图,其表面各元素含量及氧碳比如表 2.18 所列。去浆碳纤维表面 C 元素含量在 67%～77%之间,碳化程度较好,O 元素含量在 16%～22%之间,此外 Si 含量较高。碳纤维的表面活性常用氧元素与碳元素含量的比值(O/C)来表示,可以认为,碳纤维表面 O/C 值越高,其表面活性越大,化学键合力越强。去浆碳纤维的 O/C 值在 0.21～0.33 之间。

经过上浆处理后,几乎所有纤维表面 Si 的峰消失,证明上浆剂对碳纤维的包覆良好,形成了一层聚合物薄膜,Si 的减少甚至消失可以避免碳纤维表面因硅化物吸水发生溶胀而使复合材料产生界面裂纹。

带浆的标模型碳纤维表面的 O/C 值略低于去浆的标模型碳纤维。但 O/C 值的大小和活性官能团含量的高低并不总成对应关系,需要进一步了解带浆碳纤维表面的活性官能团种类及含量。

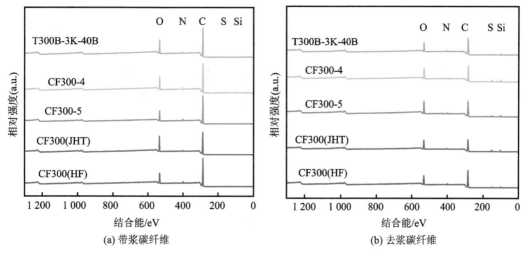

(a) 带浆碳纤维　　　　　　　　　　　(b) 去浆碳纤维

图 2.19　标模型碳纤维扫描全谱图

表 2.18　标模型碳纤维表面各元素含量以及氧碳比

纤维种类		元素含量/%					O/C
		C 1s	O 1s	Si 2p	N 1s	S 2p	
带浆	T300B - 3K - 40B	81.21	16.58	0.200	1.790	0.220	0.204 0
	CF300 - 4	80.51	16.06	1.400	1.820	0.200	0.199 0
	CF300 - 5	82.42	14.67	0.600	2.240	0.070 0	0.178 0
	CF300(JHT)	79.76	17.94	0.750	1.450	0.110	0.225 0
	CF300(HF)	82.25	14.54	0.830	2.300	0.090	0.176 8
去浆	T300B - 3K - 40B	76.79	16.26	4.150	2.580	0.210	0.211 7
	CF300 - 4	70.91	18.56	8.170	2.290	0.080	0.261 7
	CF300 - 5	68.49	22.02	6.620	2.270	0.100	0.321 5
	CF300(JHT)	67.95	20.20	8.880	2.840	0.140	0.297 3
	CF300(HF)	76.41	17.34	3.820	2.320	0.120	0.226 9

　　为了进一步了解不同碳纤维表面活性官能团种类和含量的差异,选取碳纤维表面 C 1s 谱峰进行窄谱扫描,运用 XPS Peak 分析软件对 C 1s 谱峰进行分峰拟合处理。

　　在拟合处理中,根据碳原子结合能化学状态的差异,将 C 1s 峰分为若干个小峰,所测试的碳纤维的主要碳原子结合能为 284.82 eV、286.32 eV、286.92 eV、289 eV。不同峰谱所包围的面积表示这种化学状态的碳原子在所测全部碳原子中所占的相对含量,即不同含碳官能团占所有含碳官能团的比例。

　　标模型碳纤维表面 C 1s 分峰图谱如图 2.20 所示,由图可知,碳纤维中 C 1s 峰并非完全对称,而是偏向于结合能更高的一侧。这说明碳原子除形成 C—C 键以外,还与电负性更强的原子(如氧原子)形成了结合能更大的键。碳纤维表面含碳官能团主要有—C—C—或—C—H、—C—OH 或—C—OR、—C=O 以及—COOH 或—COOR 四种,通常认为,—C—C—或

—C—H 为化学惰性官能团，—C—OH 或—C—OR、—C≕O 、—COOH 或—COOR 等为化学活性官能团。

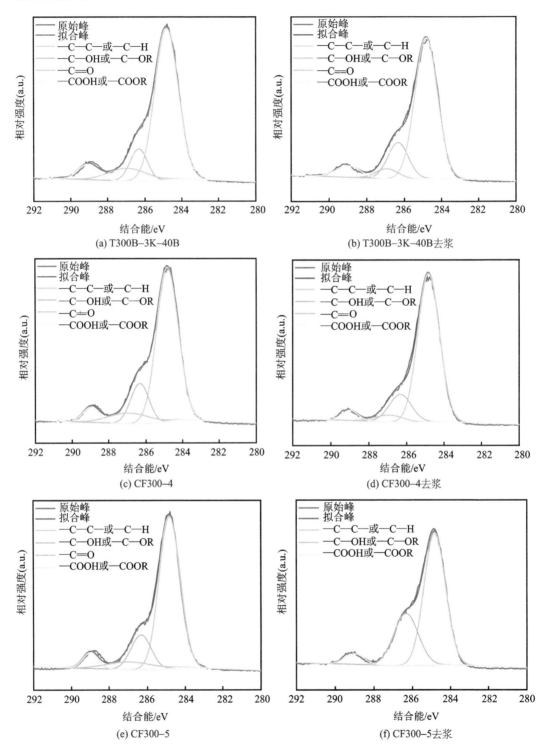

图 2.20　标模型碳纤维表面 C 1s 分峰图谱

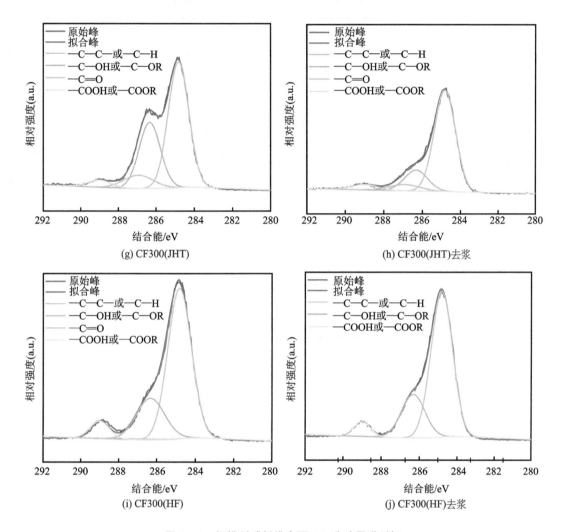

图 2.20　标模型碳纤维表面 C1s 分峰图谱(续)

　　从表 2.19 中可以看出,虽然带浆碳纤维 O/C 值比去浆碳纤维稍低,但除 T300B - 3K - 40B 碳纤维上浆与否活性官能团含量区别不大,CF300 - 5 碳纤维去浆后活性官能团含量较高,其他标模型碳纤维去浆后活性官能团含量大都降低,—C═O 的含量也有所降低。

2. 高强标模型碳纤维 XPS 结果分析

　　高强标模型碳纤维扫描全谱图如图 2.21 所示,表面各元素含量及 O/C 值如表 2.20 所列。C 元素含量在 80% 附近,碳化程度较好,O 元素含量在 11%~22% 之间,此外 Si 含量较低。除 CF700H 去浆后表面 O/C 值升高外,其余高强标模型碳纤维去浆后 O/C 值均出现不同程度的下降,这可能与国产 CF700H 碳纤维上浆前阳极化程度较高有关。

表 2.19　标模型碳纤维表面活性官能团含量

纤维种类		—C—C—或—C—H		—C—OH 或—C—OR		—C=O		—COOH		活性官能团的百分比/%
		结合能/eV	官能团百分比/%	结合能/eV	官能团百分比/%	结合能/eV	官能团百分比/%	结合能/eV	官能团百分比/%	
带浆	T300B−3K−40B		73.08		11.22		9.68		6.02	26.92
	CF300−4		70.92		15.16		8.88		5.04	29.08
	CF300−5		71.48		15.62		7.61		5.29	28.52
	CF300(JHT)		56.70		31.07		8.55		3.68	43.30
	CF300(HF)	284.8	69.47	286.3	23.19	286.9	0.740	289.1	6.60	30.53
去浆	T300B−3K−40B		72.24		16.78		4.88		6.10	27.76
	CF300−4		77.01		14.64		4.43		3.92	22.99
	CF300−5		65.59		29.76		0		4.660	34.41
	CF300(JHT)		73.03		16.28		6.19		4.50	26.97
	CF300(HF)		71.28		23.25		0		5.47	28.72

表 2.20　高强标模型碳纤维表面各元素含量以及氧碳比

纤维种类		元素含量/%					O/C
		C 1s	O 1s	Si 2p	N 1s	S 2p	
带浆	T700SC−12K−50C	78.76	19.02	1.05	1.11	0.06	0.241 5
	CF700H	82.72	14.28	0.59	2.34	0.08	0.172 6
	CF700G	82.29	14.99	0.38	2.34	0	0.182 2
	CF700S	83.20	14.29	0.35	2.08	0.08	0.171 8
去浆	T700SC−12K−50C	78.95	16.38	2.63	1.88	0.16	0.204 8
	CF700H	62.80	21.40	15.3	0.77	0	0.340 8
	CF700G	83.86	11.69	0.69	3.67	0.08	0.139 4
	CF700S	81.56	13.38	1.15	3.78	0.13	0.164 1

为了进一步了解活性官能团种类和含量的差异,选取碳纤维表面 C 1s 谱峰进行窄谱扫描,运用 XPS Peak 分析软件对 C 1s 谱峰进行分峰拟合处理。高强标模型碳纤维表面 C 1s 分峰图谱如图 2.22 所示。由 C 1s 峰拟合曲线计算得到高强标模型碳纤维表面官能团含量如表 2.21 所列。

多数去浆的高强标模型碳纤维活性官能团含量在 24%～31% 之间,—C—OH 含量最高,—COOH 次之。而去浆 CF700H 表面没有—COOH 和—C=O,活性官能团含量最低,仅为 13.83%。除此之外,碳纤维表面活性官能团含量和 O/C 值高低之间基本成对应关系,猜测在 Si 含量较低时,可以认为碳纤维表面 O/C 越高,其表面活性官能团越多。带浆高强标模型碳纤维表面活性官能团含量均有明显提高,在 30%～40% 之间,活性官能团—C—OH(R) 的含量提升到了 20% 以上。

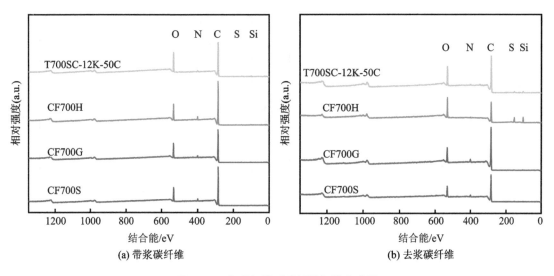

(a) 带浆碳纤维

(b) 去浆碳纤维

图 2.21　高强标模型碳纤维扫描全谱图

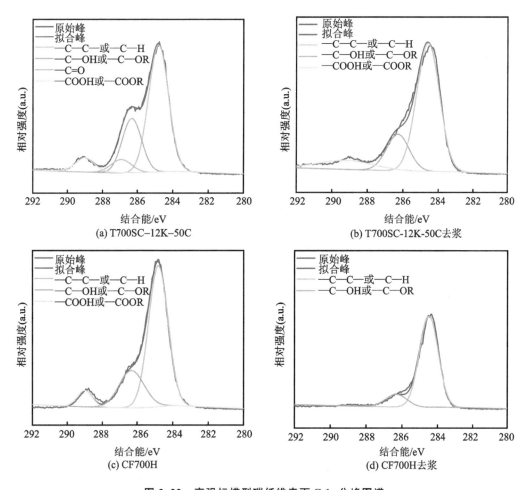

(a) T700SC–12K–50C

(b) T700SC-12K-50C去浆

(c) CF700H

(d) CF700H去浆

图 2.22　高强标模型碳纤维表面 C 1s 分峰图谱

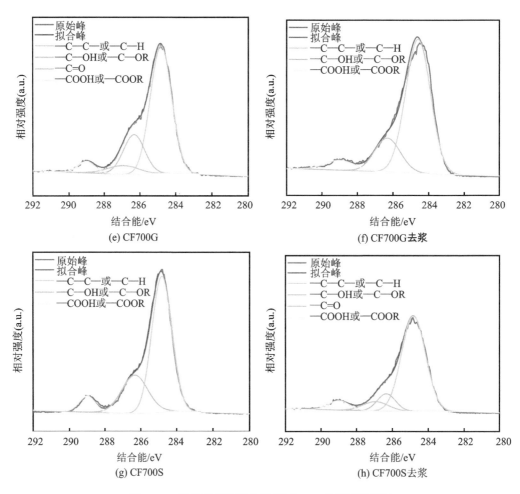

图 2.22　高强标模型碳纤维表面 C 1s 分峰图谱(续)

表 2.21　高强标模型碳纤维表面官能团含量

纤维种类		—C—C—或—C—H		—C—OH 或—C—OR		—C=O		—COOH		活性官能团的百分比/%
		结合能/eV	官能团百分比/%	结合能/eV	官能团百分比/%	结合能/eV	官能团百分比/%	结合能/eV	官能团百分比/%	
带浆	T700SC-12K-50C	284.8	60.37	286.3	25.42	286.9	6.72	289.1	7.49	39.63
	CF700H		69.82		24.06		0		9.12	30.18
	CF700G		67.35		21.10		6.61		4.94	32.65
	CF700S		68.17		25.21		0		6.62	31.83
去浆	T700SC-12K-50C		69.00		19.63		0		11.37	31.00
	CF700H		86.17		13.83		0		0	13.83
	CF700G		74.09		19.29		0		6.61	25.91
	CF700S		75.18		10.47		7.93		6.42	24.82

3. 高强中模型碳纤维 XPS 结果分析

高强中模型碳纤维表面 XPS 扫描全谱图如图 2.23 所示,表面各元素含量及氧碳比如表 2.22 所列。C 元素含量在 78%~86% 之间,碳化程度较好,氧元素含量在 11%~16% 之间,Si 含量较低。O/C 值在 0.11~0.22 之间。除 T800HB-6K-40B 碳纤维去浆后表面 O/C 值由 0.173 0 升至 0.211 2 外,大部分的碳纤维去浆后 O/C 值有所降低。

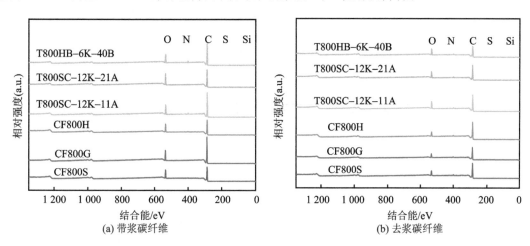

(a) 带浆碳纤维　　　　　　　　　　(b) 去浆碳纤维

图 2.23　高强中模型碳纤维扫描全谱图

表 2.22　高强中模型碳纤维表面各元素含量及氧碳比

纤维种类		元素含量/%					O/C
		C 1s	O 1s	Si 2p	N 1s	S 2p	
带浆	T800HB-6K-40B	82.58	14.29	0.50	2.53	0.10	0.173 0
	T800SC-12K-21A	76.10	20.77	1.44	1.36	0.33	0.272 9
	T800SC-12K-11A	81.86	15.07	0.59	2.33	0.15	0.184 1
	CF800H	82.07	15.47	0.73	1.66	0.07	0.188 5
	CF800G	83.60	15.92	0.56	0	0.46	0.190 4
	CF800S	81.56	16.05	0.76	1.54	0.09	0.196 8
去浆	T800HB-6K-40B	78.64	16.61	0.29	4.07	0.38	0.211 2
	T800SC-12K-21A	83.24	14.17	0.30	2.21	0.08	0.170 2
	T800SC-12K-11A	83.05	14.39	0.48	2.01	0.07	0.173 3
	CF800H	86.76	9.390	0.95	2.79	0.14	0.108 2
	CF800G	84.97	10.88	1.52	2.56	0.08	0.128 0
	CF800S	84.39	11.92	0.67	2.88	0.14	0.141 2

为了进一步了解活性官能团种类和含量的差异,选取碳纤维表面 C 1s 谱峰进行窄谱扫描,运用 XPS Peak 分析软件对 C 1s 谱峰进行分峰拟合处理。高强中模型碳纤维表面 C 1s 分峰图谱如图 2.24 所示。由 C 1s 峰拟合曲线计算得到高强中模型碳纤维表面官能团含量如表 2.23 所列。

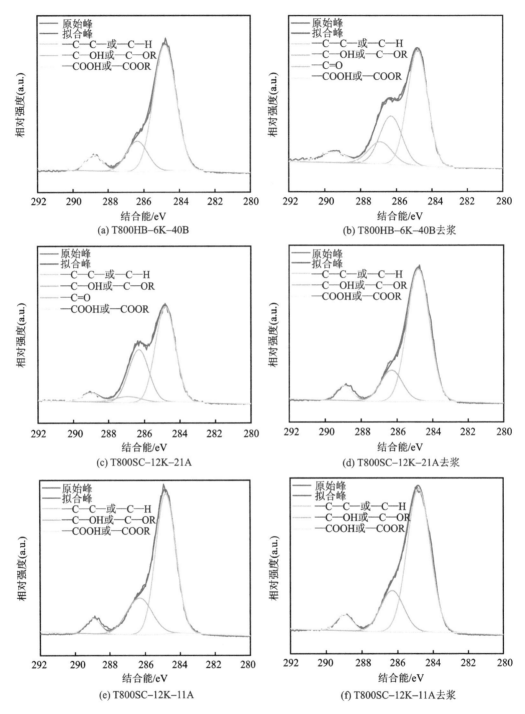

图 2.24　高强中模型碳纤维表面 C 1s 分峰图谱

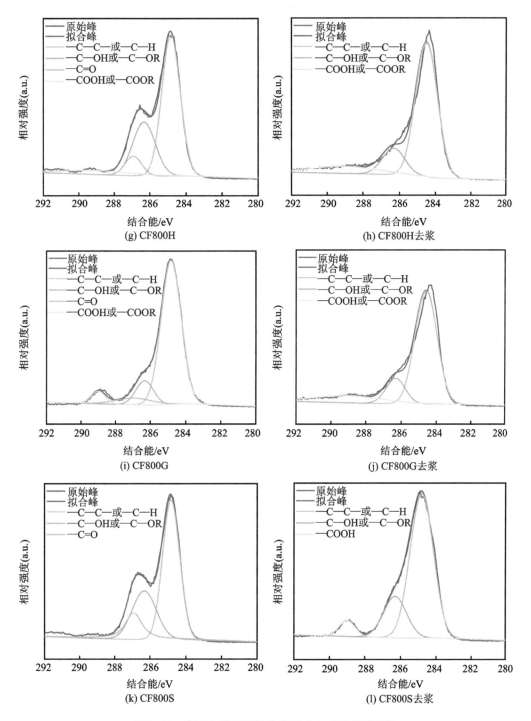

图 2.24　高强中模型碳纤维表面 C 1s 分峰图谱(续)

表 2.23　高强中模型碳纤维表面官能团含量

纤维种类		—C—C—或—C—H		—C—OH 或—C—OR		—C=O		—COOH		活性官能团的百分比/%
		结合能/eV	官能团百分比/%	结合能/eV	官能团百分比/%	结合能/eV	官能团百分比/%	结合能/eV	官能团百分比/%	
带浆	T800HB-6K-40B	284.8	75.29	286.3	17.65	286.9	0	289.1	7.06	24.71
	T800SC-12K-21A		57.14		32.78		5.240		4.84	42.86
	T800SC-12K-11A		70.49		23.73		0		5.78	29.51
	CF800H		58.16		27.86		7.220		6.76	41.84
	CF800G		77.05		11.62		6.610		4.72	22.95
	CF800S		56.23		28.33		15.44		0	43.77
去浆	T800HB-6K-40B		55.75		25.18		12.09		6.97	44.25
	T800SC-12K-21A		76.13		17.83		0		6.03	23.87
	T800SC-12K-11A		7318		21.19		0		5.63	26.82
	CF800H		73.08		14.94		0		11.98	26.92
	CF800G		70.87		14.52		0		14.61	29.13
	CF800S		76.59		12.65		5.220		5.54	23.41

去浆高强中模型碳纤维中,除了 T800HB-6K-40B 活性官能团含量高达 44.25%,—C—OH(R)含量达到了 25.18%,多数高强中模型碳纤维活性官能团含量在 23%~40% 之间,—C—OH(R)含量最高,—COOH 次之。T800SC-12K-21A 和 T800SC-12K-11A 采用的上浆剂不同,但上浆前的表面处理一致,因此表面 O/C 和活性官能团数据相差不大。

高强中模型碳纤维中,T800HB-6K-40B 上浆后表面活性官能团含量由 44.25% 降至 24.71%;其余高强中模型碳纤维上浆后表面活性官能团含量明显提高,—C—C—含量有明显降低,—C=O 含量提高。

4. 高模型碳纤维 XPS 结果分析

高模型碳纤维扫描全谱图如图 2.25 所示,表面各元素含量及氧碳比如表 2.24 所列。C 元素含量在 79%~85% 之间,碳化程度高;O 元素含量在 11%~20% 之间;此外,Si 含量较高。O/C 值在 0.13~0.25 之间。相比去浆 CZ40J,带浆 CZ40J 的 O/C 值略低。

表 2.24　高模型碳纤维表面各元素含量及氧碳比

纤维种类		元素含量/%					O/C
		C 1s	O 1s	Si 2p	N 1s	S 2p	
带浆	M40JB-6K-50B	79.63	19.46	0.19	0.67	0.05	0.244 5
	CM40J	84.49	14.22	0.05	1.14	0.10	0.168 3
	CZ40J	83.13	14.10	0.42	2.28	0.07	0.169 6
去浆	M40JB-6K-50B	79.42	15.10	3.54	1.64	0.30	0.190 1
	CM40J	84.54	11.46	2.53	1.28	0.18	0.135 6
	CZ40J	74.22	16.73	8.03	0.86	0.16	0.225 4

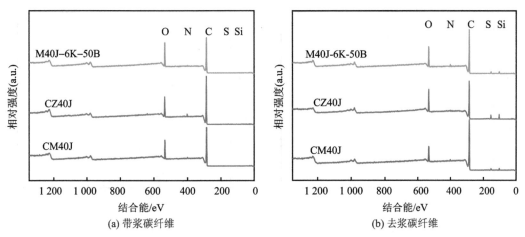

(a) 带浆碳纤维　　　　　　　　　(b) 去浆碳纤维

图 2.25　高模型碳纤维 XPS 全谱图

为了进一步了解活性官能团种类和含量的差异,选取碳纤维表面 C 1s 谱峰进行窄谱扫描,运用 XPS Peak 分析软件对 C 1s 谱峰进行分峰拟合处理。高模碳纤维表面 C 1s 分峰图谱如图 2.26 所示。由 C 1s 峰拟合曲线计算得到高模碳纤维表面官能团含量如表 2.25 所列。

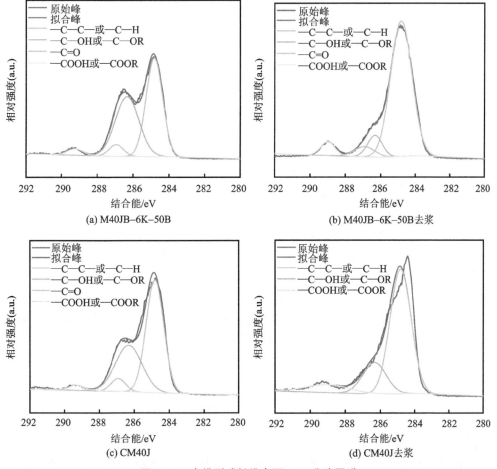

(a) M40JB–6K–50B　　　　　　　(b) M40JB–6K–50B去浆

(c) CM40J　　　　　　　　　(d) CM40J去浆

图 2.26　高模型碳纤维表面 C 1s 分峰图谱

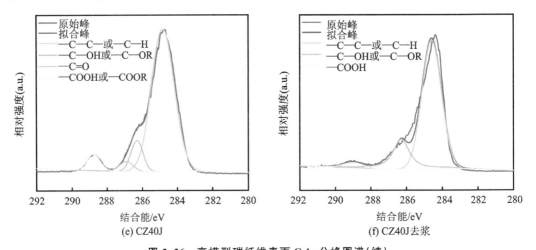

(e) CZ40J　　　　　　　　(f) CZ40J去浆

图 2.26　高模型碳纤维表面 C 1s 分峰图谱(续)

表 2.25　高模型碳纤维表面官能团含量

纤维种类		—C—C—或—C—H		—C—OH 或—C—OR		—C=O		—COOH		活性官能团的百分比/%
		结合能/eV	官能团百分比/%	结合能/eV	官能团百分比/%	结合能/eV	官能团百分比/%	结合能/eV	官能团百分比/%	
带浆	M40JB-6K-50B		49.33		42.61		4.93		3.13	50.67
	CM40J		56.84		35.11		5.26		2.78	43.16
	CZ40J	284.8	81.51	286.3	9.640	286.9	3.35	289.1	5.50	18.49
去浆	M40JB-6K-50B		80.37		8.760		5.52		5.35	19.63
	CM40J		71.05		19.74		0		9.22	28.95
	CZ40J		75.84		21.10		0		3.06	24.16

　　去浆高模型碳纤维活性官能团含量在 19%～29% 之间,—C—OH(R)含量最高,—COOH 次之。带浆 CZ40J 碳纤维的 O/C 值和活性官能团含量略低于去浆 CZ40J 碳纤维,这可能与其阳极化程度和采用的上浆剂有关。而带浆 M40JB-6K-50B 和 CM40J 碳纤维表面活性官能团含量大幅高于去浆碳纤维,这说明日本东丽 M40JB-6K-50B 和国产 CM40J 碳纤维采用的上浆处理有利于碳纤维的表面活性的提高。

　　总的来看,带浆碳纤维 O/C 值大多在 0.2 左右,其表面的 O/C 值和活性官能团含量高于去浆碳纤维,仅少数带浆碳纤维有活性官能团含量略低于带浆碳纤维。可以说,上浆剂在保护碳纤维的前提下,尽可能地提高了碳纤维表面的 O/C 值和活性官能团含量,但提高效果可能与阳极化程度和采用的上浆剂有关。

2.4　碳纤维表面浸润性能

　　浸润现象是自然界普遍存在的现象,浸润是指固体(或液体)表面上的气体被液体取代的过程。在相界面交界处自固相-液相界面经液体内部到气相-液相界面的夹角叫接触角,用 θ 表示。一般来说,接触角的大小是判定浸润性好坏的依据。界面对于碳纤维增强聚合物基复合材料的力学及环境性能都有直接的影响,聚合物和纤维间良好的浸润性是形成较强界面粘结的关键之一,因此聚合物对纤维的浸润有助于界面的形成且具有重要作用。界面形成主要分为两个阶段:第一阶段是纤维与基体间密切接触,完全浸润;第二阶段是纤维与基体间发生相互作用,使界面固定。碳纤维表面浸润性通常是测试其与液体(小分子溶剂或较低粘度的聚合物)接触角。碳纤维表面浸润特性会对碳纤维增强聚合物基复合材料界面结合产生一定影响,而碳纤维表面不同的物理、化学特性正是影响碳纤维表面浸润性的重要因素。

由于测定接触角操作繁琐,重复性差,往往会引入误差,近年来,反向气相色谱(Inverse Gas Chronmatograpby,IGC)法的发展使得碳纤维表面能的测量精度进一步提高,IGC 法也得到了广泛应用。它的原理大致如下:分子之间都存在范德华(van der Waals)力,这种相互作用力可以认为是弱键,称之为范德华键或次价键。有的分子之间除范德华力外,还存在极性(polar)力,属于强键,但不是化学键,所以固体表面自由能由色散表面自由能 γ_s^d 和极性表面自由能 γ_s^p 组成,即 $\gamma = \gamma_s^d + \gamma_s^p$。探针分子在载气气流推动下,将会与固相表面发生可逆的吸附和脱附;探针分子进入色谱柱到流出色谱柱,吸附与脱附的累计时间(停留时间)取决于探针分子及固定相表面能。当探针分子确定后,保留时间仅取决于固相表面能。换言之,保留时间仅取决于固定相表面能大小,可用净保留时间(net retension times)t_n 来表征。如果净保留体积(net retension volume)用 V_n 来表示,则两者有以下关系:

$$V_n = j f_c t_n$$

式中,V_n 为净保留体积;t_n 为净保留时间;j 为与压缩相关因子,因柱截面不均一而产生的压力校正因子;f_c 为与流速有关的校正因子。

表面吸附自由能可用下式表示:

$$\Delta G_a = RT \ln V_n + C$$

式中,ΔG_a 为吸附自由能;R 为气体常数;T 为实验色谱柱温度;C 为与试样质量和比表面积相关的常数。

2.4.1　碳纤维表面动态接触角

采用德国 KRUSS K100 型高温动态接触角测量仪对去浆前后碳纤维的接触角进行了测试,并通过计算得到其表面能(即 γ_s、γ_s^p、γ_s^d)。大部分碳纤维带浆条件下与浸润液体接触角更低,表面能更高。测试结果如表 2.26～表 2.29 所列。

表 2.26　不同标模型碳纤维的接触角及表面能

碳纤维种类		与水的接触角 θ_w/(°)	与乙二醇的接触角 θ_c/(°)	表面能 γ_s/ (mJ·m^{-2})	极性分量 γ_s^p/ (mJ·m^{-2})	色散分量 γ_s^d/ (mJ·m^{-2})
T300 - 3K - 40B	带浆	65.43	55.75	37.05	29.91	7.14
	去浆	76.63	63.55	27.63	18.39	9.24
CF300 - 4	带浆	65.55	43.37	37.18	20.81	16.37
	去浆	89.33	62.87	25.72	4.64	21.08
CF300 - 5	带浆	69.76	61.37	33.58	27.39	6.19
	去浆	69.00	56.24	33.61	24.43	9.19

续表 2.26

碳纤维种类		与水的接触角 θ_w/(°)	与乙二醇的接触角 θ_c/(°)	表面能 γ_s/(mJ·m^{-2})	极性分量 γ_s^p/(mJ·m^{-2})	色散分量 γ_s^d/(mJ·m^{-2})
CF300(JHT)	带浆	53.02	31.25	46.68	32.66	14.02
	去浆	89.68	76.29	18.92	10.22	8.71
CF300(HF)	带浆	71.77	49.78	32.92	16.05	16.87
	去浆	70.65	44.13	35.30	14.39	20.91

表 2.27 不同高强标模型碳纤维的接触角及表面能

碳纤维种类		与水的接触角 θ_w/(°)	与乙二醇的接触角 θ_c/(°)	表面能 γ_s/(mJ·m^{-2})	极性分量 γ_s^p/(mJ·m^{-2})	色散分量 γ_s^d/(mJ·m^{-2})
T700SC – 12K – 50C	带浆	65.89	61.18	38.27	34.04	4.23
	去浆	99.45	67.38	33.88	0.22	33.66
CF700H	带浆	61.67	49.90	39.96	31.44	8.53
	去浆	73.27	55.60	30.72	17.62	13.10
CF700G	带浆	73.32	45.76	34.37	12.05	22.32
	去浆	81.78	52.97	31.40	6.61	24.79
CF700S	带浆	75.39	49.79	32.29	11.63	20.66
	去浆	78.04	57.69	28.37	12.79	15.58

表 2.28 不同高强中模型碳纤维的接触角及表面能

碳纤维种类		与水的接触角 θ_w/(°)	与乙二醇的接触角 θ_c/(°)	表面能 γ_s/(mJ·m^{-2})	极性分量 γ_s^p/(mJ·m^{-2})	色散分量 γ_s^d/(mJ·m^{-2})
T800HB – 6K – 40B	带浆	66.90	34.97	39.50	14.81	24.69
	去浆	68.25	49.65	34.55	20.84	13.71
T800SC – 12K – 21A	带浆	45.16	33.95	54.96	47.22	7.74
	去浆	58.79	56.96	46.37	43.19	3.18
T800SC – 12K – 11A	带浆	80.20	57.97	27.94	10.42	17.52
	去浆	88.21	64.25	25.02	5.66	19.36
CF800G	带浆	66.68	56.04	35.79	28.04	7.74
	去浆	70.43	55.42	32.48	21.60	10.88
CF800H	带浆	61.28	41.43	40.02	25.94	14.08
	去浆	72.97	44.18	35.18	11.72	23.46
CF800S	带浆	70.50	51.99	32.88	19.14	13.74
	去浆	91.67	57.62	33.74	1.53	32.21

表 2.29　不同高强高模碳纤维的接触角及表面能

碳纤维种类		与水的接触角 θ_w/(°)	与乙二醇的接触角 θ_c/(°)	表面能 γ_s/ (mJ·m^{-2})	极性分量 γ_s^p/ (mJ·m^{-2})	色散分量 γ_s^d/ (mJ·m^{-2})
M40JB-4K-50B	带浆	67.10	61.88	36.95	32.51	4.45
	去浆	86.84	65.50	23.92	7.41	16.51
CM40J	带浆	62.88	57.46	40.71	35.97	4.73
	去浆	104.93	58.66	52.78	0.86	51.92
CZ40J	带浆	48.38	37.71	52.21	44.58	7.63
	去浆	78.72	59.34	27.56	12.88	14.69

接触角大小反映了液体浸润固体表面的能力。液固界面接触角越小，该液体在该固体表面更容易铺展，浸润性越好。通过比较同种碳纤维在不同液体中的接触角大小可以看出，碳纤维无论是在带浆还是在去浆状态下，在水中的接触角都比在乙二醇中的接触角更大。由于水是极性更大的液体，该结果能够反映出无论是带浆还是去浆碳纤维，非极性液体在纤维表面的浸润性更佳。

对同种碳纤维去浆前后的接触角进行比较，可以发现去浆碳纤维的接触角更大。这是因为碳纤维表面为惰性，呈现疏水性，不利于极性液体的铺展。而涂覆上浆层以后，活性基团的数量增加，提升了与极性液体间的附着力，因而液体更容易浸润表面。

纤维的表面能由极性分量 γ^p 和色散分量 γ^d 组成。极性分量反映了界面固液相之间极性力的作用，而色散分量反映了非极性力的作用。对同种碳纤维去浆前后的表面能进行比较可以发现，带浆碳纤维中极性分量占表面能的主要部分，而去浆碳纤维中色散分量占主要部分。CF300-5 碳纤维去浆前后表面能变化不大，CF300(HF)、CF800S、CM40J 碳纤维去浆后表面能略高于带浆，而大部分情况下带浆碳纤维的表面能高于去浆碳纤维，说明合适的上浆剂有利于增强碳纤维表面的浸润性。

2.4.2　碳纤维表面能(IGC 法)

IGC-SEA 基于反气相色谱(IGC)原理，是一种用于表征固体材料表面和整体性质的气相技术。气相色谱(Gas Chronmatograpby,GC)是用固体担体①(包括固定液)为固定相，被分析气体(包括气化后的液体)作为流动相。IGC 的原理与传统的气相色谱实验相反，是将需要研究的固体材料均匀地填充进色谱柱中，通常是粉末、纤维或薄膜；然后以固定的载气流速将恒定浓度的气体脉冲向下注入柱子，并且通过检测器测量脉冲或浓缩前沿从柱子洗脱下来所使用的时间；之后，使用不同的气相分子探针，通过一系列的 IGC 测量，获得固体样品的各种物理化学性质，本小节 IGC 测试用探针分子见表 2.30。相比于测定接触角的操作繁琐、重复性差、易于引入误差，采用 IGC 法更容易直接测定碳纤维表面能，并且可显著提高测定精度。

---

① 担体(support)也称载体，是一种化学惰性的、多孔性的固体微粒，能提供较大的惰性表面，使固定液以液膜状态均匀地分布在其表面。填充色谱柱用的担体(载体)，是用于涂布液体固定相(固定液)的固体支持物。

表 2.30　IGC 测试所用探针分子性质

探针种类	α /m^2	γ_s^d/(J·m^{-2})	γ_L^+/(J·m^{-2})	γ_L^-/(J·m^{-2})	酸碱性
正庚烷	7.5×10^{-19}	0.023 4	—	—	中性
正辛烷	6.9×10^{-19}	0.022 7	—	—	中性
正壬烷	6.3×10^{-19}	0.021 3	—	—	中性
正癸烷	5.73×10^{-19}	0.020 3	—	—	中性
二氯甲烷	2.45×10^{-19}	—	124.58	—	酸性
乙酸乙酯	3.53×10^{-19}	—	—	475.67	碱性

注:α 为分子表面积;γ_L^+ 为路易斯酸参数;γ_L^- 为路易斯碱参数。

表 2.31～表 2.34 是 IGC 法测得不同等级日本东丽及国产碳纤维的表面能。总的来看,采用 Schultz 方法计算出碳纤维的表面能大致分布在 $10\sim50$ mJ/m^2 范围内,去浆后碳纤维极性表面能显著下降,总表面能也有少许下降。标模型碳纤维及 T800SC－12K－21A 极性表面能相比其他碳纤维极性表面能较低,但总表面能相差不大。表面光滑无沟槽的两种纤维 T700SC－12K－50C 和 T800SC－12K－21A 具有最高的总表面能,这两种纤维可能与树脂具有更好的结合能力。

表 2.31　不同标模型碳纤维的表面能

碳纤维种类		γ^p/(mJ·m^{-2})		γ^d/(mJ·m^{-2})		总表面能/(mJ·m^{-2})	
		Max	Com	Max	Com	Max	Com
T300－3K－40B	带浆	5.61	8.08	39.33	40.73	44.94	48.81
	去浆	3.56	5.2	39.28	39.82	42.84	45.02
CF300－4	带浆	7.61	8.08	34.92	35.95	42.53	44.04
CF300－5	带浆	6.44	7.64	38.25	39.05	44.69	46.69
	去浆	3.87	5.4	41.1	40.94	44.97	46.34

注:Max 表示取峰最高点计算值;Com 表示取峰质心计算值。

表 2.32　不同高强标模型碳纤维的表面能

碳纤维种类		γ^p/(mJ·m^{-2})		γ^d/(mJ·m^{-2})		总表面能/(mJ·m^{-2})	
		Max	Com	Max	Com	Max	Com
T700SC－12K－50C	带浆	7.61	8.06	38.89	40.47	46.95	48.53
	去浆	3.32	4.71	42.06	43.85	46.77	48.56
CF700H	带浆	8.44	8.27	37.26	36.77	45.70	45.04

对于日本东丽公司 T300－3K－40B、T700SC－12K－50C 碳纤维以及国产 CF300－5、CF800H 碳纤维,去浆后纤维极性表面能均有所下降,色散表面能基本不变或略有升高,总表面能基本不变或略有下降。由此表明,去浆并不利于纤维表面能和浸润性的提高,这个结果也与动态接触角测试的结果相一致。

表 2.33　不同高强中模型碳纤维的表面能

碳纤维种类		$\gamma^p/(mJ \cdot m^{-2})$		$\gamma^d/(mJ \cdot m^{-2})$		总表面能/$(mJ \cdot m^{-2})$	
		Max	Com	Max	Com	Max	Com
T800HB-6K-40B	带浆	7.81	8.99	33.63	36.4	41.44	45.39
T800SC-12K-21A	带浆	5.95	7.22	42.6	41.46	48.55	48.68
CF800H	带浆	7.54	7.43	37.39	36.11	44.82	43.54
	去浆	3.66	3.95	37.17	38.98	41.12	42.93

表 2.34　不同高模碳纤维的表面能

碳纤维种类		$\gamma^p/(mJ \cdot m^{-2})$		$\gamma^d/(mJ \cdot m^{-2})$		总表面能/$(mJ \cdot m^{-2})$	
		Max	Com	Max	Com	Max	Com
M40JB-6K-50B	带浆	7.88	7.82	36.05	34.56	43.93	42.38
CM40J	带浆	7.97	7.68	37.82	36.44	45.79	44.12

另外,对于采用不同种类上浆剂的同种阳极化碳纤维,我们也可以通过 IGC 表征其浸润性的差异。

2.5　碳纤维的拉伸性能

碳纤维的拉伸性能主要通过拉伸强度、拉伸模量以及断裂伸长率来表征。拉伸强度指的是单位面积纤维能够承受的最大拉伸应力,反映了纤维抵抗断裂的能力。拉伸模量是指定应变上下限内应力变化与应变变化的比值,反映了纤维的弹性。而断裂伸长率是指纤维发生拉伸断裂时长度与原长的比值。

拉伸强度是区分不同级别碳纤维的判据之一。对于高强型碳纤维,碳纤维等级越高,其拉伸强度也越大。高模碳纤维的强度达到了高强标模型碳纤维的程度,其模量高出更多。表 2.35 所列为不同级别碳纤维的官方复丝拉伸性能。

表 2.35　不同级别碳纤维的官方复丝拉伸性能

碳纤维等级	碳纤维牌号	拉伸强度/MPa	拉伸模量/GPa	伸长率/%
标模型	T300B-3K	3 530	230	1.5
高强标模型	T700SC-12K	4 900	230	2.1
高强中模型	T800HB-12K	5 490	294	1.9
高模型	M40JB-6K	4 400	377	1.2

按照 GB/T 3362—2005 碳纤维复丝拉伸测试标准,采用 Instron 5967 万能材料力学试验机进行碳纤维复丝拉伸测试。首先对碳纤维进行浸胶、固化,然后对固化的碳纤维进行加强片处理,最终选有效长度约 150 mm 的碳纤维试样;之后将其固定在气动夹具上,开始拉伸至断裂。记录下断裂载荷和断裂伸长率,计算拉伸强度,并通过引伸计测量试样的拉伸模量。测试试样数量为 10 根,有效数据不少于 6 个,否则需要重新制样测试。

对不同等级的碳纤维复丝强度进行测算,结果如表 2.36～表 2.39 所列。可以发现,同一级别碳纤维复丝的拉伸强度、拉伸模量和断裂伸长率基本保持一致,国产碳纤维的强度基本达到日本东丽的水平。同时,不难看出标模型、高强标模型、高强中模型的碳纤维强度逐渐增加,可以由其强度进行划分,而不同牌号碳纤维的模量、断裂伸长率有着较大的区别。高模碳纤维的强度基本处于高强标模型碳纤维的水平,但模量显著增高,断裂伸长率则明显下降。

表 2.36　不同标模型碳纤维复丝的拉伸性能

碳纤维名称	拉伸强度/MPa	拉伸模量/GPa	伸长率/%
T300B－3K	3 849	236	1.63
CF300 2－3K	4 323	236	1.82
CF300(JHT)－3K	3 971	238	1.67
CF300(HF)－3K	4 154	238	1.74

表 2.37　不同高强标模型碳纤维复丝的拉伸性能

碳纤维名称	拉伸强度/MPa	拉伸模量/GPa	伸长率/%
T700SC－12K	4 837	236	2.05
CF700H－3K	4 761	245	1.94
CF700G 2－12K	5 131	255	2.01
CF700S 2－12K	4 946	242	2.04

表 2.38　不同高强中模型碳纤维复丝的拉伸性能

碳纤维名称	拉伸强度/MPa	拉伸模量/GPa	伸长率/%
T800HB－6K	5 581	292	1.91
T800SC－12K	6 675	292	2.20
CF800G 2－12K	6 428	306	2.10
CF800H 2－12K	5 921	293	2.02
CF800S 2－12K	6 121	301	2.04

表 2.39　不同高模型碳纤维复丝的拉伸性能

碳纤维名称	拉伸强度/MPa	拉伸模量/GPa	伸长率/%
M40JB－6K	4 183	369	1.13
CM40J 2－12K	4 811	378	1.27
CZ40J	4 992	380	1.31

2.5.1　标模型碳纤维复丝拉伸性能

由表 2.36 可知,CF300 2－3K 碳纤维复丝拉伸强度为 4 323 MPa 左右,高于日本东丽公司 T300B－3K 碳纤维的 3 849 MPa,表明国产 CF300 2－3K 碳纤维的拉伸性能已达到 T300B－3K 碳纤维的水平,且质量较为稳定,其变异系数(Coefficient of Variation,CV)较小,始终保持在 5% 以内。

图 2.27 所示为国产 CF300 2－3K 碳纤维和日本东丽公司 T300B－3K 碳纤维复丝拉伸强度散点图,可以看出,CF300 2－3K 碳纤维和 T300B－3K 碳纤维复丝拉伸强度分布较为集中。T300B－3K 碳纤维复丝拉伸强度集中分布在 3 600～4 100 MPa 范围内,拉伸强度较为稳定;而 CF300 2－3K 碳纤维的复丝拉伸强度位于 4 000～4 700 MPa,更多集中在 4 200～4 500 MPa,说明其拉伸强度较为稳定,且高于 T300B－3K 碳纤维。

由表 2.36 可知,T300B－3K 碳纤维的拉伸模量为 236 GPa,与其公布的拉伸模量的理论值 230 GPa 基本一致,而 CF300 2－3K 碳纤维的拉伸模量也为 236 GPa。这说明,CF300 2－3K 碳纤维复丝的力学性能已达到 T300B－3K 碳纤维的水平。

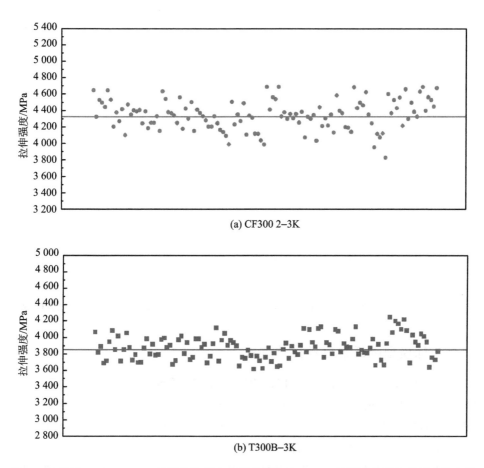

(a) CF300 2－3K

(b) T300B－3K

图 2.27　国产 CF300 2－3K 碳纤维和日本东丽公司 T300B－3K 碳纤维复丝拉伸强度散点图

图 2.28 所示为国产 CF300 2－3K 碳纤维与日本东丽公司 T300B－3K 碳纤维复丝拉伸模量散点图,可以看出,CF300 2－3K 碳纤维和 T300B－3K 碳纤维复丝拉伸模量分布于 226～242 GPa 之间,CF300 2－3K 碳纤维复丝拉伸模量分布与 T300B－3K 碳纤维基本重合。

综上所述,CF300 2－3K 碳纤维在物理性能方面已达到了 T300B－3K 碳纤维的性能,拉伸强度方面 CF300 2－3K 优于 T300B－3K 碳纤维,且质量较为稳定,各项测试的变异系数均保持在 5% 以内。这表明国产 CF300 2－3K 碳纤维的力学性能已达到甚至超过了日本东丽公司的 T300B－3K 碳纤维水平。

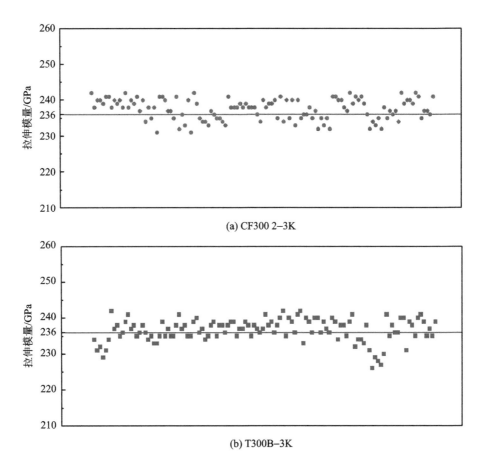

(a) CF300 2-3K

(b) T300B-3K

图 2.28　国产 CF300 2-3K 碳纤维和日本东丽公司 T300B-3K 碳纤维复丝拉伸模量散点图

2.5.2　高强标模型碳纤维复丝拉伸性能

由表 2.37 可知,日本东丽公司 T700SC-12K 碳纤维复丝拉伸强度的实测结果为 4 837 MPa,稍低于其公布的 4 900 MPa,而国产 CF700H-3K 碳纤维复丝拉伸强度为 4 761 MPa,稍低于日本东丽公司 T700SC-12K 碳纤维的 4 837 MPa。以上结果表明,国产 CF700H-3K 碳纤维拉伸性能非常接近 T700SC-12K 碳纤维。

图 2.29 所示为日本东丽公司 T700SC-12K 碳纤维复丝拉伸强度散点图,可以看出,T700SC-12K 碳纤维的复丝拉伸强度在 4 600~5 300 MPa 范围内。

由表 2.37 可知,T700SC-12K 碳纤维实测拉伸模量为 236 GPa,与日本东丽公司公布的 230 GPa 基本吻合;而国产 CF700H-3K 碳纤维拉伸模量实测值为 245 GPa,比 T700SC-12K 碳纤维高了 9 GPa。T700SC-12K 碳纤维的断裂伸长率为2.05%,与日本东丽公司公布的 2.10%较为接近;而 CF700H-3K 碳纤维的断裂伸长率则为 1.94%,略低于 T700SC-12K 的 2.10%。在碳纤维增强聚合物基复合材料的生产中,碳纤维与聚合物的匹配将很大程度上影响碳纤维增强聚合物基复合材料的性能,与 T300B-3K 碳纤维 1.63%的断裂伸长率相比,T700SC-12K 碳纤维的断裂伸长率大大提高,达到 2.05%,表明与 T700SC-12K 碳纤维所

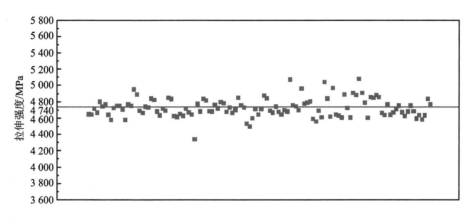

图 2.29　日本东丽公司 T700SC - 12K 碳纤维复丝拉伸强度散点图

匹配的聚合物和 T300B - 3K 碳纤维有很大不同;而国产 CF700H - 3K 碳纤维拉伸模量与 T700SC - 12K 碳纤维拉伸模量存在一定差值,表明在后续的碳纤维增强聚合物基复合材料生产中需要找到与 CF700H - 3K 碳纤维相匹配的聚合物,才能发挥 CF700H - 3K 碳纤维更加优异的拉伸强度,使碳纤维增强聚合物基复合材料性能得到提高。

　　图 2.30 所示为日本东丽公司 T700SC - 12K 碳纤维复丝拉伸模量散点图,可以看出,T700SC - 12K 碳纤维模量所处的区间为 220~240 GPa。结合表 2.37 中的数据,说明国产 CF700H - 3K 碳纤维的拉伸模量高于 T700SC - 12K 碳纤维,CF700H - 3K 模量较高,其断裂伸长率较低,在后续的碳纤维增强聚合物基复合材料制造过程中与聚合物的匹配也会有所不同,这是需要注意的一个问题。

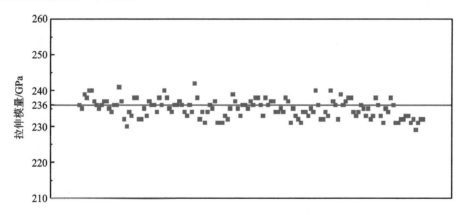

图 2.30　日本东丽公司 T700SC - 12K 碳纤维复丝拉伸模量散点图

　　综上所述,从 CF700H - 3K 碳纤维和 T700SC - 12K 碳纤维复丝的拉伸强度、拉伸模量数据中可以看出,CF700H - 3K 碳纤维在物理性能方面已基本达到 T700SC - 12K 碳纤维的水平;但在拉伸强度方面,各个批次 CF700H - 3K 碳纤维的变异系数相比 T700SC - 12K 来说要明显较大。这表明 CF700H - 3K 碳纤维在拉伸强度的批次稳定性上还有欠缺。从拉伸模量的测试结果看,CF700H - 3K 碳纤维的拉伸模量达到 245 GPa,比 T700SC - 12K 碳纤维的236 GPa 高了 9 GPa,这将会对断裂伸长率产生影响,进而影响到碳纤维增强聚合物基复合材料生产所匹配聚合物的选择。

第3章　热固性聚合物匹配的碳纤维表面改性

3.1　引　言

在碳纤维的生产过程中,经历预氧化和碳化的碳纤维要经过表面处理和上浆才能成为最终的产品。首先,表面处理的方法有很多,但在工业上应用最广泛且最实用的碳纤维表面连续处理方法是阳极化法。阳极化法的核心机理是通过电解产生的活性氧对碳纤维表面进行氧化刻蚀,形成含氧官能团。阳极化法氧化过程缓和,反应易于控制,适于连续化生产。其次,通常工业上采用上浆的方式对碳纤维进行处理,可起到改善碳纤维加工性能(集束性、展纤性、增加润滑)的作用,减少因机械摩擦产生的起毛或单丝断裂等现象;还可以改善碳纤维表面的浸润性及化学活性,进而改善碳纤维与聚合物之间的结合性能。此外,由于加工条件的不同,根据表面微观形貌,碳纤维可以分为两大类。一类碳纤维表面带有沟槽,例如东丽公司的 T300B;另一类碳纤维表面光滑,例如东丽公司的 T700SC。碳纤维表面改性方法的选择与其表面特征密不可分。

热固性聚合物主要包括环氧树脂、双马树脂及聚酰亚胺树脂等。环氧树脂是指分子中含有两个或两个以上环氧基团的聚合物,中温固化环氧树脂固化温度为 $120\sim150$ ℃,高温固化环氧树脂固化温度为 150 ℃以上。双马树脂是以马来酰亚胺为活性端基的双官能团聚合物,固化温度通常可达 210 ℃。聚酰亚胺是分子主链上含有酰亚胺环的一类聚合物,其固化温度在热固性聚合物中处于较高水平,可达 300 ℃以上。通常,固化温度较高的聚合物材料体现出更好的耐高温性能,因此也会影响碳纤维表面改性方法的选择。

针对碳纤维增强热固性聚合物基复合材料中的碳纤维表面改性,一类工作重点关注碳纤维表面化学状态,通过各种方式增加碳纤维表面的化学活性,以增加碳纤维表面和聚合物基体的化学结合。氧化处理是碳纤维表面最常用的处理方法,主要包括气相氧化法和液相氧化法。对碳纤维表面进行氧化的目的是引入极性基团和活性官能团,如羧基(—COOH)、羟基(—OH)、羰基(C=O)、醌基(O=⬡=O)、醚基(—O—)、内酯基(—COOR)等,从而提高碳纤维与聚合物界面的粘结强度。Lee 等用氧气和氮气的混合气体对碳纤维进行表面氧化处理,结果证明经气相氧化后,碳纤维表面—COOH 含量明显提高,氧化处理后碳纤维增强聚合物基复合材料层间剪切强度比未处理的提高了 69%,这主要是由于—COOH 与聚合物之间发生了一定程度的化学键合作用,从而起到了提高界面结合性能的作用。Park 等用臭氧对碳纤维表面进行氧化处理,结果证明这种处理方法也显著提高了复合材料的界面性能。气相氧化的设备简单,成本较低,但是会对碳纤维表面产生较大损伤,造成纤维力学性能下降,因此工业生产中并无使用。Zhang 等采用 H_2SO_4/HNO_3 混合溶液处理碳纤维,使其表面产生—OH、—COOH 等活性官能团,从而提高了碳纤维与聚合物之间的粘结性能。液相氧化所选择的氧化剂与氧化工艺较难控制,氧化时间长,在线配套较为困难。也有学者使用等离子体进行碳纤维表面处理,Tiwari 等使用氮氧等离子体处理碳纤维织物,制备的复合材料层间剪切强度增加,Hughes 和 Dilsiz 证实等离子体处理可以提高碳纤维与聚合物基体,尤其是与环氧树脂基体的界面结合性能。

另一类表面改性工作重点关注碳纤维表面粗糙度的提升,以增加碳纤维与基体之间的机械啮合作用,从而提升复合材料界面结合性能。纳米材料比表面积大,并且可对其进行官能化,使其易于连接到碳纤维表面上。当在界面处引入纳米材料时,可有效提升碳纤维表面的粗糙度,使其与基体产生更好的机械啮合效果,改变裂纹的扩展路径,延迟裂纹扩展,提升界面的结合强度。Rabotnov 等和 Kowbel 等研究表明,碳纤维表面均匀晶须化可使碳纤维增强环氧树脂基复合材料的层间剪切强度提高 200%～300%,研究中把这种提高归为增强体厚度方向的增强及增加了界面面积。Lin 等采用两步法在碳纤维表面定向生长氧化锌纳米线,采用单丝断裂方法测得的复合材料界面剪切强度提高了 113%,这主要归为氧化锌晶核在碳纤维表面良好的粘附,以及氧化锌纳米线在基体中的机械啮合作用。Galan 等研究了不同形态氧化锌纳米线对碳纤维增强聚合物基复合材料界面性能的影响,通过生长条件控制获得了一系列不同直径的氧化锌纳米线(50～200 nm),长度最大可达 4 μm,研究纳米线直径对界面剪切强度的影响,最大提升达 228%。

需要指出的是,复合材料的界面形成机理并非由单一因素控制,而是多种因素(化学结合、机械啮合等)的协同作用。目前碳纤维表面改性亦重视在碳纤维表面同时构建化学活性位点和表面粗糙结构,以实现多因素联合增加复合材料的界面结合性能的目标。本章以 CF800 碳纤维为研究对象,采用等离子体处理、氨基化及重氮反应等方法,对碳纤维表面进行了改性,探究了碳纤维与环氧树脂的界面结合性能。本章所用设备型号及生产厂家如表 3.1 所列。

表 3.1　实验所用仪器及生产厂家

实验仪器	设备型号	生产厂家
扫描电子显微镜	JSM 6010	日本电子株式会社
原子力显微镜	ICON	美国 Bruker 公司
X 射线光电子能谱	ESCALab220i – XL	美国 ThermoFisher 公司
力学试验机	Instron 5967	美国 Instron 公司
微脱粘测试设备	CMIC – 8	自制
傅里叶变换红外光谱仪	Nicolet 6700	美国 ThermoFisher 公司
表面界面张力仪	DCAT21	德国 Data Physics 公司

3.2　碳纤维表面的等离子体处理

等离子体处理通过对纤维表面进行刻蚀改变其表面形貌,进而增加纤维表面的粗糙度,氧化产生含氧活性官能团,增加纤维表面的活性,从而提高纤维与聚合物之间的机械啮合及化学结合等作用,增强界面间的粘结性能。

本节采用等离子体处理对 CF800 碳纤维裸丝进行表面改性,参考常用等离子体处理功率范围,选择 100 W 为处理功率,设置处理时间分别为 0、1 min、2 min、3 min、6 min、9 min、12 min,探究氧等离子体处理不同时间对碳纤维力学性能的损伤情况,研究不同改性条件对国产 CF800 碳纤维表面物理形貌、化学活性及单丝性能的影响情况,分析并总结不同改性条件下 CF800 碳纤维与 E51 环氧树脂基复合材料的界面结合性能及变化规律。

3.2.1 碳纤维表面微观形貌与截面结构定量分析

用 SEM 对等离子体处理的国产 CF800 碳纤维表面形貌进行观察,如图 3.1 所示。未处理的对照组碳纤维表面分布有大量显著的沟槽,而经等离子体处理后,沟槽有一定程度的变浅现象。经对比发现,等离子处理时间越长,沟槽越浅,说明等离子体处理时间越长,对碳纤维表面刻蚀效果越明显,但对国产碳纤维结构未产生显著性改变。

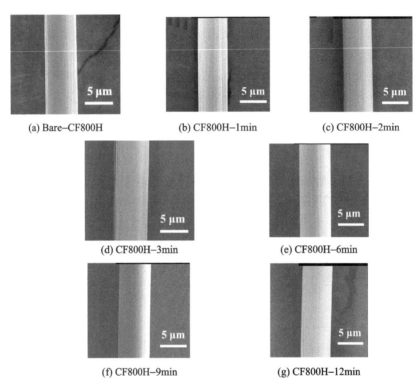

(a) Bare–CF800H   (b) CF800H–1min   (c) CF800H–2min

(d) CF800H–3min   (e) CF800H–6min

(f) CF800H–9min   (g) CF800H–12min

图 3.1   同一功率不同时间等离子体处理 CF800 碳纤维表面形貌 SEM 照片

用 AFM 对等离子体处理 CF800 碳纤维的表面物理形貌进行观察,如图 3.2 所示。当等离子体处理时间≤3 min 时,碳纤维表面形貌变化不明显,仍为清晰可见的沟槽状态。当等离子体处理时间≥6 min 时,碳纤维表面沟槽显著变浅。这说明等离子体处理使得碳纤维的表层被刻蚀,其中沟槽的"脊"被更显著地刻蚀,并且一些细小的沟槽甚至已消失,只留下较大沟槽。当等离子体处理时间为 9 min 时,碳纤维表面沟槽在变浅的同时还出现了明显的凸起或颗粒状物,而且处理时间越长,表面凸起越大。推测这主要是因为刻蚀程度变大,表层被刻蚀程度越显著,刻蚀的不均性也增加。对比不同处理条件下碳纤维表面的粗糙度发现,当等离子体处理时间在 9 min 及以下时,碳纤维表面的粗糙度基本保持不变。这主要是由于沟槽变浅的同时,表面凸起增多。当处理时间达到 12 min 时,碳纤维表面凸起显著增大,使得碳纤维表面的粗糙度发生了较明显的提高,由裸丝的 21.5 nm 增加到 31.1 nm。通过等离子体处理条件与碳纤维表面形貌的关系发现,等离子体处理条件对碳纤维形貌的影响有临界值。临界值以下,碳纤维表面沟槽结构较完好地被保存,除沟槽外表面无明显凹凸结构;但当处理条件为临界值以上时,碳纤维表面因刻蚀而产生大量凹凸结构,并且随着刻蚀程度的增加,这种凹凸结构的不均匀性也将增加。

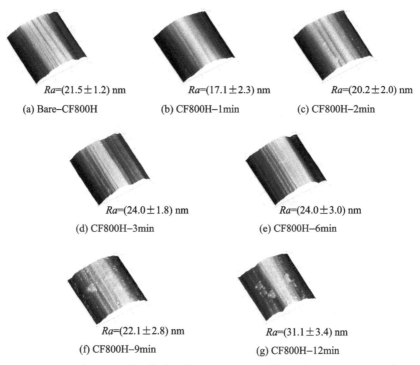

Ra=(21.5±1.2) nm
(a) Bare-CF800H

Ra=(17.1±2.3) nm
(b) CF800H-1min

Ra=(20.2±2.0) nm
(c) CF800H-2min

Ra=(24.0±1.8) nm
(d) CF800H-3min

Ra=(24.0±3.0) nm
(e) CF800H-6min

Ra=(22.1±2.8) nm
(f) CF800H-9min

Ra=(31.1±3.4) nm
(g) CF800H-12min

图 3.2　同一功率不同时间等离子体处理 CF800H 碳纤维表面形貌 AFM 图像

为进一步观察等离子体处理对 CF800H 碳纤维表面物理形貌,尤其是表面沟槽结构的影响,对 Bare-CF800H、CF800H-3min、CF800H-12min 三组 CF800H 碳纤维进行截面结构定量统计分析。首先,通过 SEM 得到上述三组 CF800H 碳纤维的截面 SEM 照片,如图 3.3 所示。CF800H-3min、CF800H-12min 两组碳纤维截面形状与处理前截面轮廓非常相似,可见等离子体处理对碳纤维结构并无显著性的改变。

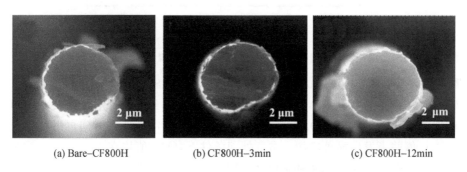

(a) Bare-CF800H

(b) CF800H-3min

(c) CF800H-12min

图 3.3　同一功率不同时间等离子体处理 CF800H 碳纤维截面 SEM 照片

通过 2.2.3 小节"3.碳纤维表面沟槽定量统计"建立的碳纤维定量统计方法,对上述等离子体处理 CF800H 碳纤维截面形状进行统计分析,得到三组 CF800H 碳纤维表面物理结构参数,如表 3.2 所列。由表 3.2 可知,三组 CF800H 碳纤维表面物理结构非常相似,具体表现是三者的截面周长非常接近,沟槽数目和沟槽宽度基本相当;不同之处是,经等离子体处理后

CF800H 碳纤维的圆度值提高,平均沟槽深度变浅,沟槽深宽比也变小。这说明,等离子体处理 CF800H 碳纤维时,对碳纤维表层产生刻蚀作用,且刻蚀更容易发生在凸起位置,因此导致沟槽略微变浅。

表 3.2 等离子处理 CF800H 碳纤维表面的微观物理结构参数

试 样	周长/μm	面积/μm^2	圆 度	数量/个	沟槽宽度/nm	沟槽深度/nm	沟槽深宽比
Bare – CF800H	21.63	20.32	0.546	30.5	321.65	58.54	0.18
CF800H – 3min	22.20	22.16	0.565	34.2	309.31	51.68	0.17
CF800H – 12min	21.88	21.45	0.563	34.3	311.31	48.98	0.16

3.2.2 碳纤维表面化学特性分析

对等离子体处理 CF800H 碳纤维表面元素进行 XPS 表征,同一功率不同时间碳纤维表面的元素全谱峰如图 3.4 所示。对比可以发现,相比于 Bare – CF800H,等离子体处理碳纤维表面 O 1s 峰显著增强,且 O 1s 峰相比于 C 1s 峰的比例也显著增大。

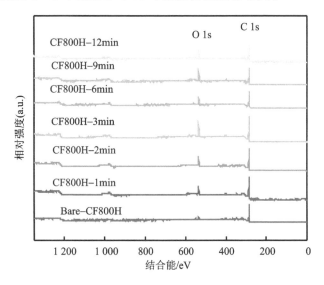

图 3.4 同一功率不同时间等离子体处理 CF800H 碳纤维表面的元素全谱峰

不同时间等离子体处理 CF800H 碳纤维表面 C、N、O、Si 元素的原子含量如表 3.3 所列。碳纤维裸丝的 O/C 值为 0.066 7,呈现较低的化学活性,而经等离子体处理以后 O/C 值显著增大。等离子体处理 3 min 时,O/C 值已经增加到 0.175 4;当处理时间再继续延长时,碳纤维表面的 O/C 值并未发生显著增加。本章处理条件下,O/C 值均在 0.17~0.21 之间,这是由于等离子体处理时,碳纤维表面碳环被破坏,O 原子与之发生反应,从而显著提高碳纤维表面的 O 原子含量。这一过程发生十分迅速,且 O 元素含量最终会趋近"饱和",可见等离子体处理方式对碳纤维表面的化学改性是十分高效的。

进一步对上述几种等离子体处理 CF800H 碳纤维表面 C 1s 峰进行分峰处理,得到各碳纤维 C 1s 分峰情况,如图 3.5 所示,从分峰结果看,等离子体处理后碳纤维表面—C—OH(R)及—COOH(R)峰明显增强。

表 3.3　同一功率不同时间等离子体处理 CF800H 碳纤维表面的元素原子含量

碳纤维	元素原子含量/%				O/C
	C 1s	N 1s	Si 2p	O 1s	
Bare – CF800H	90.52	3.46	0	6.03	0.066 7
CF800H – 1min	82.26	4.00	0.31	13.71	0.166 3
CF800H – 2min	81.00	3.83	1.16	14.01	0.173 0
CF800H – 3min	82.03	2.51	1.07	14.39	0.175 4
CF800H – 6min	82.48	2.62	0.73	14.17	0.171 8
CF800H – 9min	79.07	2.87	1.80	16.26	0.205 6
CF800H – 12min	78.79	2.89	2.82	15.50	0.196 7

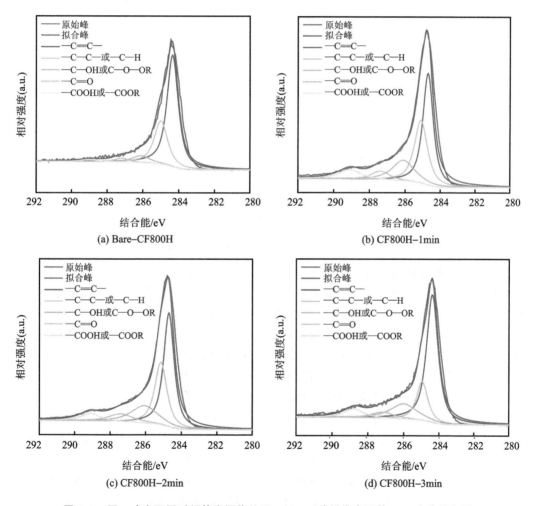

图 3.5　同一功率不同时间等离子体处理 CF800H 碳纤维表面的 C 1s 分峰拟合图

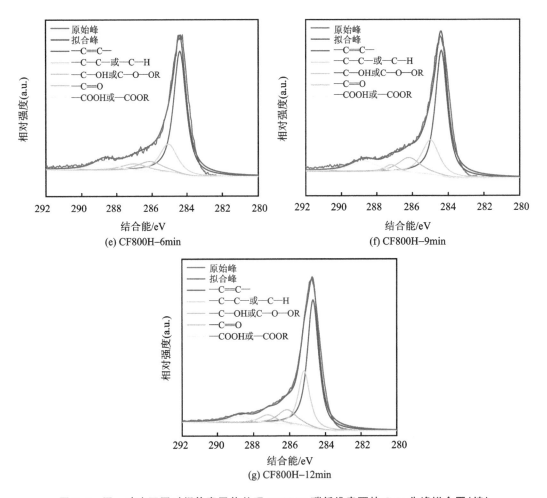

(e) CF800H-6min   (f) CF800H-9min

(g) CF800H-12min

图 3.5　同一功率不同时间等离子体处理 CF800H 碳纤维表面的 C 1s 分峰拟合图（续）

根据各峰面积计算出各官能团的含量结果列于表 3.4 中。相比于原始碳纤维裸丝，等离子体处理后碳纤维表面活性碳原子含量均大幅提高，活性碳原子含量由裸丝的 10.6% 提升至 22.0% 以上。其中，等离子体处理时间为 1 min、2 min 时，活性碳原子含量分别增加至 29.6%、29.6%；而随着等离子体处理时间延长，活性碳原子含量又略有下降；当等离子体处理时间为 12 min 时，活性碳原子含量仅为 22.0%。这主要是由于等离子体首先与碳纤维表面的碳原子进行反应，生成含氧官能团，但随着时间增加，部分含氧碳原子又遭到破坏。

进一步分析数据可知，等离子体处理碳纤维表面活性碳原子含量增加的主要原因是碳纤维表面 —C—OH 或 —C—OR、—C=O、—COOH 或 —COOR 的含量均有不同程度的增加。根据 C 1s 分峰结果可知，等离子体处理初期（0～2 min），氧等离子体首先攻击碳纤维表面的不饱和碳原子 —C=C—，使得不饱和碳原子 —C=C— 含量明显下降，造成 —C—OH 或 —C—OR、—C=O、—COOH 或 —COOR 含量明显增加，当等离子体处理时间增加至 3 min 及以上时，饱和碳原子（—C—C— 或 —C—H）含量明显下降，说明随着时间延长，碳纤维靠内层的饱和碳原子参与氧化反应的数目增多，造成表层饱和碳原子减少。

表 3.4　等离子体处理碳纤维表面 XPS 的 C 1s 分峰结果

碳纤维	含碳官能团种类及含量/%					活性碳原子百分比/%
	—C≡C—	—C—C—或—C—H	—C—OH或—C—OR	C=O	—COOH或—COOR	
Bare – CF800H	61.4	28.0	6.1	2.8	1.7	10.6
CF800H – 1min	41.0	29.4	16.4	5.5	7.7	29.6
CF800H – 2min	43.2	27.2	16.7	7.3	5.6	29.6
CF800H – 3min	56.4	16.6	15.4	5.2	6.5	27.0
CF800H – 6min	57.2	18.7	9.6	7.0	7.5	24.1
CF800H – 9min	52.9	20.9	12.1	3.9	10.2	26.2
CF800H – 12min	54.5	23.5	10.5	6.1	5.5	22.0

3.2.3　碳纤维单丝力学性能

图 3.6 所示为 7 组 CF800H 碳纤维单丝强度结果。结果表明,在 100 W 功率下,处理时间分别为 1 min、2 min、3 min 时,碳纤维单丝强度基本与原始碳纤维单丝强度保持一致,未发生明显变化,变化幅度仅为 1.41%、−1.11%、0.46%。由此可见,100 W 功率下,处理时间在 3 min 及以内时,等离子体处理不会对碳纤维造成明显损伤。而当处理时间为 6 min、9 min、12 min 时,碳纤维单丝强度发生非常明显的降低,变化幅度分别为 −9.04%、−14.45%、−12.13%,由此可见,等离子体处理时间过长,会对碳纤维造成明显损伤。

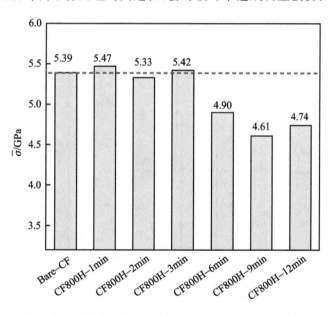

图 3.6　同一功率不同时间等离子体处理 CF800H 碳纤维的单丝强度结果

因此在本章实验条件下,即固定 100 W 为处理功率时,等离子体的处理时间应不高于 3 min。

3.2.4　碳纤维增强环氧树脂基复合材料界面性能与增强机理研究

碳纤维与 E51 环氧树脂的界面结合性能通常用界面剪切强度(IFSS)来反映,根据 1.3.4 小节中公式(1.4)可知,界面剪切强度 τ 是由最大脱粘载荷 F、树脂微球的包埋长度 l 和纤维直径 d 共同决定的。其中,F 和 l 由微脱粘测试设备直接得到,碳纤维截面的名义周长通常用 πd 来计算;但这样忽略了因碳纤维表面大量沟槽存在增加的接触面积,故与用 MATLAB 统计的真实周长有所差距。因此,可采用实际统计分析得到的截面周长 C 对 IFSS 进行修正,修正公式如下:

$$\tau' = \frac{\tau \pi d}{C} \tag{3.1}$$

式中,τ' 为 τ 的修正值;d 为碳纤维的名义直径;C 为本章定量统计方法计算出来的碳纤维截面的真实周长值。

对等离子体处理不同时间的 CF800H 碳纤维与 E51 环氧树脂的 IFSS 进行微脱粘测试,按照公式(1.4)计算的测试结果如图 3.7 所示。测试结果表明,采用等离子体处理可显著提高碳纤维与环氧树脂的 IFSS,随着等离子体处理时间增加,IFSS 呈现先增加后减小的趋势;当等离子体处理时间为 3 min 时,增幅最大,IFSS 由 44.89 MPa(Bare - CF800H/EP)增加至 88.61 MPa(CF800H - 3min/EP),增加幅度高达97.39%;当等离子体处理时间增加至 12 min 时,CF800H - 12min/EP 的 IFSS 增加至 76.53 MPa,增幅为70.48%。根据公式(3.1)计算得到 Bare - CF800H/EP 的 IFSS 为 33.90 MPa,CF800H - 3min/EP 的 IFSS 为 65.21 MPa,CF800H - 12min/EP 的 IFSS 为 57.14 MPa,两者相比于 Bare - CF800H/EP 的 IFSS,增幅分别为 92.35%、68.55%。这一增幅与由公式(1.4)计算出来的增幅基本相当。这是由于等离

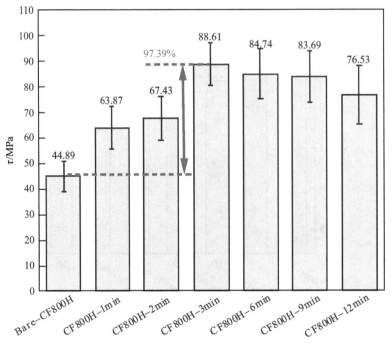

图 3.7　不同条件等离子体处理碳纤维与 E51 环氧树脂的界面剪切强度

子体改性后 CF800H 碳纤维的截面周长变化不大,因此修正后绝对值有所改变,但增幅基本不变,趋势也不会改变。

根据 3.2.1 小节可知,等离子体处理后碳纤维表面物理形貌将发生一定的变化,当等离子体处理时间在 9 min 以下时,表面粗糙度基本不发生明显变化,只有当等离子体处理时间为 12 min 时,碳纤维表面发生显著刻蚀效果,引起表面粗糙度一定程度的增加,但能使碳纤维表面 O 原子含量的显著增加以及活性 C 原子比例的显著增加,这是导致等离子体处理碳纤维与 E51 环氧树脂的界面剪切性能显著增加的根本原因。其中不同等离子体处理时间后的碳纤维表面 O/C 增幅均在 150% 以上(从 0.066 7 到 0.16 以上),活性 C 原子比例的增幅也均在 100% 以上(从 10.6% 到 22.0% 以上)。

将不同等离子体处理时间后的碳纤维表面的氧碳比、Ra、活性官能团含量及其与环氧树脂的 IFSS 之间的关系绘于图中,如图 3.8 所示,可以发现,相比于 Bare - CF800H,等离子体处理碳纤维表面 O/C 值、活性官能团含量显著增加,具体表现为碳纤维表面 —C=O 、—C—OH(R)、—COOH 等活性官能团大量增加。这些基团的出现,使得碳纤维表面与环氧树脂在固化过程中产生较强的化学键合及极性吸附力,从而显著增加碳纤维增强环氧树脂基复合材料界面结合性能。

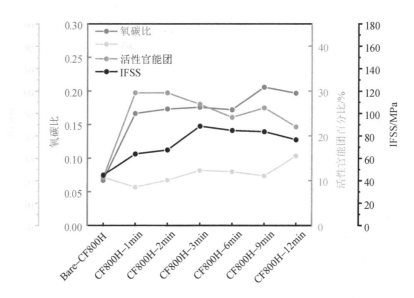

图 3.8　不同条件等离子体处理碳纤维与环氧树脂的界面剪切强度与其表面物理化学性能关系

但同时我们也发现,当等离子体处理时间为 3 min 时,碳纤维与 E51 环氧树脂的界面剪切性能增幅最大。这主要是由于当等离子体处理时间为 1 min 和 2 min 时,碳纤维表面一些特殊位置的 C 原子先与氧等离子体首先发生反应。这主要包括碳纤维表面细小沟槽的"脊"处的不饱和 C 原子、表面缺陷处的不饱和 C 原子,因为碳纤维表面 C 原子的活性与在石墨微晶结构中所处的位置密切相关。石墨微晶内部石墨平面上 sp^2 杂化的 C 原子,其电子云更稳定,键能更高,而处于碳纤维石墨微晶边缘的 sp^3 杂化 C 原子的电子云受力不均匀,更有利于活性 O 的氧化。这一点也可由 XPS 结果中 CF800H - 1min、CF800H - 2min 表面 —C=C— 比例显著降低证明。这一阶段所发生的主要反应如图 3.9 所示。

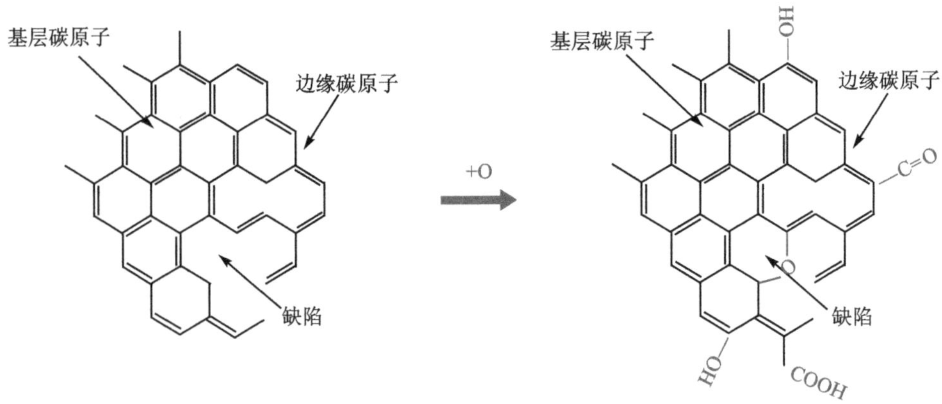

图 3.9　氧等离子体与碳纤维表面反应的第一阶段（初始阶段）

在等离子体刻蚀的初始过程中，不仅增加了碳纤维表面的化学活性，还一定程度上"愈合"了部分化学缺陷和物理缺陷，这使得碳纤维表面一些细微沟槽的"脊"被刻蚀掉。因此表现为等离子体处理时间在 1 min 和 2 min 时，碳纤维表面粗糙度略有降低，但单丝强度基本保持不变，甚至还略有提高。这主要是因等离子体刻蚀初期、表面缺陷相对减少、微裂纹愈合所导致。综合表面物理形貌和表面化学活性变化可知，等离子体处理时间较短（≤2 min）时，碳纤维与环氧树脂的化学键合大大增加，但碳纤维与环氧树脂的物理啮合因沟槽变浅、缺陷减少而相对减弱。

而当等离子体处理时间增加到 3 min 及 3 min 以后时，等离子体在对碳纤维"脊"及表面缺陷处不饱和碳原子进行刻蚀的基础上，将继续对碳纤维表面其他处的碳原子及碳环进行攻击。该第二阶段反应的示意图如图 3.10 所示。

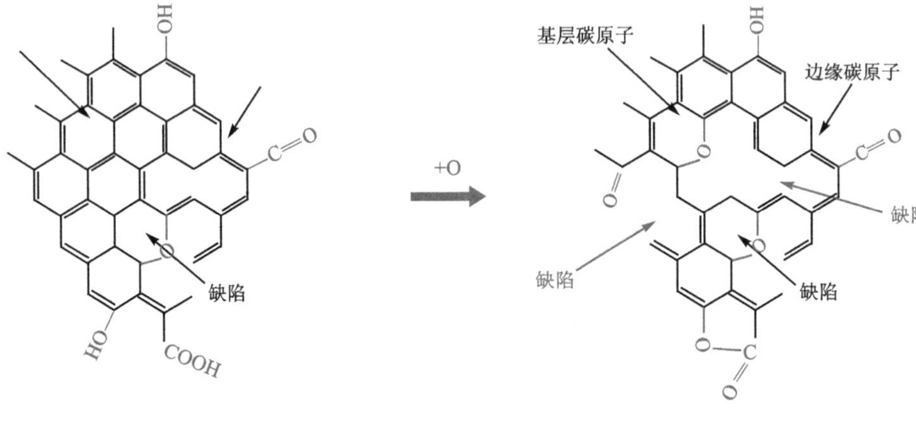

图 3.10　氧等离子体与碳纤维表面反应的第二阶段（长时处理阶段）

该过程碳纤维表面 O 原子含量只略微增加，发生的主要反应为部分碳纤维表层碳环的断裂，该过程将会产生一定量的缺陷结构，并且同时生成一些新的 —C≡O 或者—C—O—C—等化学结构。另外，由表 3.4 可知，等离子体处理时间为 3 min 以后时，碳纤维表面的—C—OH 有所减少，而—COOR 略微增多，说明碳纤维表面原有的一些—OH 和—COOH 发生可酯化反应或者脱氢反应。因此在 O/C 值略微增加的情况下，反应性活性碳原子数目反而略有降低。由于这一过程碳纤维表面发生了显著刻蚀效应，即碳纤维表层大量碳原子环受到刻蚀断裂而新产生了大量缺陷,因此表现为等离子体处理时间为 6 min 及以上时,碳纤维单丝力学性能发生显著下降。

上述讨论的碳纤维表面缺陷产生、酯化反应、脱氢反应等的发生与本章所观察到的 CF800H-9min 和 CF800H-12min 表面存在大量崎岖不平"颗粒状物"相符合。在表面缺陷及表面化学活性的双重影响下,CF800H-3min 与环氧树脂表现出了最优的界面性能,并且相对于 CF800H-1min 和 CF800H-2min 表面较少表面缺陷的情况,CF800H-6min、CF800H-9min 和 CF800H-12min 与环氧树脂也表现出了较高的界面结合性能。

图 3.11 所示是几种等离子体处理不同时间碳纤维与 E51 环氧树脂的微观界面的破坏形貌图。由图 3.11(a)可以看出,碳纤维裸丝环氧树脂微脱粘试样在剪切破坏测试以后,碳纤维表面沟槽依旧明显,证明碳纤维裸丝与环氧树脂之间的结合性能较差,碳纤维与裸丝之间并未产生较强结合,在遭受剪切破坏时,碳纤维与树脂之间发生显著的脱粘,因此碳纤维裸丝与 E51 环氧界面剪切强度很低。而如图 3.11(c)、(d)和(e)所示,等离子体处理碳纤维与 E51 环氧树脂微脱粘试样在遭到剪切破坏以后,碳纤维表面沟槽变浅,碳纤维表面有一层基体残留,这说明等离子体处理碳纤维环氧树脂微脱粘试样界面破坏模式发生改变,致使界面结合性能显著提高。

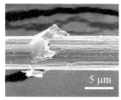 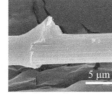  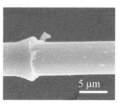

(a) Bare-CF800H/EP　　(b) CF800H-1min/EP　　(c) CF800H-3min/EP　　(d) CF800H-12min/EP

图 3.11　等离子体处理不同时间碳纤维与 E51 环氧树脂的微观界面的破坏形貌

等离子体处理 1 min 时,碳纤维表面氧原子及含氧官能团含量显著提高,这将有利于碳纤维与环氧树脂的结合。而此时由于等离子体的作用,碳纤维表面原有的少量微观结构缺陷及化学缺陷因发生如图 3.9 所示的化学反应而出现一定的愈合现象,这一点在前面详细论述过,等离子体刻蚀的初始阶段将导致碳纤维表面微缺陷减少。当等离子体处理时间增加至 3 min 时,碳纤维表面氧原子及含氧官能团继续略微增加,并且这一阶段原本在较短时间发生愈合的缺陷又增加(这些缺陷在 SEM 显微镜下并不能清晰观察,但可以通过单丝力学性能来间接证明),少量微缺陷的产生将对界面性能也起到一定的促进作用,因此当等离子体处理时间为 3 min 时,等离子体处理对碳纤维增强环氧树脂基复合材料界面性能的提升效果最好。当等离子体处理时间继续延长时,氧原子数量基本不再增加,其活性碳原子比例略有降低,这一过程刻蚀效果显著增加,碳纤维表面微缺陷进一步扩大,碳纤维表面变得崎岖不平,表面不均匀性显著增加。这些在 CF800H-9min、CF800H-12min 的 SEM 照片中清晰可见,这些大缺陷的产生对碳纤维单丝力学性能造成严重损害,而对界面性能的贡献远未超过化学作用的贡献,因此当等离子体处理在 6 min 及以上时,界面性能又略有降低。

综合本章等离子体处理碳纤维表面微观形貌、界面剪切强度与界面破坏模式,本章提出等离子体处理碳纤维表面微观物理与化学结构模型、环氧复合材料界面结合机理、界面破坏模式,如图 3.12 所示。

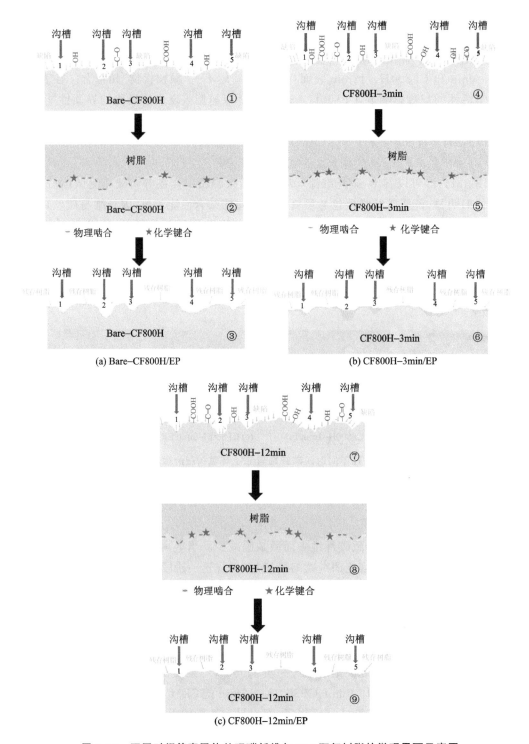

图 3.12　不同时间等离子体处理碳纤维与 E51 环氧树脂的微观界面示意图

对于 Bare－CF800H 而言,碳纤维表面本身存在一定数量的表面缺陷,表面化学活性(含氧官能团含量)较低(见图 3.12 ①),形成环氧树脂复合材料界面时形成较少的物理啮合与化学键合(见图 3.12 ②),因此界面在遭遇破坏时,环氧树脂与碳纤维表面发生显著脱粘,碳纤维表面几乎无基体残留(见图 3.12 ③),界面剪切性能很低。

对于 CF800H-3min 而言,等离子体处理既增加了碳纤维表面的化学活性(含氧官能团含量),也由于进一步的刻蚀而出现了更多的表面物理及化学缺陷(见图 3.12 ④)。该条件下形成环氧树脂复合材料界面时,形成较多的化学键合及物理啮合(见图 3.12 ⑤)。当界面遭遇破坏时,由于物理啮合与化学键合作用均较强,因此在破坏时不仅发生碳纤维和基体的脱粘,同时也存在较大量的基体撕裂。这也使得该条件下碳纤维与 E51 环氧树脂的界面破坏后,碳纤维表面残存较大量的树脂基体(见图 3.12 ⑥)。

当等离子体处理时间为 12 min 时,碳纤维表面的化学活性并无显著增加,但这一过程,碳纤维表面物理形貌发生显著改变,主要表现为由刻蚀加剧引起的碳纤维表面出现崎岖不平的凸起颗粒的现象(见图 3.12 ⑦)。这些颗粒的产生导致碳纤维表面纳米级以下的缺陷数量反而减少,因此该条件处理后的碳纤维与环氧树脂形成复合材料界面时,化学键合作用与 CF800H-3min/EP 相比略微下降,物理啮合也相对减少(见图 3.12 ⑧),界面性能较 CF800H-3min/EP 略有降低,但该条件下,碳纤维增强环氧树脂基复合材料界面破坏模式与 CF800H-3min/EP 基本相同,均为纤维/基体脱粘及基体撕裂(见图 3.12 ⑨)。

综上可知,等离子体处理碳纤维对界面增强的原因主要为碳纤维表面化学活性增加,化学键合作用增强;同时,适度的刻蚀程度不仅不会损伤碳纤维单丝的力学性能,还可以通过增加碳纤维表面的微观缺陷来增加碳纤维与环氧树脂的物理啮合,从而进一步提高复合材料界面性能。

3.3　碳纤维表面的氨基化改性

本节采用聚酰胺-胺树枝状大分子(PAMAM)溶液对碳纤维裸丝进行氨基化改性处理。本节将配置 270 mL 浓度分别为 2×10^{-4} mol/L、6×10^{-4} mol/L、10×10^{-4} mol/L、15×10^{-4} mol/L、20×10^{-4} mol/L 的 PAMAM/DMF 溶液,超声 5 min,加入 45 mg 缩合剂 HATU,超声 5 min 后截取约 20 cm 碳纤维裸丝置于溶液中,放入干燥器中,常温 25 ℃反应 4 h。反应结束后使用溶剂 DMF 冲洗 1 次,再使用去离子水冲洗 3 次,50 ℃真空条件下烘干 24 h,分别命名为 CF-浓度-PAMAM(如 CF-2×10^{-4} mol/L-PAMAM),探究不同浓度 PAMAM/DMF 溶液对碳纤维表面微观形貌和化学特性的影响,分析 CF800 碳纤维与 E51 环氧树脂的界面结合性能。

3.3.1　碳纤维表面微观形貌与截面结构定量分析

用 SEM 对不同条件氨基化处理后的碳纤维表面形貌进行观察,结果如图 3.13 所示。可见经不同浓度 PAMAM 溶液处理后,碳纤维表面沟槽相较于裸丝表面沟槽明显变浅,这说明 PAMAM 在吸附于碳纤维表面的过程中部分填充了碳纤维的沟槽,但由于 PAMAM 的吸附量较小,因此碳纤维表面的沟槽并未完全填充,碳纤维表面依旧保持原有的沟槽形态。

进一步用 AFM 对不同条件氨基化处理后碳纤维的表面形貌进行观察,结果如图 3.14 所示。对于如图 3.14(a)所示的原始碳纤维裸丝而言,其表面分布有大小不等的大量沟槽,但相对较光滑,而经氨基化处理后,碳纤维表面细小的沟槽显著减少,而大沟槽仍旧保留;并且

PAMAM 处理后,不仅填充了尺寸较小的沟槽,还使得碳纤维表面出现一些明显的"斑点",这些斑点主要为 PAMAM 在碳纤维表面的聚集。对不同浓度 PAMAM 处理后的碳纤维表面形貌进行对比观察可以发现,处理浓度越大,碳纤维表面的"斑点"越多;但由于大量细小沟槽被填充,随着 PAMAM 处理浓度的增加,碳纤维表面粗糙度整体上呈略微减小的趋势,但下降幅度很小,可认为 PAMAM 包覆的方式基本不改变碳纤维表面的物理形貌。

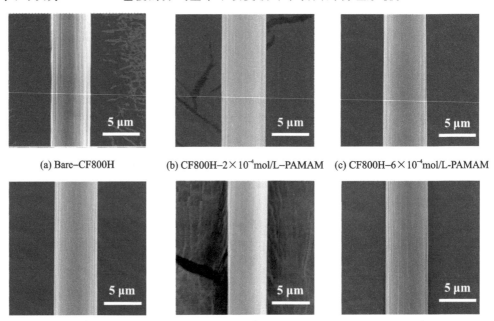

(a) Bare–CF800H   (b) CF800H–2×10⁻⁴mol/L–PAMAM   (c) CF800H–6×10⁻⁴mol/L–PAMAM

(d) CF800H–10×10⁻⁴mol/L–PAMAM (e) CF800H–15×10⁻⁴mol/L–PAMAM (f) CF800H–20×10⁻⁴mol/L–PAMAM

图 3.13　不同条件氨基化碳纤维表面形貌 SEM 照片

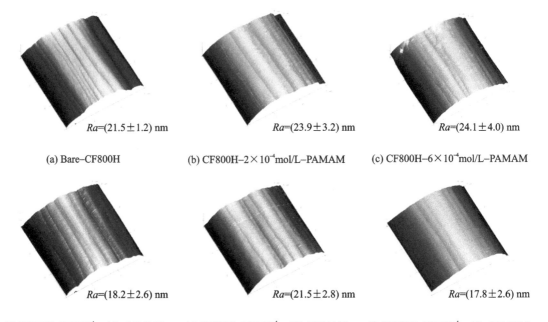

Ra=(21.5±1.2) nm Ra=(23.9±3.2) nm Ra=(24.1±4.0) nm

(a) Bare–CF800H   (b) CF800H–2×10⁻⁴mol/L–PAMAM   (c) CF800H–6×10⁻⁴mol/L–PAMAM

Ra=(18.2±2.6) nm Ra=(21.5±2.8) nm Ra=(17.8±2.6) nm

(d) CF800H–10×10⁻⁴mol/L–PAMAM (e) CF800H–15×10⁻⁴mol/L–PAMAM (f) CF800H–20×10⁻⁴mol/L–PAMAM

图 3.14　不同条件处理后碳纤维表面形貌 AFM 图

为进一步明确氨基化处理对 CF800H 碳纤维表面物理形貌及沟槽结构的影响,对 CF800H -10×10^{-4} mol/L $-$ PAMAM、CF800H -20×10^{-4} mol/L $-$ PAMAM 两组 CF800H 碳纤维进行截面结构定量统计分析。通过 SEM 得到上述两组 C800H 碳纤维的截面形貌,如图 3.15 所示。CF800H -10×10^{-4} mol/L $-$ PAMAM、CF800H -20×10^{-4} mol/L $-$ PAMAM 两组碳纤维截面形状与处理前截面轮廓非常相似,并无显著性的改变。

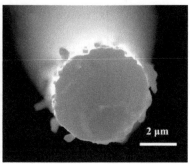

(a) CF800H–10×10^{-4}mol/L–PAMAM　　(b) CF800H–20×10^{-4}mol/L–PAMAM

图 3.15　不同条件氨基化处理 CF800H 碳纤维截面 SEM 照片

对上述两组氨基化改性碳纤维进行截面结构定量统计分析,得到两组 CF800H 碳纤维表面物理结构参数,如表 3.5 所列。相比于表 3.2 中的 Bare $-$ CF800H,氨基化处理后 CF800H 碳纤维的截面周长、沟槽数量基本不变,而圆度值略有提高,沟槽深度略微降低。与等离子体处理所不同的是,氨基化改性引起 CF800H 碳纤维表面沟槽变浅的原因主要是 PAMAM 分子更多地填充于沟槽,使得沟槽变浅。

表 3.5　氨基化处理 CF800H 碳纤维表面微观物理结构参数

试　样	周长/μm	面积/μm²	圆　度	数　量	沟槽宽度/nm	沟槽深度/nm	沟槽深宽比
CF800H -10×10^{-4}mol/L $-$ PAMAM	22.07	21.75	0.561	32.3	304.92	56.12	0.18
CF800H -20×10^{-4}mol/L $-$ PAMAM	21.70	21.48	0.573	33.0	332.05	50.24	0.15

3.3.2　碳纤维表面化学特性分析

用 XPS 对不同浓度 PAMAM 处理后的碳纤维表面化学元素进行测试,得到不同处理条件下碳纤维表面全谱峰,如图 3.16 所示。对于原始碳纤维裸丝而言,表面 O 峰和 N 峰强度均很小,经 PAMAM 处理后,O 峰和 N 峰强度均有显著增加。全谱扫描结果如表 3.6 所列,对比可知,经不同浓度 PAMAM 处理后碳纤维表面 O 元素和 N 元素含量显著增加,其中 N/C 值由裸丝的 0.038 2 逐渐增加至 0.069 6,N/C 值随着 PAMAM 浓度的增加而增加。对于 O 原子,其 O/C 的原子个数比由裸丝的 0.066 7 增加至 0.119 6(此时 PAMAM 浓度为 10×10^{-4} mol/L),后随着 PAMAM 浓度的增加,PAMAM 在碳纤维表面富集为颗粒,分布不均反而导致 XPS 测试碳纤维表面的 O/C 值略有减小。

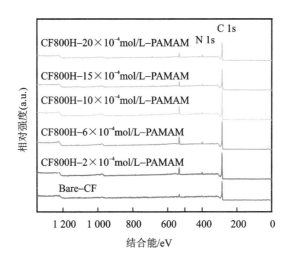

图 3.16　不同浓度 PAMAM 处理后碳纤维表面化学元素全谱峰图

表 3.6　不同浓度 PAMAM 处理碳纤维表面元素种类及含量

碳纤维	元素原子含量/%				O/C	N/C
	C 1s	N 1s	Si 2p	O 1s		
Bare – CF800H	90.52	3.46	0	6.03	0.066 7	0.038 2
CF800H – 2×10^{-4} mo/L – PAMAM	85.29	3.81	0.54	10.35	0.121 4	0.044 7
CF800H – 6×10^{-4} mo/L – PAMAM	85.47	3.85	0.81	9.87	0.115 5	0.045 0
CF800H – 10×10^{-4} mo/L – PAMAM	84.71	4.28	0.94	10.08	0.119 0	0.050 5
CF800H – 15×10^{-4} mo/L – PAMAM	86.18	5.34	1.13	7.34	0.085 2	0.062 0
CF800H – 20×10^{-4} mo/L – PAMAM	85.43	5.95	1.03	7.59	0.088 8	0.069 6

　　对不同浓度 PAMAM 处理碳纤维表面 C 1s 峰进行分峰拟合,得到拟合峰如图 3.17 所示。与原始碳纤维 Bare – CF800H 的 C 1s 分峰结果相比,PAMAM 处理后碳纤维表面最大的变化在于其表面出现特征峰—C—NH₂,此峰的出现证明了 PAMAM 成功地吸附于碳纤维表面,C 1s 分峰结果如表 3.7 所列。相比于 Bare – CF800H,经不同浓度 PAMAM 处理后碳纤维表面活性 C 原子比例由 10.6% 增至 29.6% 以上,而—C—NH₂ 的含量由 0 增至 14%～17%。对于不同 PAMAM 浓度处理碳纤维而言,当 PAMAM 浓度为 10×10^{-4} mol/L 时,碳纤维表面具有较高的活性碳原子比例。

表 3.7　碳纤维表面 XPS 的 C 1s 分峰结果

碳纤维	含碳官能团种类及含量/%						活性碳原子百分比/%
	—C=C—	—C—C—或—C—H	—C—NH₂	—C—OH或—C—OR	—C=O	—COOH或—COOR	
Bare – CF800H	61.4	28.0	0	6.1	2.8	1.7	10.6

碳纤维	含碳官能团种类及含量/%						活性碳原子百分比/%
	—C≡C—	—C—C—或—C—H	—C—NH$_2$	—C—OH或—C—OR	—C=O	—COOH或—COOR	
CF800H－2×10^{-4} mol/L－PAMAM	47.0	22.4	15.4	8.5	2.0	4.7	30.6
CF800H－6×10^{-4} mol/L－PAMAM	43.3	27.1	16.7	9.7	1.1	2.2	29.7
CF800H－10×10^{-4} mol/L－PAMAM	44.8	18.8	14.7	12.7	3.1	5.8	36.4
CF800H－15×10^{-4} mol/L－PAMAM	37.4	31.7	15.4	7.1	3.4	4.9	30.9
CF800H－20×10^{-4} mol/L－PAMAM	39.4	31.0	14.5	7.5	3.5	4.1	29.6

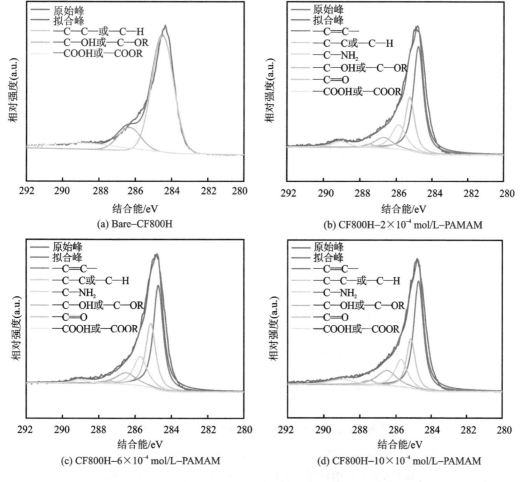

图 3.17　不同浓度 PAMAM 处理碳纤维表面 C 1s 分峰拟合图

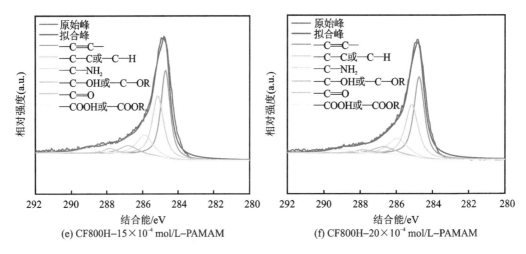

(e) CF800H–15×10⁻⁴ mol/L–PAMAM   (f) CF800H–20×10⁻⁴ mol/L–PAMAM

图 3.17　不同浓度 PAMAM 处理碳纤维表面 C 1s 分峰拟合图(续)

3.3.3　碳纤维增强环氧树脂基复合材料界面性能与增强机理研究

对不同条件氨基化处理碳纤维与 E51 环氧树脂的界面剪切强度进行测试,测试结果如图 3.18 所示。

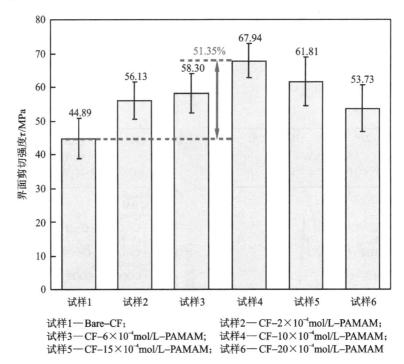

试样1—Bare-CF;
试样3—CF-6×10⁻⁴mol/L-PAMAM;
试样5—CF-15×10⁻⁴mol/L-PAMAM;

试样2—CF-2×10⁻⁴mol/L-PAMAM;
试样4—CF-10×10⁻⁴mol/L-PAMAM;
试样6—CF-20×10⁻⁴mol/L-PAMAM

图 3.18　不同条件氨基化处理碳纤维与 E51 环氧树脂的界面剪切强度

测试结果表明,采用氨基化处理方式也可显著提高碳纤维与 E51 环氧树脂的界面剪切强度。对于本研究,随着 PAMAM 溶液浓度的增加,CF800H – PAMAM/EP 复合材料界面剪切强度也呈现先增加后减小的趋势,其中当 PAMAM 溶液浓度为 10×10^{-4} mol/L 时,界面剪切强度增幅最大,界面剪切强度由 44.89 MPa (Bare – CF800H/EP) 增至 67.94 MPa,增幅高达 51.35%。根据前文截面周长和修正公式(3.1)计算的氨基化处理碳纤维的周长,得到 CF800H – 10×10^{-4}mol/L – PAMAM/E51 的修正剪切强度为 57.14 MPa,相比于 Bare – CF800H/E51 的修正剪切强度,增幅为 48.35%。这一增幅与由公式(1.4)计算出来的增幅基本相当。

氨基化处理碳纤维与 E51 环氧树脂的界面剪切性能提高的原因主要在于氨基化处理碳纤维以后,碳纤维表面 O/C 值均明显升高,O/C 值最大增幅为 PAMAM 溶液浓度为 10×10^{-4}mol/L 时的 82.0%。随着 PAMAM 浓度的增加,碳纤维表面 N/C 值持续增加,这主要是因为 PAMAM 浓度增加使得碳纤维表面吸附的 PAMAM 分子越来越多。当 PAMAM 溶液浓度为 20×10^{-4}mol/L 时,N/C 值增幅最大,为 82.2%。实际上,随着 PAMAM 浓度的增加,N/C 值的增幅主要为碳纤维表面的—C—NH$_2$ 含量显著增加,从 Bare – CF800H 的 0 增至 14%~17%,其他含氧官能团,如—C—OH(R)、—C≡O、—COOH(R),含量也均有较明显的增加。

总的来说,氨基化处理后碳纤维表面活性碳原子含量发生大幅增长,增幅均在 180% 以上,其中 PAMAM 溶液浓度为 10×10^{-4}mol/L,活性碳原子含量增幅为 243% 左右。活性碳原子含量增加意味着碳纤维表面与环氧树脂之间发生化学反应的几率会显著增加,分子之间范德华力也会增加,因此界面性能将显著提高。但我们也发现,氨基化处理后的碳纤维与 E51 环氧树脂的界面剪切强度存在最大值。这是因为当 PAMAM 溶液浓度大于 10×10^{-4}mol/L 时,PAMAM 溶液浓度的增加虽然导致碳纤维表面的 N 原子含量增加,但是由于较大量的 PAMAM 覆盖于碳纤维表面,使得碳纤维表面的 O 原子含量有所减少,表面缺陷被愈合,因此 PAMAM 对碳纤维与 E51 环氧树脂的界面增强效果具有最佳值和最佳处理临界浓度。

将不同浓度 PAMAM 处理后的碳纤维表面 O/C、Ra、活性官能团含量与 E51 环氧树脂的界面剪切强度(IFSS)之间的关系绘于图 3.19 中。

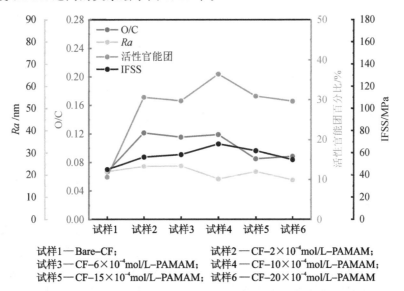

试样1—Bare–CF;　　　　　　　　　试样2—CF–2×10^{-4}mol/L–PAMAM;
试样3—CF–6×10^{-4}mol/L–PAMAM;　试样4—CF–10×10^{-4}mol/L–PAMAM;
试样5—CF–15×10^{-4}mol/L–PAMAM;试样6—CF–20×10^{-4}mol/L–PAMAM

图 3.19　不同浓度 PAMAM 处理后碳纤维与 E51 环氧树脂的界面剪切强度与其表面物理化学性能关系

可以发现,相比于 Bare – CF800H,氨基化处理对碳纤维表面粗糙度没有显著影响,甚至略微降低了碳纤维表面的粗糙度,但氨基化处理后的碳纤维表面 O/C 值、活性官能团含量

（—C=O、—C—NH₂、—C—OH(R)、—COOH(R)）均先增加后出现小幅降低。这些基团的增加，使得在固化过程中碳纤维与环氧树脂界面产生较强的化学键合及范德华力，从而显著增加碳纤维与 E51 环氧树脂的界面结合性能。从图 3.19 中可以看出，IFSS 与 O/C、活性官能团含量呈现较强的正相关性，这说明氨基化处理增强碳纤维与 E51 环氧树脂的界面的主要原因在于增加了碳纤维与环氧树脂之间的化学键合及极性吸附。

图 3.20 所示是不同浓度 PAMAM 处理碳纤维与 E51 环氧树脂的微观界面的破坏形貌图。相比于图 3.11(a)的 Bare－CF800H/EP 破坏形貌，图 3.20(a)的界面破坏后碳纤维表面仍存在一定数量的沟槽，但数量明显减少，说明部分表面沟槽被少量聚合物填充，证明该处理条件下界面破坏模式已变成界面脱粘及少量基体撕裂的混合破坏模式。对于 CF800H－10×10⁻⁴ mol/L－PAMAM/EP、CF800H－15×10⁻⁴ mol/L－PAMAM/EP、CF800H－20×10⁻⁴ mol/L－PAMAM/EP 三种复合材料，其界面破坏后碳纤维表面沟槽相比于 CF800H－2×10⁻⁴ mol/L－PAMAM/EP 显著减少，说明其界面破坏模式也为界面层脱粘及较多量基体撕裂的破坏模式，证明碳纤维表面氨基化处理以后，可以通过提高碳纤维表面的活性基团含量来增强碳纤维与环氧树脂之间的结合强度。

(a) CF800H-2×10⁻⁴mol/L-PAMAM/EP

(b) CF800H-10×10⁻⁴mol/L-PAMAM/EP

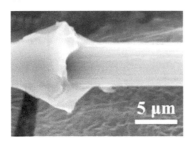

(c) CF800H-15×10⁻⁴mol/L-PAMAM/EP

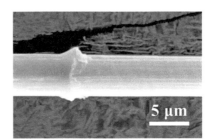

(d) CF800H-20×10⁻⁴mol/L-PAMAM/EP

图 3.20　氨基化处理增强复合材料碳纤维与环氧树脂的微观界面破坏形貌

归纳总结碳纤维氨基化处理界面增强机理如图 3.21 所示，图中，a1 为 Bare－CF800H/EP 界面结合模型，在裸丝状态下碳纤维与环氧树脂之间主要以物理啮合为主，仅有非常少量的化学键合；当界面发生破坏后，基体与纤维发生脱粘，剥脱处碳纤维表面较为光滑（见 a2），界面性能较差。b2 为 CF800H－10×10⁻⁴ mol/L－PAMAM/EP 复合材料的界面结合模型，相比于 Bare－CF800H，碳纤维表面覆盖了一层 PAMAM 分子，PAMAM 分子的—NH₂ 可与碳纤维表面的—COOH 发生一定的化学键合，或者与碳纤维表面极性基团发生一定的极性吸附，形成较强的界面结合；当界面发生破坏时，由于 PAMAM 与纤维及环氧树脂发生较强的结合，因此会发生如 b2 所示的以基体撕裂为主的界面破坏模式，碳纤维表面有较多的基体残留。

当碳纤维表面覆盖较大量的 PAMAM 时(见 c1),碳纤维与 PAMAM、PAMAM 与环氧树脂仍可发生一定的化学反应或较强的范德华力,但碳纤维与基体之间并不能充分接触,界面被 PAMAM 分子层阻隔;当界面发生破坏时,将会发生以 PAMAM 分子层撕裂的破坏,因此界面强度较 CF800H − 10×10^{−4} mol/L − PAMAM/EP 低。这说明在进行碳纤维表面官能化处理时,碳纤维表面有机分子层的含量(或厚度)也具有最优值。

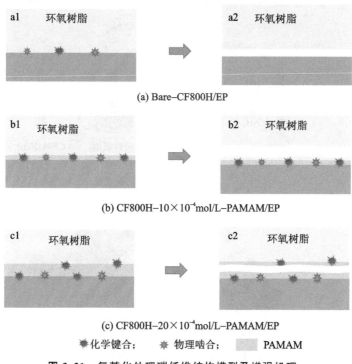

(a) Bare−CF800H/EP

(b) CF800H−10×10⁻⁴mol/L−PAMAM/EP

(c) CF800H−20×10⁻⁴mol/L−PAMAM/EP

※化学键合;　※物理啮合;　▨ PAMAM

图 3.21　氨基化处理碳纤维结构模型及增强机理

3.4　碳纤维表面的 MXene 改性

本节采用重氮反应对国产 CF800H 碳纤维进行温和的表面改性,在保持纤维本体强度的同时将苯胺官能团接枝到纤维表面,使碳纤维表面带上正电(CF − NH_2),具体命名为 CF800H − 0。进一步将经过重氮反应后的氨基化碳纤维浸于不同质量分数(0.05%、0.1%、0.2%及0.5%)的 MXene 水分散液后,MXene 能在静电力的驱动下在碳纤维表面均匀地自组装,MXene 纳米粒子改性碳纤维(CF − MXene)分别命名为 CF800H − 0.05、CF800H − 0.10、CF800H − 0.20、CF800H − 0.50,如表 3.8 所列。具体改性过程如图 3.22 所示。

表 3.8　CF − NH_2 碳纤维涂覆 MXene 水分散液的浓度

碳纤维种类	MXene 水分散液的质量分数/%	碳纤维种类	MXene 水分散液的质量分数/%
CF800H − 0	0	CF800H − 0.20	0.20
CF800H − 0.05	0.05	CF800H − 0.50	0.50
CF800H − 0.10	0.10		

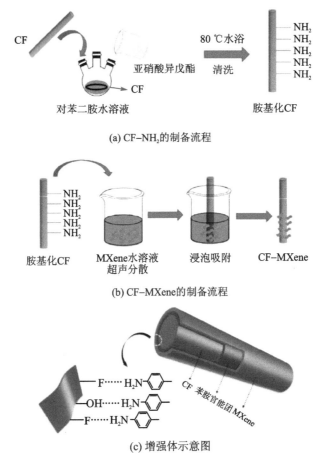

(a) CF-NH₂的制备流程

(b) CF-MXene的制备流程

(c) 增强体示意图

图 3.22　碳纤维表面的 MXene 改性

3.4.1　碳纤维表面微观形貌分析

采用 SEM 对 CF800H－0、CF800H－0.05、CF800H－0.10、CF800H－0.20、CF800H－0.50 的表面形貌进行观察,其结果如图 3.23 所示。CF800H－0 碳纤维表面可观察到大量纵向沟槽,这些沟槽的存在有利于增加碳纤维的粗糙度,并可提升纤维与树脂的机械啮合作用。CF800H－0.05 表面负载有很多 MXene 纳米薄片,覆盖了原有的沟槽,但 MXene 纳米片分布在碳纤维表面,边缘向外翻起,形成波浪状起伏形貌,一定程度上提高了碳纤维的表面粗糙度。随着 MXene 水分散液的浓度提升,在静电力的驱动下,更多的 MXene 纳米片被组装至碳纤维表面,MXene 纳米片相互重叠,形成更厚的波浪状形貌。当 MXene 水分散液质量分数达到 0.5% 时,CF800H－0.50 表面已经观察不到薄片形态的 MXene,纳米粒子出现了团聚的现象,且分布不均匀,碳纤维表面形成了一定厚度的致密包覆层,部分区域呈圆点状凸起,其他区域则有较大的块状 MXene 附着在纤维表面。

进一步采用 AFM 对氨基化处理后碳纤维在不同浓度 MXene 水分散液处理后的表面形貌进行观察,其结果如图 3.24 所示。由图可知,碳纤维表面形貌变化规律与 SEM 结果相似,随着 MXene 水分散液浓度提高,碳纤维表面逐渐变得粗糙,CF800H－0.05、CF800H－0.10、CF800H－0.20 表面纳米粒子分布较为均匀,而在 CF800H－0.50 表面出现了大块的凸起,再

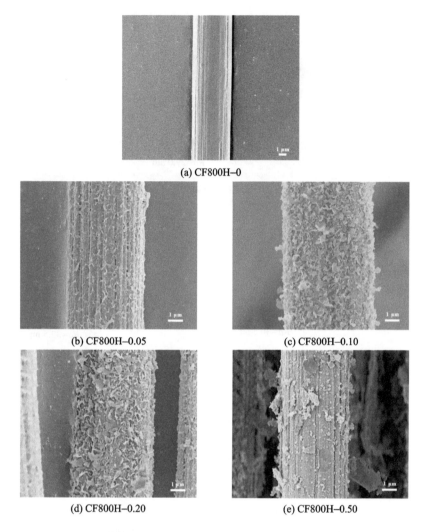

(a) CF800H-0

(b) CF800H-0.05

(c) CF800H-0.10

(d) CF800H-0.20

(e) CF800H-0.50

图 3.23　CF - MXene 表面形貌 SEM 照片

次印证了纳米粒子的团聚现象。

　　由 Nanoscope 软件计算出了纤维表面的平均粗糙度,如表 3.9 所列。当 MXene 在碳纤维表面自组装后,表面粗糙度由 29.0 nm 提升至 36.6 nm。

表 3.9　CF - MXene 表面粗糙度

碳纤维	Ra/nm	R_{max}/nm
CF800H - 0	29.0	209
CF800H - 0.05	30.5	238
CF800H - 0.10	32.5	320
CF800H - 0.20	33.2	282
CF800H - 0.50	36.6	310

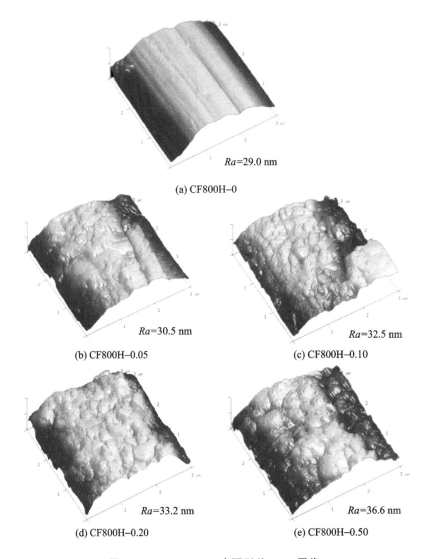

Ra=29.0 nm

(a) CF800H-0

Ra=30.5 nm

(b) CF800H-0.05

Ra=32.5 nm

(c) CF800H-0.10

Ra=33.2 nm

(d) CF800H-0.20

Ra=36.6 nm

(e) CF800H-0.50

图 3.24　CF - MXene 表面形貌 AFM 图像

3.4.2　碳纤维表面化学特性分析

采用 XPS 对不同浓度 MXene 水分散液处理后的 CF - MXene 进行全谱扫描,结果如图 3.25 所示。CF800H - 0 碳纤维表面主要元素为 C、N、O,经过 0.05% MXene 水分散液处理之后,CF800H - 0.05 谱图上出现了微小的归属于 Ti 元素的峰,继续增加 MXene 含量,CF800H - 0.10、CF800H - 0.20、CF800H - 0.50 的谱图上 Ti 元素的特征峰强度显著提高。

CF - MXene 表面主要元素的含量如表 3.10 所列。由表可知,CF800H - 0 表面 N 元素含量为 4.19%,而 CF800H - 0.05 表面出现了 Ti 元素,含量为 1.08%,N 元素含量减少至 2.96%。这是因为 MXene 对氨基化的碳纤维表面进行了一定程度的覆盖,证明 MXene 已经成功引入了碳纤维的表面。CF800H - 0.10 表面的 N 元素含量进一步减少至 2.64%,Ti 元素

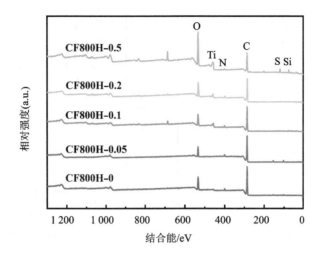

图 3.25　不同浓度 MXene 水分散液处理后碳纤维表面化学元素全谱峰图

增加至 3.19％,说明更多的 MXene 自组装至碳纤维表面。CF800H - 0.50 表面的 N 元素则降至最低 1.57％;Ti 元素相应最高,提升至 6.83％。

除 N、Ti 元素外,CF800H - 0 碳纤维表面 O 元素含量较低(11.63％),O/C 值仅为 0.14,而经过 MXene 水分散液处理之后,CF800H - 0、CF800H - 0.05、CF800H - 0.10、CF800H - 0.20、CF800H - 0.50 表面的 O 元素含量都得到了提高,O/C 值增加到 0.2~0.3。

表 3.10　不同浓度 MXene 水分散液处理后碳纤维表面元素成分及含量

碳纤维	C 1s 含量/%	N 1s 含量/%	Ti 2p 含量/%	O 1s 含量/%	O/C
CF800H - 0	84.18	4.19	0	11.63	0.14
CF800H - 0.05	78.44	2.96	1.08	15.67	0.20
CF800H - 0.10	77.33	2.64	3.19	16.35	0.21
CF800H - 0.20	75.43	2.47	2.61	19.49	0.26
CF800H - 0.50	55.14	1.57	6.83	36.46	0.66

对各碳纤维表面的 C 1s 峰进行分峰拟合,分峰结果如图 3.26 所示。与 CF800H - 0 的分峰图谱相比,CF800H - 0.05 的图谱上—C—N 峰强度降至几近消失,且在 281.5 eV 处出现了很微弱的 Ti—C 结合峰,这是因为 CF800H - 0.05 表面 Ti 元素含量低(1.08％)。CF800H - 0.10 的谱图能清晰地看到 Ti—C 的结合峰,CF800H - 0.50 的谱图中 Ti—C 结合峰的强度增强,峰面积进一步提高,再次证明了 MXene 的成功引入。

不同含碳官能团的比例结果如表 3.11 所列。碳纤维表面活性官能团主要为—C—OH(R)(6.70％)和—COOH(R)(4.99％),占比为 11.69％;而 CF800H - 0.05,…,CF800H - 0.20 碳纤维表面—OH 含量提高到 15％左右,活性官能团含量也由此提升到了 20％左右。引入带有—OH 等含氧官能团的 MXene,可以提高碳纤维的表面活性,使纤维能更好地被基体浸润,增强纤维和基体之间的结合力,有助于复合材料界面结合性能的提高。

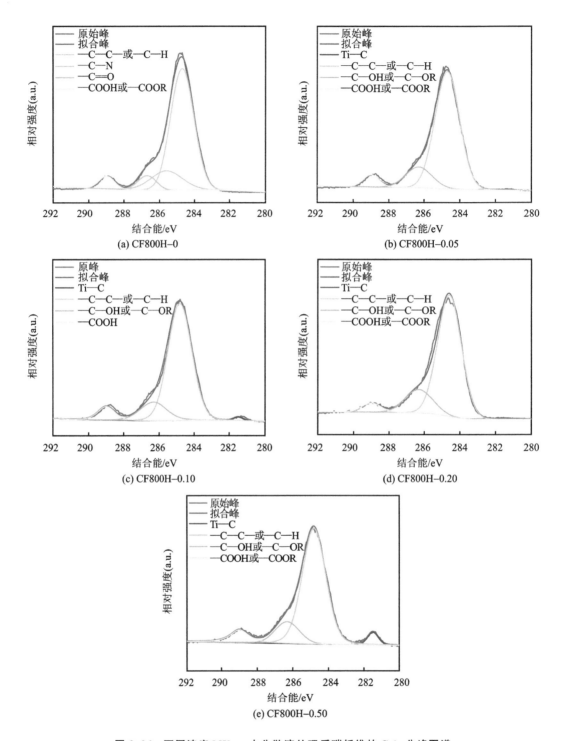

图 3.26 不同浓度 MXene 水分散液处理后碳纤维的 C 1s 分峰图谱

表 3.11　不同浓度 MXene 水分散液处理后碳纤维的 C 1s 谱分峰结果

碳纤维	含碳官能团种类及含量/%					活性官能团百分比/%
	Ti—C	—C—C 或 —C—H	—C—N	—C—OH 或 —C—OR	—COOH 或 —COOR	
CF800H－0	0	72.63	15.69	6.70	4.99	11.69
CF800H－0.05	0.34	79.46	0	14.96	5.24	20.2
CF800H－0.10	0.92	77.41	0	14.53	7.13	21.66
CF800H－0.20	0.01	78.26	0	17.25	4.48	21.73
CF800H－0.50	3.89	73.62	0	13.76	8.73	22.4

3.4.3　碳纤维表面浸润性分析

采用 DCAT21 表面界面张力仪测试未改性的 CF800H 碳纤维,CF－MXene(CF800H－0.05、CF800H－0.10、CF800H－0.20、CF800H－0.50)与水、乙二醇的接触角如表 3.12 所列。

表 3.12　碳纤维与不同测试液体的接触角

碳纤维	与水的接触角/(°)	与乙二醇的接触角/(°)
CF800H	88.14	72.13
CF800H－0.05	71.63	54.83
CF800H－0.10	66.10	44.22
CF800H－0.20	66.55	45.63
CF800H－0.50	51.09	34.86

CF800H 碳纤维与水、乙二醇的接触角较大,分别为 88.14° 和 72.13°,这说明未改性碳纤维表面呈现惰性,与基体难以实现充分浸润。MXene 在碳纤维表面自组装之后,碳纤维与水、乙二醇之间的接触角都出现了明显的降低,并且 MXene 吸附量越高,接触角降低程度越大。CF－MXene 表面能计算结果如表 3.13 所列。

表 3.13　CF－MXene 表面能、极性分量以及色散分量

碳纤维	极性分量/(mJ·m^{-2})	色散分量/(mJ·m^{-2})	表面能/(mJ·m^{-2})
CF800H	9.44	11.16	20.60
CF800H－0.05	20.02	11.59	31.61
CF800H－0.10	20.91	15.62	36.53
CF800H－0.20	21.20	14.82	36.02
CF800H－0.50	40.53	8.78	49.31

由拟合后的曲线计算得到了各碳纤维的表面能,结果如图 3.27 所示。碳纤维表面能越高,聚合物基体越容易在纤维的表面浸润和铺展,表面能中的极性分量与碳纤维表面活性基团

含量有关（表面活性基团含量提高，极性分量增加），色散分量与纤维表面形貌有关（表面积增大，色散分量增加）。碳纤维 CF800H 的表面能为 20.60 mJ/m^2，极性分量和色散分量均较低。CF800H-0.05 表面负载 MXene 之后，由于 MXene 表面上富含—OH、—F 等极性官能团，故极性分量得到了明显提高。CF800H-0.10、CF800H-0.20 及 CF800H-0.50 表面MXene 吸附量进一步增多，极性分量和色散分量因此进一步提升。

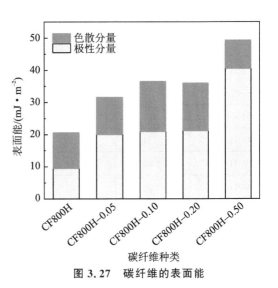

图 3.27　碳纤维的表面能

　　由此可知，引入 MXene 改变了纤维表面的物理化学状态，从而改变了纤维表面的极性分量以及色散分量，提高了碳纤维的表面能，增加了碳纤维的浸润性，为碳纤维与聚合物基体的界面结合性能的提高做出了有效贡献。

3.4.4　碳纤维增强环氧树脂基复合材料界面性能与增强机理研究

　　CF800H、CF800H-0.05、CF800H-0.10、CF800H-0.20、CF800H-0.50 碳纤维与 AC531 环氧树脂的 IFSS 结果如表 3.14 和图 3.28 所示。结果表明，碳纤维与 AC531 环氧树脂的 IFSS 随 MXene 水分散液浓度的增加先提高后降低。未改性碳纤维 CF800H/EP 的 IFSS 为 97.41 MPa，通过重氮反应和静电吸附引入 MXene 之后，IFSS 得到了显著提高。CF800H-0.05 与 AC531 的 IFSS 为 126.29 MPa，相比于 CF800H 与 AC531 之间的 97.41 MPa 提高了 29.65%。随着 MXene 水分散液浓度的提高，CF800H-0.10、CF800H-0.20 与 AC531 之间的 IFSS 值 132.25 MPa 和 129.97 MPa，分别提高了 35.77% 和 33.43%。CF800H-0.50 与 AC531 的 IFSS 为 120.76 MPa，相比于 CF800H 与 AC531 之间提高了 24%，但与 CF800H-0.10、CF800H-0.20、CF800H-0.50 相比有所下降。这是因为 MXene 水分散液浓度最高，达到了 0.5%，纳米粒子在纤维表面分布不均匀，有的区域 MXene 的附着量很少，有的区域甚至发生了团聚，在界面形成过程中易成为薄弱环节，导致微脱粘测试时容易首先发生脱粘而导致整体界面的破坏。

表 3.14　碳纤维与 AC531 环氧树脂的界面剪切强度

碳纤维	界面剪切强度/MPa	离散系数/%	提高程度/%
CF800H	97.41	4.38	—
CF800H-0.05	126.29	9.23	29.65
CF800H-0.10	132.25	4.46	35.77
CF800H-0.20	129.97	8.34	33.43
CF800H-0.50	120.76	8.89	24.00

　　现将碳纤维表面性能、浸润特性及微观界面性能数据综合列于表 3.15 中，讨论纤维表面物理结构和化学特性对界面性能的影响。

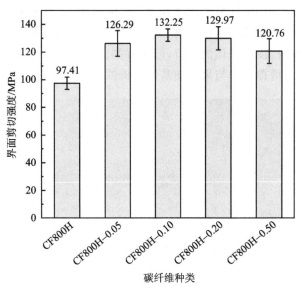

图 3.28 碳纤维与 AC531 环氧树脂的界面剪切强度

表 3.15 碳纤维与 AC531 环氧树脂的微观界面影响因素

碳纤维	表面形貌特征	表面粗糙度/nm	O/C	表面能/(mJ·m⁻²)	极性分量/(mJ·m⁻²)	色散分量/(mJ·m⁻²)	界面剪切强度/MPa
CF800H	表面有沟槽	24.9	0.06	20.60	9.44	11.16	97.41
CF800H-0.05	MXene 贴在表面	30.5	0.20	31.61	20.02	11.59	126.29
CF800H-0.10	MXene 直立在表面	32.5	0.21	36.53	20.91	15.62	132.25
CF800H-0.20	MXene 直立在表面	33.2	0.26	36.02	21.20	14.82	129.97
CF800H-0.50	有 MXene 团聚现象	36.6	0.66	49.31	40.53	8.78	120.76

由表 3.15 中的数据可以看出,MXene 引入之后,纤维表面的化学状态和物理状态发生了明显的改变,纤维和基体之间的 IFSS 也得到了提高。其中 CF800H-0.05、CF800H-0.10、CF800H-0.20 的 O/C 值和表面能与原始纤维 CF800H 相比得到了较大的提高,提高程度在同一水平,表面能均在 31~37 mJ/m² 范围内,O/C 值在 0.20~0.26 范围内。除此之外,它们的表面粗糙度也提高到了 30 nm 以上。而 CF800H-0.05、CF800H-0.10、CF800H-0.20 中又以 CF800H-0.10/AC531 的 IFSS 最高,这与 MXene 在纤维表面形成的形貌有关。CF800H-0.50 表面吸附的 MXene 最多,氧碳比、表面能以及表面粗糙度都是最高的,其与环氧树脂之间的 IFSS 为 120.76 MPa;虽与 CF800H 相比有所提高,但却不及 CF800H-0.05、CF800H-0.10、CF800H-0.20,这也是因为 CF800H-0.50 表面出现了 MXene 的团聚。综上所述,碳纤维的氧碳比、表面能、粗糙度、表面形貌都影响着复合材料界面的形成与破坏,与复合材料的界面结合性能息息相关。

以 CF800H/AC531、CF800H-0.05/AC531、CF800H-0.10/AC531 和 CF800H-0.20/AC531 三种体系复合材料的界面破坏模式为例,通过 SEM 观察树脂微球剥脱后的碳纤维表面形貌,对界面脱粘的过程进行分析,如图 3.29~图 3.31 所示。

如图 3.29 所示,由 CF800H/AC531 微球剥脱后的断面 SEM 照片可以看出,树脂微球被完整地从纤维上剥离,向下滑落了一段距离;进一步放大观察剥离面,能清晰地看到纤维的沟槽在大部分区域比较光滑,没有基体的残留,但在有些沟槽中能观察到少量点状的基体残留。这表明,碳纤维表面的沟槽提供了与聚合物基体的机械啮合位点,有助于界面结合强度提高。

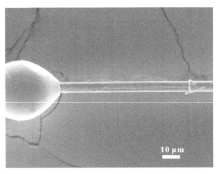

图 3.29　CF800H/AC531 微球剥脱后断面 SEM 照片

图 3.30 所示为 CF800H - 0.05/AC531 微球剥脱后的断面 SEM 照片。与 CF800H/AC531 相比,发生了很多的变化,碳纤维表面出现了更多的树脂基体残留,而且残余基体在纤维表面的分布比较均匀,形成了波浪状的形貌特征。由于 MXene 表面带有—OH 等活性官能团,有助于环氧树脂地充分浸润碳纤维,形成氢键,且进一步提高了和基体之间地机械啮合,在碳纤维和树脂基体之间发挥了良好的桥接作用。在微脱粘试验中剥脱树脂微球时,裂纹受到MXene 纳米片的阻碍,进而发生偏转,改变裂纹在树脂基体中的扩展方向,沿着 MXene 的轮廓残留下片状的基体,而与纤维直接接触树脂基体部分仍呈现出光滑的界面脱粘,没有树脂基体的残留。

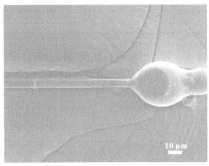

图 3.30　CF800H - 0.05/AC531 微球剥脱后断面 SEM 照片

如图 3.31 所示,CF800H - 0.10/AC531 和 CF800H - 0.20/AC531 微球剥脱处的形貌比较相似,碳纤维表面残留下更多、更厚的树脂基体,在纤维的沟槽中形成"山脉"状基体。这表明树脂微球剥离的路径更为曲折。由于 CF800H - 0.10、CF800H - 0.20 碳纤维表面 MXene 含量更多,增加了碳纤维的比表面积和表面粗糙度;机械啮合作用更强,裂纹扩展时受到更大的阻碍;偏转的次数更多,扩展路径更长,因此在碳纤维表面留下了更多的树脂基体残片。

进一步将碳纤维的表面物理化学特性、与环氧树脂之间的界面剪切强度以及剥脱后的断面进行综合分析,提出了改性和增强的机理。

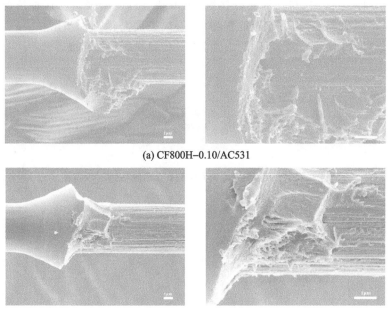

(a) CF800H–0.10/AC531

(b) CF800H–0.20/AC531

图 3.31　CF800H‑0.1/AC531 和 CF800H‑0.20/AC531 微球剥脱后断面 SEM 照片

当碳纤维没有经过表面处理时,表面氧碳比低,缺少活性官能团,且表面粗糙度较小,因此表面能较低(极性分量和色散分量都较小),在与基体复合的过程中,不容易被基体所浸润。树脂基体和碳纤维之间缺乏化学作用和机械啮合,界面结合比较弱,当树脂微球受力,易于产生裂纹,裂纹迅速沿着界面扩展,剥脱面很光滑,几乎没有基体残留,如图 3.32 所示。

在 MXene 纳米片的引入之后,纤维表面的化学状态和物理状态都发生了很大的改变。在化学状态方面,MXene 表面有羟基等活性官能团,MXene 的引入增大了碳纤维的表面能,使得纤维更容易被环氧树脂所浸润,二者的接触会更加充分。另外,MXene 表面的羟基、氟原子和环氧树脂中的环氧基团、羟基之间形成氢键(如图 3.33 所示),进一步提高了纤维和基体的界面结合强度。

图 3.32　未改性碳纤维界面脱粘过程示意图　　**图 3.33　MXene 与环氧树脂间氢键作用**

在物理状态方面,MXene 纳米片在纤维表面的形态对于界面的增强也很关键。如图 3.34 所示,CF800H‑0.05 表面 MXene 纳米片贴附在纤维表面。提高了碳纤维的比表面积和粗糙度,增强了碳纤维与树脂基体之间的机械啮合作用。当裂纹扩展时,MXene 会对其产生阻碍和偏转作用,从界面转移到基体中,基体的内聚破坏比界面脱粘更困难,界面破坏需要吸收更多的能量。

当 MXene 纳米片在纤维表面发生翘曲时,如图 3.35 所示,大大地增加了纤维的比表面积,MXene 能够伸入基体中,与基体充分接触,机械啮合程度增强。在这种情况下,裂纹会更频繁地被 MXene 阻碍和偏转,且偏转的程度大,裂纹扩展路径进一步增长,耗散能量更多,界面破坏后在碳纤维表面形成高低起伏的山地状形貌,剥脱面更加粗糙。

图 3.34　CF800H‐0.05/AC531 界面脱粘过程示意图

图 3.35　CF800H‐0.10/AC531 界面脱粘过程示意图

第4章　热塑性聚合物匹配的碳纤维表面改性

4.1　引　言

与第3章中的热固性复合材料不同,在热塑性复合材料成型过程中基体不发生化学反应,热塑性聚合物有较高的分子量和较大的粘度,流动困难,不易浸渍纤维,制备温度通常较高。常见的高性能热塑性聚合物包括聚苯硫醚(PPS)、聚醚醚酮(PEEK)等。PPS是分子链中含有苯硫基的一类聚合物,其加工温度达 $300 \sim 330$ ℃。PEEK是亚苯基通过醚键和羰基连接而成的一类聚合物,其加工温度高达 $360 \sim 400$ ℃。在进行碳纤维表面改性时,必须考虑对应热塑性复合材料体系的加工温度。

针对热塑性聚合物匹配的碳纤维表面改性,由于热塑性聚合物通常呈化学惰性,加工过程中基体无化学反应,因而表面改性方法主要针对碳纤维表面粗糙度的提升,以增加碳纤维与基体之间的机械啮合作用,从而提升复合材料界面结合性能。由于纳米粒子具有比表面积大的特点,将其引入碳纤维表面可以有效增强复合材料的界面剪切强度。Liu等分别通过范德华力、两性离子相互作用和化学键合力将氧化石墨烯(GO)引入碳纤维表面。这三种方法均增加了碳纤维表面的粗糙度和浸润性,提高了碳纤维与PEEK基体的界面相互作用,其中,通过共价键与碳纤维相连的GO增强效果最明显,ILSS和IFSS分别提高了 22.7% 和 50.6%。Bowman等在上浆剂中加入GO和 Fe_3O_4,通过在上浆过程中施加磁场调整碳纤维表面的形貌,将碳纤维增强聚丙烯复合材料的ILSS最高提升了 32.35%。然而,由于纳米粒子比表面积大,易团聚,因此,如何实现良好的分散对最大限度地发挥它的作用至关重要。Liu等证实了通过在碳纳米管(CNTs)和GO上接枝与上浆剂中聚合物单体结构相似的小分子,可以有效改善纳米粒子的分散性,相比于纯CNTs和GO,改性后能发挥出更好的界面增强能力。

另外,为增强碳纤维表面与热塑性基体的相容性,开发耐高温、与热塑性基体相容的上浆剂体系受到了研究者们的重视。Liu等通过在碳纤维表面涂覆一层薄的聚酞嗪酮醚酮(PPEK)膜来改善其与PPEK基体的相容性和浸润性,为增强体和基体提供密切的分子接触并促进分子间作用力的增加,通过微脱粘测试其IFSS。结果证明,上浆后复合材料的IFSS提高了 21.6%,达到了 51.49 MPa。这也说明采用与聚合物基体化学结构相同的成分上浆,可以改善复合材料的基体浸润性能和界面结合性能。Chen等用聚醚酰亚胺(PEI)与GO制备成复合上浆剂对碳纤维进行上浆,研究不同含量GO上浆剂对CF/PEEK复合材料界面性能的影响。研究发现,该方法简单易行,微脱粘测试界面剪切强度提高了 44%,层间剪切强度提高了 12%。

传统溶液法上浆需使用大量有机溶剂,易污染环境,也对操作者的健康产生损害。为了改善CF与PEEK基体的界面,Giraud等以PEI作为主成分,采用乳液/溶剂蒸发方法,探究了在不同PEI浓度和不同表面活性剂种类及浓度的情况下所制备乳液的稳定性和成膜性,最终优选出 0.5% 的PEI和 0.5% 的十二烷基硫酸钠(SDS)为最佳浓度,并对碳纤维上浆,形成了理想的成膜效果,提升了CF与PEEK基体的界面连接。Yuan等通过在去离子水中直接电离固体聚酰胺酸(PAA)而获得具有纳米尺寸的乳液,对碳纤维进行上浆并大大增加了碳纤维的浸润性,其与聚醚砜(PES)基体的IFSS从 33.6 MPa 增加到 49.7 MPa。在对复合材料湿热处理后,上浆后碳纤维与 PES 的 IFSS 仍然高于原纤维,这是由于上浆层的引入可以吸收部分残余应力,对界面产生积极的影响。Liu 等制备了同样浓度的 PEI 溶液和乳液,分别对碳纤维上浆,证实了乳液上浆剂同样可以达到保护纤维的效果。而 PEEK 与 PEI 的混溶特性、碳纤维表面粗糙度和表面能的提高也使得界面性能的增强。因此,更加环境友好、价格低廉的乳液作为上浆剂有着极大的潜力。本章以 CF300 - 5 及 T700SC 碳纤维为研究对象,采用耐高温聚酰亚胺(PI)、聚醚酰亚胺(PEI)、聚醚酰亚胺/氧化石墨烯(PEI/GO)、聚醚酰亚胺/碳纳米管(PEI/CNTs)及聚醚酰亚胺/沸石咪唑骨架-67(PEI/ZIF - 67)等上浆剂,对碳纤维表面进行上浆改性,探究了碳纤维与聚醚醚酮树脂的界面结合性能。本章所用仪器设备型号及生产厂家如表 4.1 所列。

表 4.1 实验所用仪器及生产厂家

实验仪器	设备型号	生产厂家
扫描电子显微镜	JSM 6010	日本电子株式会社
原子力显微镜	ICON	美国 Bruker 公司
X 射线光电子能谱	ESCALab220i - XL	美国 ThermoFisher 公司
力学试验机	Instron 5967	美国 Instron 公司
微脱粘测试设备	CMIC - 8	自制
傅里叶变换红外光谱仪	Nicolet 6700	美国 ThermoFisher 公司
表面界面张力仪	DCAT21	德国 DataPhysics 公司

4.2 碳纤维表面的 PI 上浆改性

本节采用自合成的耐高温聚酰亚胺(PI)作为上浆剂,用于 CF300 - 5 碳纤维的表面改性,对比研究了 PI 改性前后 PEEK 树脂在碳纤维表面的界面结晶行为。聚酰胺酸预聚物的合成和碳纤维的上浆过程如图 4.1 所示。其中 PMDA 和 ODA 为溶质,NMP 为溶剂,溶液在室温

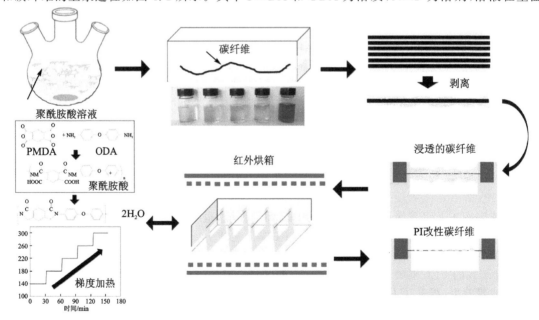

图 4.1 PI 改性碳纤维的制备原理图

下持续搅拌 12 h,5 种聚酰胺酸溶液中固含量分别为 0.1%、1%、2%、5% 和 10%。未上浆的碳纤维在制备好的聚酰胺酸溶液中浸泡 5 min,用聚酰胺酸溶液覆盖后,将每根纤维从牵引中剥离出来,绑在凹形铁片两端,放入红外烘箱中,在一定的温度梯度下加热到 300 ℃ 进行亚胺化,最后将所有样品冷却至室温。根据聚酰胺酸溶液中固含量的不同,将上浆后的碳纤维分别命名为 CF+0.1PI、CF+1PI、CF+2PI、CF+5PI、CF+10PI,未上浆的 CF 被命名为纯 CF。

4.2.1 PI 上浆剂的物化特性分析

采用 FTIR 对合成的 PI 进行研究,结果如图 4.2 所示,在 1 785 cm^{-1}(C═O 不对称伸缩振动)、1 726 cm^{-1}(C═O 对称伸缩振动)、1 628 和 1 367 cm^{-1}(C—N 伸缩振动)、1 485 cm^{-1}(芳香族 C—C 伸缩振动)处存在 PI 的特征官能团,表明由 PMDA 和 ODA 成功合成了 PI。

进一步对合成的 PI 进行 TG 测试,结果如图 4.3 所示,合成 PI 的 TG 曲线显示该聚合物具有良好的高温稳定性,样品在 500 ℃ 以上开始失重。

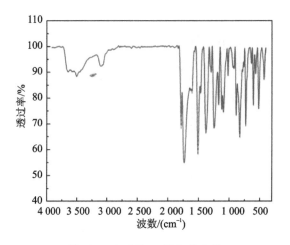

图 4.2 合成的 PI 的红外光谱

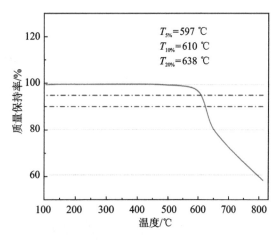

图 4.3 合成的 PI 热重曲线(空气气氛)

4.2.2 碳纤维表面微观形貌分析

考虑到上浆后 PI 在碳纤维表面的分布可能会对研究 PEEK 结晶造成影响。采用 SEM 和 AFM 对不同上浆的碳纤维表面形貌进行观察,上浆后碳纤维表面的 SEM 和 AFM 图像分别如图 4.4 和图 4.5 所示。EDS 测试结果如表 4.2 所列。

表 4.2 不同位置的碳纤维表面的元素含量

位 置	PI	A	B	C	D
C 元素含量/%	70.22	96.18	91.52	83.46	82.97
O 元素含量/%	29.78	3.82	8.48	16.54	17.03

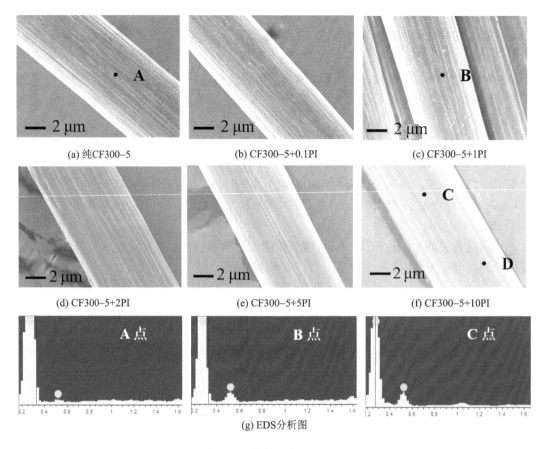

(a) 纯CF300-5   (b) CF300-5+0.1PI   (c) CF300-5+1PI

(d) CF300-5+2PI   (e) CF300-5+5PI   (f) CF300-5+10PI

(g) EDS分析图

图 4.4   不同位置的碳纤维表面的 SEM 照片和 EDS 分析图

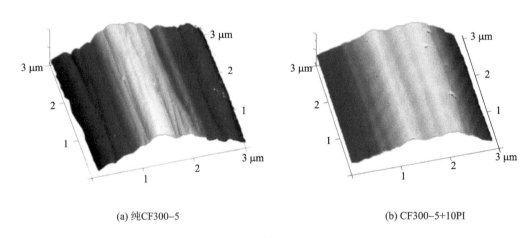

(a) 纯CF300-5   (b) CF300-5+10PI

图 4.5   PI 上浆前后碳纤维表面的 AFM 图像

PI 上浆剂涂覆碳纤维表面后,纯 CF300-5 的表面观察到纵向沟槽状微结构,随着 PI 上浆剂质量分数的增加,碳纤维表面出现越来越多的颗粒状斑点。最后,相比于纯 CF300-5,CF300-5+10PI 表面上的大多数沟槽都被 PI 上浆剂填充,表面更光滑,沟槽较少,沟槽间距较大。这表明,PI 上浆剂的过量加入改变了碳纤维的表面形貌,覆盖了许多沟槽微结构。

进一步采用能谱分析方法研究了纯 CF300-5、CF300-5+0.1PI 和 CF300-5+10PI 表面不同区域的成分。纯碳纤维（点 A）的 C/O 值约为 96∶4，而 PI 改性碳纤维表面的碳氧比明显降低。B 点的比例高于其他两点，即固含量越高，碳纤维表面的 PI 上浆剂越多。相同纤维上的区域（C 点和 D 点）具有相似的比率，表明 PI 上浆剂均匀地覆盖了碳纤维表面，并且在其他 PI 改性的样品中也观察到相似的结果。SEM、AFM 和能谱分析结果证明，碳纤维表面经过上浆处理后，PI 均匀地包覆在碳纤维表面，碳纤维与基体之间形成了一层薄薄的浆膜，PI 改性碳纤维的成核能力不如纯碳纤维。经过上浆处理后，碳纤维表面被 PI 上浆剂覆盖，这阻碍了聚醚醚酮与碳纤维表面的直接接触，从而减少了碳纤维上潜在的成核位置和晶体有序度，阻碍了界面处横晶的形成。冷却过程中（冷却速度为 10 ℃/min）280 ℃下的单纤维聚合物复合材料，其偏光显微镜下图像如图 4.6 所示。

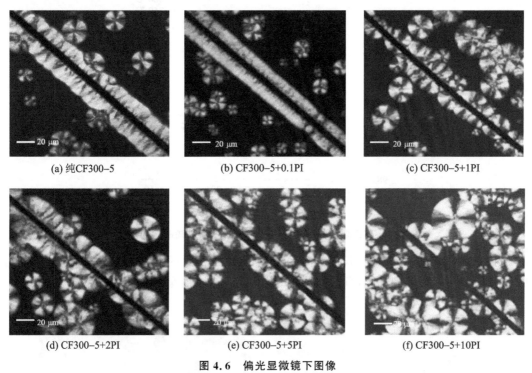

(a) 纯CF300-5　　(b) CF300-5+0.1PI　　(c) CF300-5+1PI

(d) CF300-5+2PI　　(e) CF300-5+5PI　　(f) CF300-5+10PI

图 4.6　偏光显微镜下图像

4.3　碳纤维表面的 PEI 上浆改性

考虑到传统的上浆剂不适用于加工温度较高的连续碳纤维增强热塑性复合材料，为进一步丰富匹配热塑性树脂的碳纤维表面改性方法，本节选用聚醚酰亚胺 ultem 1010 作为碳纤维的上浆剂，对其上浆量和上浆剂类型（溶液型和乳液型）进行系统研究，并对 T700SC 碳纤维增强 090 聚醚醚酮基（CF/090）复合材料的表面性能和界面强度进行了一系列表征。研究表明，上浆后 CF/PEEK 界面剪切强度和力学性能均有所提高，证明上浆后 CF/PEEK 界面结合作用的增强，PEEK 与 PEI 的相容性、CF 表面粗糙度和表面能的提高可能是界面力学性能增强的关键。乳液型上浆剂处理的 CF/PEEK 复合材料具有良好的力学性能，具有取代溶液型上浆剂的潜力，以期为热塑性聚合物复合材料界面结合性能提升提供理论和方法参考。

由于商业上浆剂的耐热性一般低于 300 ℃，无法满足 CF/PEEK 复合材料的制造条件，因此，为使用 PEI 改性上浆剂对碳纤维进行上浆，可采用高温热处理或索氏提取法去除 CF 表面的商业上浆剂。

4.3.1 碳纤维的去浆及 PEI 上浆剂的合成

将碳纤维样品在不同温度条件下进行不同时间的热处理以去浆，每种条件下的质量损失情况如图 4.7 所示。另外，采用索氏提取法，用丙酮在 70 ℃下处理 24 h，获得去浆碳纤维的质量损失率为 1.14%（见图 4.7 中所示的紫色虚线）。

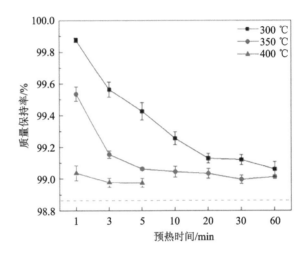

图 4.7 不同温度热处理后碳纤维的质量损失随时间的变化

采用 SEM 对 300 ℃加热不同时间去浆的碳纤维表面的微观结构进行观察，结果如图 4.8 所示。可以观察到，随着预热时间的延长，碳纤维表面呈现出更多沿纤维轴的浅槽结

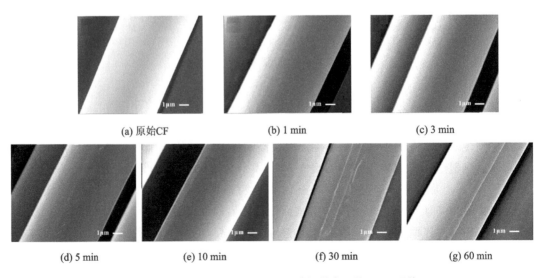

图 4.8 300 ℃不同热处理时间下碳纤维表面的 SEM 照片

构,取代了光滑表面。此外,在碳纤维表面还可看到上浆剂的降解痕迹。从 17 种热处理条件中选择了 350 ℃ - 30 min 和 400 ℃ - 5 min 的组合,对应较长时间的低温和较短时间的较高温度。以索氏提取法质量损失率为基准,两种热处理条件下的去浆率分别为 88.2% 和 90.1%,满足后续实验的要求。

为了明确热处理工艺对碳纤维本体力学性能的影响,对不同处理条件下碳纤维进行单丝拉伸测试,结果如表 4.3 所列。在选定的预热处理工艺下,碳纤维的力学性能没有发生明显的劣化。综上所述,本研究综合考虑去除上浆剂的效果、可行性和成本,选择了 350 ℃ - 30 min 的热处理条件进行去浆。

表 4.3　不同处理条件下碳纤维的单丝拉伸强度

热处理条件	单丝拉伸强度/GPa
未处理 CF	4.2
350 ℃ - 30 min	4.1
400 ℃ - 5 min	4.2

随后进行 PEI 上浆剂的制备,将 PEI 溶于 N -甲基吡咯烷酮(NMP)中,得到一系列浓度分别为 0.001 g/mL、0.005 g/mL、0.010 g/mL 和 0.025 g/mL 的溶液。另外,将 PEI 溶解在二氯甲烷中,在去离子水中加入适量表面活性剂和消泡剂。边搅拌边将 PEI 溶液逐滴加入水中,滴加时间为 30 min,超声分散后放置 12 h,得到固含量为 1% 的乳液体系,其平均微滴粒径为 396 nm,并能保持 12 h 内无明显沉降,证实该上浆剂在碳纤维生产工艺中的应用具有可行性。图 4.9 所示为乳液型 PEI 上浆剂。

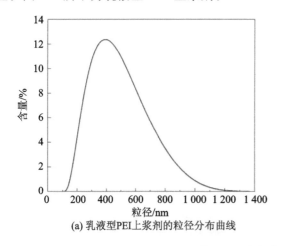
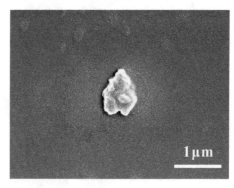

(a) 乳液型PEI上浆剂的粒径分布曲线　　　　(b) PEI颗粒的形态

图 4.9　乳液型 PEI 上浆剂

根据 PEI 上浆剂的浓度不同,将上浆后的碳纤维样品分别编号,如表 4.4 所列。

表 4.4　上浆碳纤维样品编号

样品编号	上浆剂类型	浓度或固含量
T700SC - S0	—	0
T700SC - S1	溶液型	0.001 g/mL

续表 4.4

样品编号	上浆剂类型	浓度或固含量
T700SC – S2	溶液型	0.005 g/mL
T700SC – S3	溶液型	0.010 g/mL
T700SC – S4	溶液型	0.025 g/mL
T700SC – S5	乳液型	1%

4.3.2　碳纤维表面微观形貌分析

采用 SEM 对碳纤维的表面进行观察,结果如图 4.10 所示。去浆碳纤维表面略光滑,有一些浅凹槽。对于 T700SC – S1 和 T700SC – S2,PEI 上浆在碳纤维表面涂上一层薄膜。PEI 具有很好的成膜能力,随着 PEI 浓度的增加,碳纤维表面的膜厚增加、沟槽减少。因此,图 4.10(b)、(c)中的碳纤维表面变得更加平坦、光滑。经 PEI(0.010 g/mL)上浆处理后,T700SC – S3 表面变得粗糙,说明 T700SC – S3 表面仍存在一些凸起(PEI)。而 T700SC – S4 为最高 PEI 浓度(0.025 g/mL)时,表面依旧光滑,这一现象将在 AFM 图像中进行讨论。在图 4.10(f)中可以观察到上浆不均匀的情况,这是因为乳液型上浆剂的颗粒大小存在明显的差异,这导致了 PEI 膜在碳纤维表面的分布不均匀。

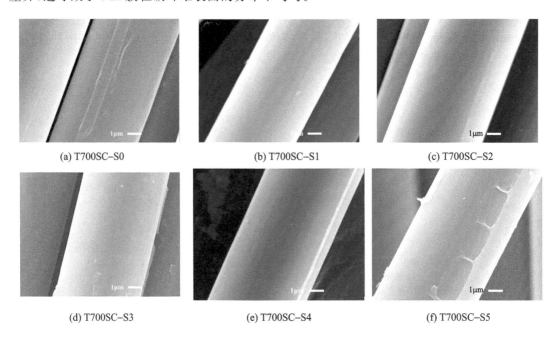

(a) T700SC–S0　　　(b) T700SC–S1　　　(c) T700SC–S2

(d) T700SC–S3　　　(e) T700SC–S4　　　(f) T700SC–S5

图 4.10　不同浓度 PEI 上浆后碳纤维表面的 SEM 照片

为进一步分析上浆处理的效果,采用 AFM 对不同浓度 PEI 上浆剂上浆后的碳纤维表面形貌进行观察,结果如图 4.11 所示。图 4.11(a)中,在去浆后碳纤维表面可观察到纵向浅槽结构。相比于 T700SC – S0,碳纤维上浆后,却很难找到浅沟槽,这是因为上浆碳纤维的沟槽已被 PEI 填满;PEI 上浆后,可以观察到一些不连续的颗粒凸起结构,这些凸起随着上浆剂浓度的提高而增加。在图 4.11（d）中出现了不连续的块状凸起结构。随着 PEI 浓度的增加（0.025 g/mL），PEI 上浆可以覆盖整个碳纤维表面，在图 4.11（e）中可以观察到连续的大凸起，这与图 4.11（e）中的现象一致。在 PEI 膜形成过程中，这种严重的团聚可能会导致上浆碳纤维和复合材料的其他性能发生变化。在图 4.11（f）中，由于乳液的微滴尺寸存在分散性，既可以观察到颗粒状凸起结构，也可以观察到块状凸起结构。结果表明，AFM 和 SEM 结果吻合较好。

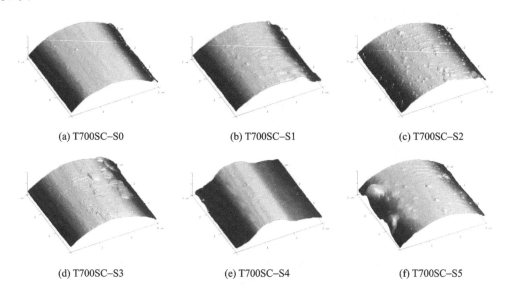

(a) T700SC–S0   (b) T700SC–S1   (c) T700SC–S2

(d) T700SC–S3   (e) T700SC–S4   (f) T700SC–S5

图 4.11 不同浓度 PEI 上浆后碳纤维表面的 AFM 图像

从 AFM 结果可以得出，碳纤维的表面粗糙度受上浆剂浓度和条件的影响。PEI 上浆前后碳纤维表面粗糙度结果如图 4.12 所示。T700SC – S1 和 T700SC – S2 的表面粗糙度值较 T700SC – S0（未上浆）略有下降。这一现象与 SEM 和 AFM 的结果一致，表明去浆碳纤维上的纵向浅凹槽被上浆剂填充，导致碳纤维上的纵向条纹结构变得不清晰。粗糙度结果还表明，碳纤维表面粗糙度随着上浆剂（T700SC – S3、T700SC – S4 和 T700SC – S5）中聚合物含量的增加而增加。原因可以归结为 PEI 聚合物部分聚集在碳纤维表面，如 SEM 和 AFM 图像所示。

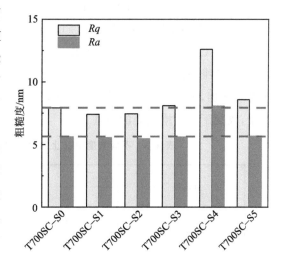

图 4.12 T700SC 在 PEI 上浆前后的表面粗糙度

由于表面粗糙度的提高，碳纤维表面积的增加可能提供了 PEI 上浆碳纤维和基体之间的界面结合的改善，因为在上浆过程中，碳纤维和基体之间形成了更多的接触点。

4.3.3 碳纤维表面化学特性分析

对不同浓度 PEI 上浆前后的碳纤维进行 FTIR 光谱分析,如图 4.13 所示。结果表明,上浆后的碳纤维具有 PEI 的特征官能团。对于 T700SC–S3 和 T700SC–S5 来说,出现在 $1\,714\,cm^{-1}$ 和 $1\,370\,cm^{-1}$ 处的峰归因于 C—N 和 C=O 的拉伸振动,这些峰对 T700SC–S0 而言是明显不存在的。FTIR 光谱分析结果表明,溶液型上浆剂和乳液型上浆剂均达到了将 PEI 引入碳纤维表面的目的。

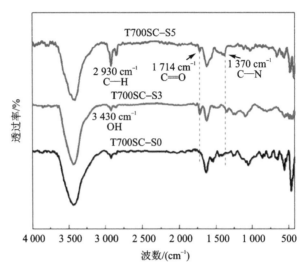

图 4.13 不同浓度 PEI 上浆前后碳纤维的 FTIR 光谱

采用 XPS 分析来表征不同 PEI 上浆剂量改性碳纤维表面化学成分的差异,不同 PEI 浓度上浆后碳纤维表面全谱峰如图 4.14(a)所示,分峰拟合的 C 1s 高分辨光谱结果和结合能值见图 4.14(b)~(g)和表 4.5。分峰结果表明,有三种不同的碳原子(官能团)。与未上浆纤维相比,上浆碳纤维中惰性碳原子的含量明显较少,—C—O(或—C—N)基团和—C=O 基团的百分比有所增加,推测这些活性碳原子来自 PEI 上浆剂的涂层。由此可见,上浆提高了活性碳的含量,改变了碳纤维表面的极性。

表 4.5 不同浓度 PEI 上浆后碳纤维表面 XPS 的 C 1s 分峰结果

样品编号	不同结合能状态的 C 1s 峰含量/%		
	—C—H 或—C—C—	—C—O 或—C—N	—C=O
T700SC–S0	83.58	13.33	3.09
T700SC–S1	76.77	18.64	4.58
T700SC–S2	73.33	18.03	8.64
T700SC–S3	75.07	17.10	7.83
T700SC–S4	74.29	16.72	8.99
T700SC–S5	73.33	17.96	8.71

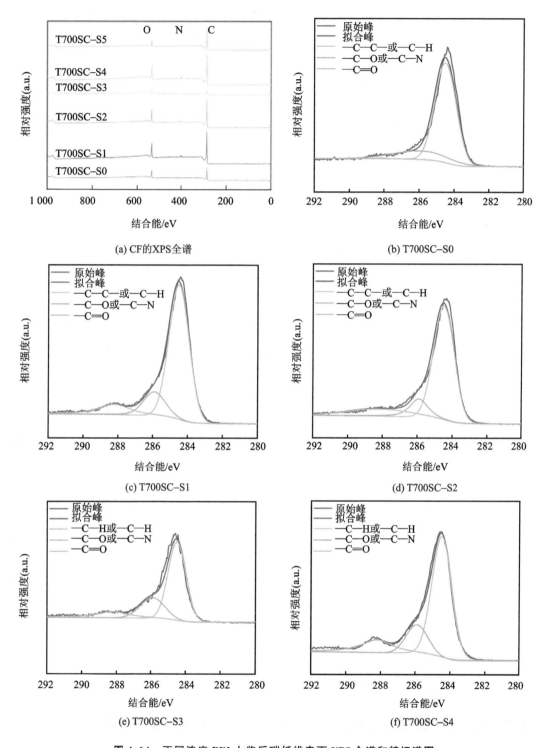

图 4.14　不同浓度 PEI 上浆后碳纤维表面 XPS 全谱和精细谱图

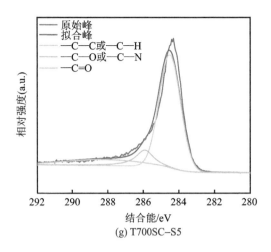

(g) T700SC–S5

图 4.14 不同浓度 PEI 上浆后碳纤维表面 XPS 全谱和精细谱图（续）

4.3.4 碳纤维表面浸润性分析

碳纤维增强聚合物基复合材料的性能与碳纤维表面的浸润性有关，为了反映碳纤维的浸润性，采用表面界面张力仪研究了碳纤维样品的接触角和表面能（γ_s），表面能包括极性组分（γ_s^p）和色散组分（γ_s^p）。接触角和表面能计算结果如表 4.6 所列。总体而言，随着 PEI 上浆剂（T700SC–S0，…，T700SC–S4）浓度的增加，接触角总体呈减小趋势，表面能总体呈增大趋势。对于采用乳液型上浆剂上浆的 T700SC–S5，由于 PEI 含量相近，其接触角和表面能与 T700SC–S3 的数据相似。结果表明，PEI 上浆提高了碳纤维的表面能。这对 CF/PEEK 复合材料的界面结合具有积极的影响。

表 4.6 接触角和表面能的结果

样品编号	与去离子水的接触角/(°)	与乙二醇的接触角/(°)	$\gamma_s/(\mathrm{mJ \cdot m^{-2}})$	$\gamma_s^p/(\mathrm{mJ \cdot m^{-2}})$	$\gamma_s^d/(\mathrm{mJ \cdot m^{-2}})$
T700SC–S0	76.43	67.80	28.43	23.52	4.91
T700SC–S1	74.82	65.81	29.65	24.44	5.21
T700SC–S2	73.50	64.91	30.89	25.94	4.95
T700SC–S3	70.40	61.30	33.44	28.13	5.31
T700SC–S4	69.91	59.22	33.39	26.96	6.43
T700SC–S5	71.16	62.42	31.71	25.00	6.71

4.3.5 碳纤维增强聚醚醚酮基复合材料界面性能与增强机理研究

对不同浓度 PEI 上浆后碳纤维与 090 聚醚醚酮的界面剪切强度（IFSS）进行测试，结果如图 4.15 所示。测试结果表明，PEI 上浆后 T700SC–S1，…，T700SC–S5 的 IFSS 值大于未上浆的 T700SC–S0，说明 PEI 上浆表面改性后 CF/PEEK 的界面相互作用更强。此外，随着

PEI 上浆量的增加，IFSS 值呈增大趋势。碳纤维与090聚醚醚酮的 IFSS 值从未处理的 55.1 MPa 增加到 PEI 上浆后的 64.5 MPa，增幅为 17.1%。

图 4.16 所示是微脱粘试验后碳纤维表面的断裂形貌 SEM 照片。对于未上浆的碳纤维 T700SC - S0，微脱粘测试后碳纤维表面非常光滑，碳纤维与树脂完全脱粘，说明界面结合强度较弱，容易破坏。碳纤维上浆后，可以观察到其上存在树脂碎片（见图 4.16(b)～(f)中的红色圆圈），导致树脂断口面更加粗糙，证

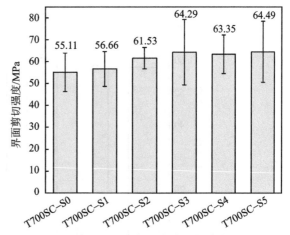

图 4.15　不同浓度 PEI 上浆后复合材料的微脱粘试验结果

明上浆后界面结合性能得到了提高，这与 IFSS 测试结果一致。

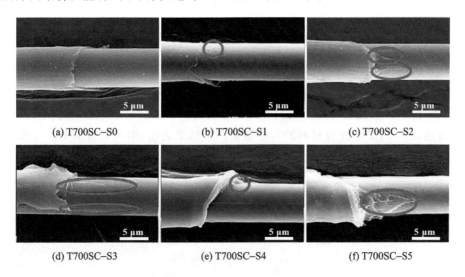

(a) T700SC-S0　　　(b) T700SC-S1　　　(c) T700SC-S2

(d) T700SC-S3　　　(e) T700SC-S4　　　(f) T700SC-S5

图 4.16　微脱粘试验后碳纤维表面断裂的 SEM 照片

为了反映 PEI 上浆对 CF/PEEK 复合材料的实际效果，进一步研究了复合材料宏观界面的结合性能，短梁剪切测试结果如图 4.17 所示。T700SC - S0 的强度为 58.24 MPa，当上浆量为 0.010 g/mL 时，T700SC - S3 的强度提高了 16.1%，达到 67.61 MPa。但是，与 T700SC - S3 的结果相比，当 PEI 上浆量为 0.025 g/mL 时，T700SC - S4 的测试值明显降低。图 4.18 所示测试后的断口 SEM 照片，可以解释这一现象。

从图 4.18 (a)中不难看出，CF/PEEK 复合材料试样破坏后，CF 表面只附着了少量的树脂碎片，断口形貌证实了未上浆的 T700SC - S0 和 PEEK 之间的界面粘附性较差。而在图 4.18(b)～(d)中，碳纤维表面残留了大量的 PEEK 树脂，并且随着 PEI 上浆浓度的增加（T700SC - S1、T700SC - S2、T700SC - S3），断口区域整体趋于粗糙。从图 4.18 (f)中可以看出，断口形貌较为相似，说明乳液型上浆剂对增强 CF/PEEK 复合材料的界面结合性能与溶液

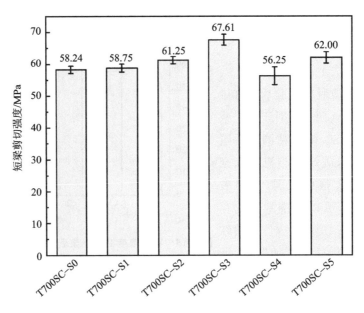

图 4.17　不同浓度 PEI 上浆后复合材料的短梁剪切测试结果

型上浆剂具有类似的效果。而在图 4.18(e)中,断裂面形貌光滑,碳纤维表面均匀分布着一层聚合物,只有少量的树脂碎片。从这一观察到的现象可以推断出,较高的上浆剂质量分数(本研究为 0.025 g/mL)可能会导致复合材料界面结合的降低,这与图 4.17 所示的结果很好地吻合。综上所述,CF/PEEK 复合材料的短梁剪切测试结果表明,引入适量的 PEI 上浆剂作为界面层后,复合材料的层间性能得到了改善。

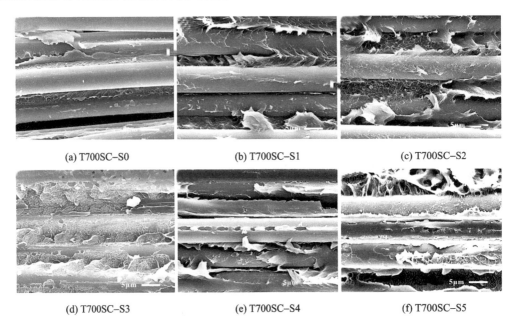

(a) T700SC–S0　　　　(b) T700SC–S1　　　　(c) T700SC–S2

(d) T700SC–S3　　　　(e) T700SC–S4　　　　(f) T700SC–S5

图 4.18　短梁剪切测试后断口的 SEM 照片

另外,为评价复合材料层合板在复杂应力状态(弯曲应力和剪切应力)下的力学性能,对 CF/PEEK 复合材料的抗弯性能进行了研究,测试结果如图 4.19 所示。部分改性碳纤维(T700SC - S1、T700SC - S2、T700SC - S3 和 T700SC - S5)增强 PEEK 复合材料的抗弯强度值较未改性 T700SC - S0 增强 PEEK 复合材料的抗弯强度值呈上升趋势。结果表明,PEI 上浆剂在 CF 上起到了提高 CF 与 PEEK 界面强度的作用,其机理可能是上浆过程中在 CF 与树脂基体之间插入了一层过渡层,提高了应力传递效率。T700SC - S4 的抗弯强度略有降低,可以理解为与短梁剪切测试结果中出现了类似的情况。

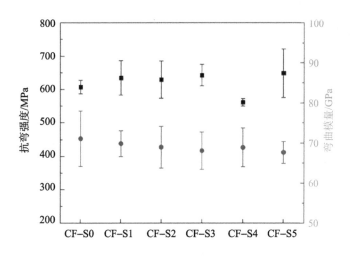

图 4.19　CF/PEEK 复合材料的抗弯测试结果

改性 CF/PEEK 的界面增强机理如图 4.20 所示。PEI 上浆后碳纤维表面粗糙度和表面能值明显增加,为碳纤维与基体形成机械啮合以及活化碳纤维表面提供了有利条件。此外,PEI 和 PEEK 具有混溶特征。在加工过程中,基体聚合物的分子链可以扩散到上浆剂层中,

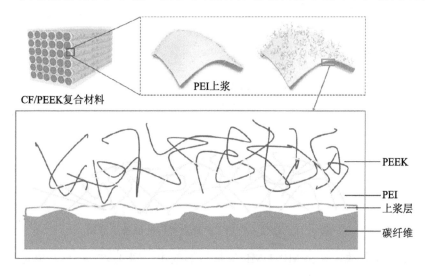

图 4.20　改性 CF/PEEK 的界面增强机理

且容易相互纠缠,有利于碳纤维和 PEEK 之间的应力传递,使应力均匀分布。综上所述,PEEK 与 PEI 的混溶特性、CF 表面粗糙度和表面能的提高可一定程度改善 CF/PEEK 复合材料的界面性能,且发现乳液型上浆剂具有取代溶液型上浆剂的潜力。

4.4　碳纤维表面的 PEI/GO 上浆改性

为改善碳纤维与聚醚醚酮(PEEK)基体的界面结合,本节通过在 T700SC 碳纤维表面引入聚醚酰亚胺(PEI)和氧化石墨烯(GO)复合上浆剂,提出了一种提高 CF/PEEK 复合材料界面结合性能的有效方法。

4.4.1　PEI/GO 上浆剂的合成

将 PEI 颗粒溶解在 NMP 中,80 ℃搅拌数小时,冷却后得到均相溶液(0.01 g/mL)。将 GO 分散在 PEI 溶液,质量分数分别为 0、1%、2.5%、5%、7.5%、10% 和 15%,分别命名为 PEI+GO0、PEI+GO1、PEI+GO2.5、PEI+GO5、PEI+GO7.5、PEI+GO10 和 PEI+GO15,上浆剂在纤维上浆中质量分数保持恒定在 1% 左右,GO 的质量分数变化范围为 0～15%。

上浆时,将碳纤维以较低的牵引速度通过 PEI/GO 混合上浆剂,在 300 ℃的红外加热器中干燥,随后牵引经过 PEEK 悬浮液(PEEK、Triton X-100 和去离子水的充分分散的混合物)。将被 PEEK 粉末包裹的碳纤维放入烘箱中去除残留溶剂,加压固结得到 CF/PEEK 预浸料。将预浸料切割成设计尺寸后,通过热压成型制备浸渍良好的复合材料。复合材料层合板的最终纤维体积分数为 50%～53%,具体制备过程如图 4.21 所示。

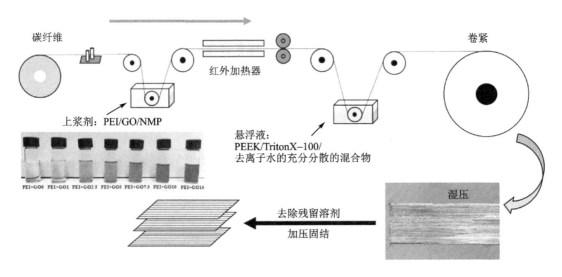

图 4.21　改性 CF/PEEK 复合材料的制备示意图

氧化石墨烯易分散在水、NMP、DMF 等极性溶剂中。图 4.22(a)左上角是氧化石墨烯的代表性 AFM 图像,结果表明其厚度为 1～1.5 nm,粒径为 0.5～3 μm,实际的样品制备过程中氧化石墨烯薄片可能堆叠。图 4.22(b)所示为 GO 的红外光谱,证明了 C—O(1 073 cm^{-1})、

O—C—O(1 231 cm^{-1} 和 806 cm^{-1})、羰基 C=O（1 628 cm^{-1}）和羧基 C=O（1 720 cm^{-1}）、O—H(3 419 cm^{-1})的存在,3 700～2 000 cm^{-1} 可以观察到 GO 存在的特征峰。

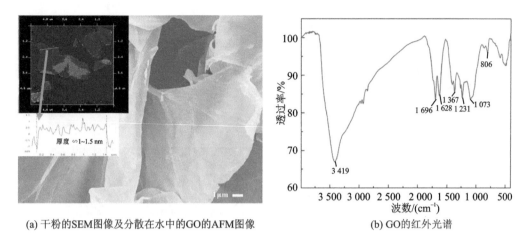

(a) 干粉的SEM图像及分散在水中的GO的AFM图像　　　　(b) GO的红外光谱

图 4.22　GO 薄片的形貌和红外光谱

对于上浆来说,涂层和薄膜的形成是非常重要的。为了进一步研究 PEI/GO 上浆剂成膜的质量,采用 SEM 观察薄膜的表面形貌,结果如图 4.23 所示。随着 PEI 中 GO 含量的增加,表面呈现出越来越多的褶皱和凸起。GO 的加入会改变薄膜的表面形貌,从而影响碳纤维上浆后的界面微观结构。但是从图 4.23(e)中可以看出,GO 过量会使上浆膜产生团聚现象。

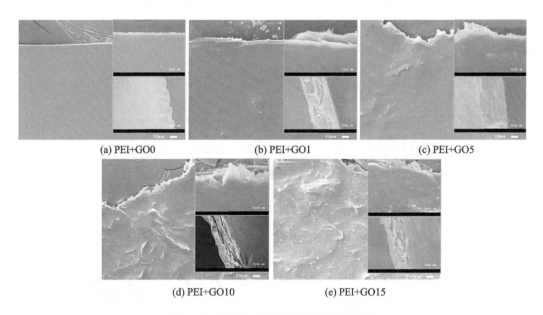

(a) PEI+GO0　　　　　(b) PEI+GO1　　　　　(c) PEI+GO5

(d) PEI+GO10　　　　　(e) PEI+GO15

图 4.23　用 SEM 观察上浆膜的表面形貌

采用能谱仪(EDS)分析研究不同区域的组成,结果如图 4.24 所示。PEI 的碳原子和氧原子的比例按质量比理论上是 83∶17。平坦区域(A、B)碳氧原子比相近,接近 PEI 的理论比值。

而凝聚区 C 和凸起区 D 的低碳氧原子比较高,说明这两个区域引入的氧化石墨烯较多。SEM 和 EDS 结果表明,高含量的 GO(PEI 中 15%)会产生团聚,从而影响 CF/PEEK 复合材料上浆后的界面性能。

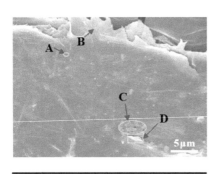 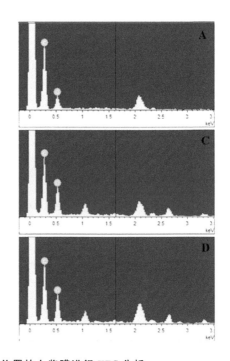

材 料	C/O的质量比
PEI	83:17(理论值)
A	72:28
B	75:25
C	57:43
D	56:44

图 4.24 对 PEI＋GO15 不同位置的上浆膜进行 EDS 分析

　　为满足 CF/PEEK 复合材料或其他高温热塑性复合材料的应用需求,对 PEI 和 GO 复合膜的热稳定性进行 TG 测试,如图 4.25 所示。结果表明,它们的 5% 失重温度超过 500 ℃,远高于 PEEK 的加工温度,满足使用需求。

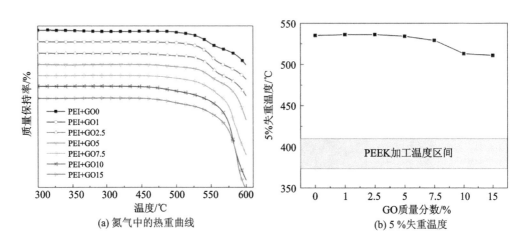

图 4.25 PEI/GO 复合膜的热稳定性分析

4.4.2　碳纤维表面物理形貌分析

采用扫描电子显微镜（SEM）和原子力显微镜（AFM）观察用不同含量 PEI/GO 上浆剂上浆后的碳纤维，结果如图 4.26 所示。与未上浆的裸纤维相比，上浆后碳纤维可观察到上浆层均匀地涂覆在纤维上，且出现更多的褶皱和凸起。从 SEM 图像中可以看出，上浆层的厚度大概为 $0.1\sim0.2~\mu m$。此外，通过 AFM 图像可以看出，上浆处理后，碳纤维表面发生了一些显著的变化。与裸纤维相比，在引入 GO 之后，碳纤维表面可观察到随机分散的 GO 片，一点程度上增加了表面粗糙度。在图 4.26 (c) 中，可以观察到表面上的 GO 片的一些不均匀分布。随着 GO 质量分数从 1% 增加到 10%，GO 片可以均匀地覆盖整个碳纤维表面，如图 4.26 (d) 和 (e) 所示。然而，在图 4.26 (f) 中可以观察到一些大的凸起，这主要是由于在成膜过程中 GO 团聚造成的。

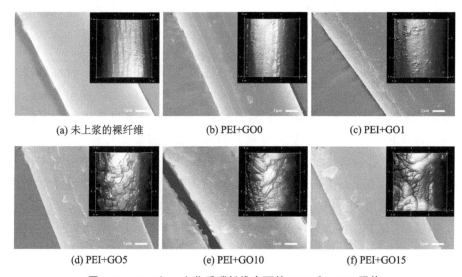

(a) 未上浆的裸纤维　　　　(b) PEI+GO0　　　　(c) PEI+GO1

(d) PEI+GO5　　　　(e) PEI+GO10　　　　(f) PEI+GO15

图 4.26　PEI/GO 上浆后碳纤维表面的 SEM 和 AFM 照片

4.4.3　碳纤维增强聚醚醚酮基复合材料界面性能与增强机理研究

对改性碳纤维与 090 聚醚醚酮基复合材料的界面剪切强度（IFSS）进行测试，结果如图 4.27 所示。可以得出，在 PEI 的作用下，碳纤维周围 GO 的引入有助于 IFSS 的改善。可以看出，IFSS 从裸纤维的 43.4 MPa 提高了 44%，涂有 PEI+GO10 上浆剂的碳纤维具有最高的 IFSS。这表明，PEI/GO 复合上浆剂的应用可增强复合材料的界面结合性能，聚醚醚酮链在高加工温度和压力下会扩散到上浆层中，复杂的界面层可能由 PEI、PEEK 和 GO 组成。当在剪切载荷下诱发裂纹时，强且韧的界面可以阻挡初始裂纹，降低裂纹尖端处的应力强度因子，从而吸收局部集中能量。另一方面，在进行中的方向上增加裂纹扩展的障碍，可以使这些裂纹改变扩展方向，增加能量耗散，因此改善界面匹配性和机械啮合被证明是增加高温热塑性复合材料中界面相互作用和结合的策略。而采用 PEI+GO15 上浆的碳纤维的 IFSS，仅增加约 25.3%，可能是由于过量添加氧化石墨烯导致界面区团聚结块，局部应力集中，增加了裂纹萌生和扩展的机会。

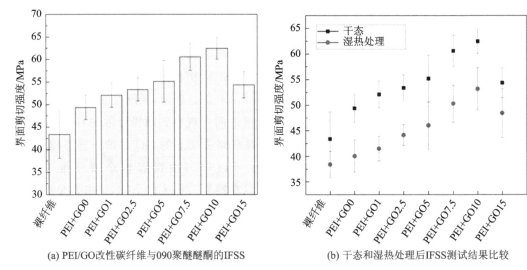

(a) PEI/GO改性碳纤维与090聚醚醚酮的IFSS　　(b) 干态和湿热处理后IFSS测试结果比较

图 4.27　碳纤维处理对 CF/PEEK 的微观界面剪切强度的影响

此外,进一步研究了改性 CF/PEEK 经过湿热处理后的 IFSS,如图 4.27(b)所示。经过湿热处理后,裸纤维的 IFSS 从 43.4 MPa 下降到 38.4 MPa,PEI+GO10 涂层纤维的 IFSS 分别从 62.5 MPa 下降到 53.2 MPa,下降了 $10\%\sim20\%$。由于水分可以作为润滑剂和增塑剂,当水扩散到界面时,CF/PEEK 会发生界面脱粘。但由于氧化石墨烯片材的引入能保持良好的机械联锁,因此复合上浆碳纤维的 IFSS 在湿热处理后仍高于裸纤维或仅涂有 PEI 上浆的碳纤维。由此可以证实,氧化石墨烯的机械联锁作用对碳纤维与 PEEK 的界面有积极影响。

图 4.28 所示是采用 SEM 得到的微脱粘试验后的微观界面处的破坏形貌。从图 4.28(a)可以看出,裸碳纤维与 PEEK 微球的脱粘破坏表面呈光滑形貌,没有残留树脂。在图 4.28(b)

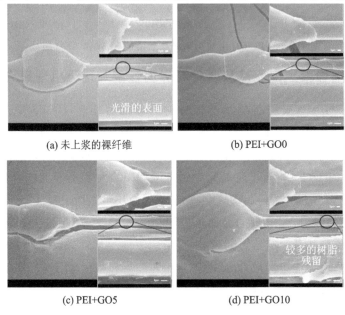

(a) 未上浆的裸纤维　　　　　　　(b) PEI+GO0

(c) PEI+GO5　　　　　　　　(d) PEI+GO10

图 4.28　微脱粘试验后的 SEM 照片

中,只涂有 PEI 上浆剂的碳纤维表面仍保留少量树脂。随着 GO 的引入,碳纤维表面脱粘区域不再光滑,产生许多凸起,残留有较多 PEEK 树脂。从图 4.28(c)和(d)中可以看出,GO 在增加机械啮合和抑制界面处裂纹扩展方面非常有效。总的来说,影响 CF/PEEK 复合材料界面粘结的五个因素大致为 PEEK 与 PEI 的混溶特性、扩散与纠缠(PEEK 与 PEI)、机械啮合(石墨烯与碳纤维、PEI 与碳纤维、PEEK 与碳纤维)、吸附(PEI 与碳纤维、PEEK 与碳纤维)、分子相互作用力(PEI 与碳纤维、PEEK 和碳纤维、PEI 和石墨烯、PEEK 和石墨烯、PEI 和 PEEK)。

　　CF/PEEK 复合材料的 DMA 测试结果如图 4.29 所示。Keusch 等揭示了储能模量与界面结合成正比,tan δ 与界面结合成反比。从图 4.29(a)中可以看出,改性碳纤维复合材料的初始储能模量增大,说明纤维改性后碳纤维与 PEEK 的界面结合改善。不同程度改性 CF/PEEK 复合材料的玻璃化转变温度 T_g(定义为 tan δ 的峰值温度)列于表 4.8 中,可以看出,所有材料体系的玻璃化转变温度相似,变化较小。然而,在玻璃化转变温度以下时,裸纤维/PEEK 复合材料的损耗因子比改性 CF/PEEK 复合材料的损耗因子要高得多,这种差异可以归因于界面的不良粘结。在 T_g 温度点处,tan δ_{max} 下降了 3.1%,从裸纤维/PEEK 复合材料的 4.775 下降到 PEI+GO0 复合材料的 4.628。由于 GO 的引入,tan δ_{max} 值进一步降低到 10%~20%。与未上浆的裸纤维相比,涂覆 PEI+GO0、PEI+GO1、PEI+GO2.5、PEI+GO5、PEI+GO7.5、PEI+GO10 和 PEI+GO15 的 tan δ 归一化面积结果分别下降了 21%、42%、41%、49%、46%、45% 和 36%,这表明引入 PEI 和 GO 复合上浆比只引入 PEI 上浆更有利于改善界面结合。

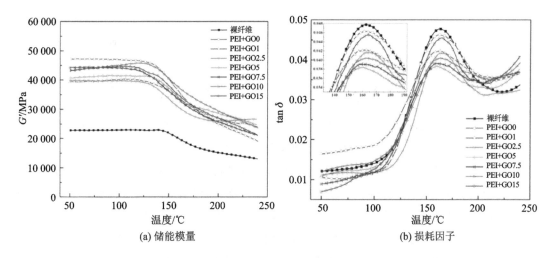

图 4.29　不同碳纤维处理下宏观 CF/PEEK 复合材料的动态力学性能

表 4.8　碳纤维处理对 CF/PEEK 复合材料阻尼特性的详细分析

材 料	T_g/ ℃	tan $\delta_{max}\times10^2$	tan δ 归一化面积
裸纤维	161	4.775	100
PEI+GO0	161	4.628	79
PEI+GO1	163	4.223	58

续表 4.8

材　料	T_g/℃	$\tan\delta_{\max}\times 10^2$	$\tan\delta$ 归一化面积
PEI+GO2.5	164	4.164	59
PEI+GO5	160	3.845	51
PEI+GO7.5	160	3.911	54
PEI+GO10	163	4.044	55
PEI+GO15	164	4.550	64

进一步采用短梁剪切测试评价 CF/PEEK 复合材料的短梁剪切强度(ILSS),测试结果如图 4.30 所示。CF/PEEK 复合材料的 ILSS 从未上浆的裸纤维的 92.5 MPa 增加到 PEI+GO7.5 上浆碳纤维的 103.5 MPa,增加了 12%。与仅采用 PEI 上浆的碳纤维相比,引入 GO 对 ILSS 的贡献更大。碳纤维表面 GO 均匀分散可以大大增加界面结合,但 GO 纳米片的过量引入则会影响界面应力的转移,从实验结果看,PEI 中 GO 的适宜添加量为 5%～10%。

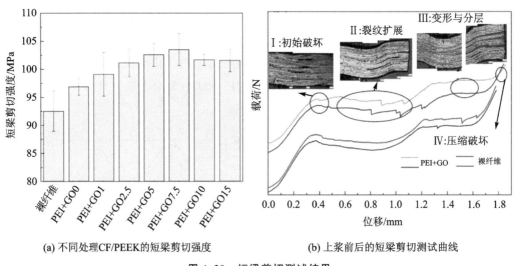

(a) 不同处理CF/PEEK的短梁剪切强度　　　(b) 上浆前后的短梁剪切测试曲线

图 4.30　短梁剪切测试结果

图 4.30(b)中典型的短梁剪切试验曲线揭示了与热固性复合材料不同的损伤机理。图中未发生复合材料试验件的突然断裂,说明 PEEK 韧性优异,没有发生灾难性破坏。此外,CF/PEEK 复合材料在 ILSS 试验中可以看出四个典型的失效阶段。第一阶段,随着载荷的增加而产生初始破坏;第二阶段,裂纹的数量进一步增加,并沿界面扩展,第一阶段和第二阶段的最大应力定义为 ILSS;第三阶段,由于明显的变形和分层,不再显示层间或界面破坏;第四阶段,试件在压力下被进一步压缩直至破碎。由于在碳纤维表面引入 PEI 和 GO 复合上浆,有时在高于初始失效载荷的情况下,可以观察到第二阶段的波动曲线。而对于未上浆的裸纤维,其 ILSS 曲线在第二阶段呈现光滑状态,负载较低。这意味着在裂纹萌生扩展过程中,PEI 和 GO 复合上浆层能够有效地增加界面结合,并对裂纹扩展起到屏障作用,从而增加断裂时吸收的能量,导致载荷-位移曲线波动。

为研究改性 CF/PEEK 复合材料的力学机理,采用 SEM 对短梁剪切试样的断口形貌进行观察,如图 4.31 所示。在图 4.31(a)中,由于粘结不良,可以观察到碳纤维的一些光滑表面,仅有部分 PEEK 树脂残留在纤维上,这表明了界面处的粘结明显较弱。在图 4.31(b)中,在碳纤维上引入 PEI 上浆后,可以看到断裂后碳纤维表面附着更多的树脂,但仍然表现出弱的界面结合。引入了少量的 GO 薄片后,图 4.31(c)与(b)相差不大,说明在 PEI 中添加更多的 GO 进行上浆是必要的。图 4.31(c)和(d)中可以明显观察到不同的界面微观形貌,由于 PEEK 链可以在较高的加工温度和压力下扩散到上浆剂层,界面层主要由 PEI、PEEK 和 GO 组成。当在剪切荷载作用下诱发裂纹时,这些刚韧结构可以阻断初始裂纹,降低裂纹尖端的应力强度因子,吸收局部的能量集中,增加裂纹在进行方向上扩展的势垒,改变这些裂纹的扩展方向,增加能量耗散,因此可以看到锯齿状的粗糙形貌。图 4.32 进一步说明了纤维与 PEEK 基体之间的界面相互作用和裂纹扩展。

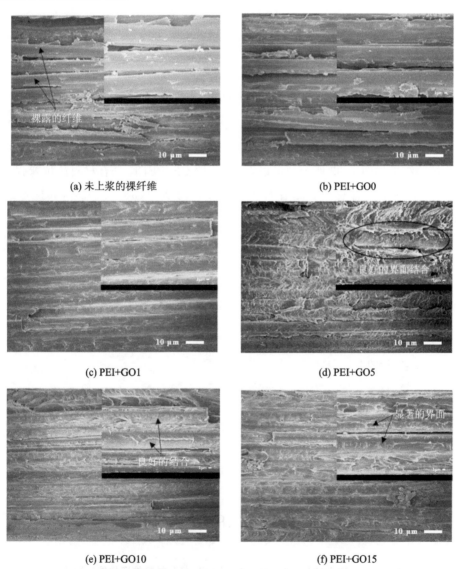

(a) 未上浆的裸纤维　　　　　　　　(b) PEI+GO0

(c) PEI+GO1　　　　　　　　(d) PEI+GO5

(e) PEI+GO10　　　　　　　　(f) PEI+GO15

图 4.31　不同碳纤维处理的 CF/PEEK 复合材料 ILSS 断裂后的 SEM 照片

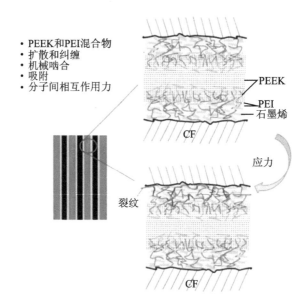

图 4.32　CF/PEEK 复合材料失效前后粘结机理示意图

为了进一步研究 PEI/GO 复合上浆对 CF/PEEK 复合材料的综合影响,我们对其弯曲性能进行了评估,这实际上反映了改性层合板在复杂应力状态(弯曲应力和剪切应力)下的结构特征,弯曲试验结果如图 4.33 所示。可以看出,改性 CF/PEEK 复合材料的抗弯强度高于未经任何改性的裸纤维复合材料。随着 GO 质量分数的增加(5%~10%),其抗弯强度可达 1 730 MPa 左右。当上浆 GO 质量分数增加到 15%时,抗弯强度略有下降。图 4.33 中弯曲模量在 110 GPa 附近波动不大,在 PEI 中加入质量分数 2.5%~7.5%的 GO 上浆,可使弯曲模量较裸纤维增强复合材料略微增加 5%。一般来说,这种模量的微小变化可能是工程误差,在

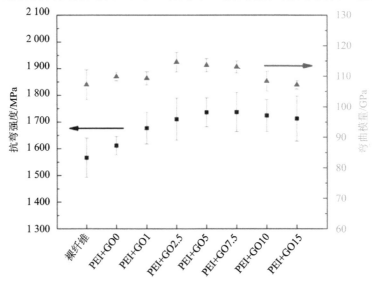

图 4.33　PEI/GO 复合上浆对 CF/PEEK 复合材料抗弯性能的影响

实际生产中也可以忽略不计,但抗弯强度的增加较为明显。然而,在上浆过程中过量添加 GO 不利于形成均匀的界面,阻碍了抗弯性能的进一步提高。结果表明,通过优化界面组成可以提高复合材料的抗弯性能,较强的界面结合作用可提高材料的抗破坏能力。

图 4.34 所示为弯曲试验后 CF/PEEK 复合材料试样断口形貌的 SEM 图像。对于裸纤维增强 PEEK 复合材料,其断裂形貌表现为界面脱粘和纤维拔出,断口处可观察到平坦的断裂面,表明纤维和基体之间的载荷传递不佳。相比之下,引入 PEI 和 GO 复合上浆后,CF/PEEK 复合材料在界面处具有良好的结合,随着 GO 含量的进一步增加,破坏模式发生变化,添加适当 GO 片可以增强界面结合作用,增强载荷传递。此外,与 ILSS 一样,在上浆过程中进一步增加 GO 含量,会由于界面区 GO 团聚而引起局部应力集中导致弯曲性能下降。

(a) 未上浆的裸纤维　　　　(b) PEI+GO1　　　　(c) PEI+GO10

图 4.34　弯曲试验后 CF/PEEK 复合材料试样断口的 SEM 照片

4.5　碳纤维表面的 PEI/CNTs 上浆改性

在前期研究基础上,本节选用四种表面活性剂分别制备乳液型上浆剂。在优化表面活性剂类型和含量的基础上,得到了不同 CNTs 含量、不同上浆工艺(一步上浆和两步上浆)的 5 种 PEI 上浆剂,研究了不同上浆途径对 CF/PEEK 复合材料界面性能的影响。

4.5.1　PEI/CNTs 上浆剂的合成

首先将 PEI 溶解在二氯甲烷中,再在去离子水中加入适量的表面活性剂、消泡剂和 CNTs 分散液;然后一边搅拌一边将 PEI 溶液缓慢滴入去离子水中,在冰水混合物中超声分散后放置 12 h。

用索氏提取法去除碳纤维上的商用上浆剂,然后,在恒定张力下,去浆碳纤维牵引通过含有上浆剂的带槽容器,再放置于 100 ℃烘箱中干燥 2 h。CF/PEEK 复合材料纤维的体积分数为 50%。碳纤维上浆与复合材料加工示意图如图 4.35 所示。

为了优化乳液型上浆剂的生产工艺,首先制备了不含碳纳米管的乳液,样品编号为 E-1、E-2、E-3、E-4、E-5、E-6。E-1、E-2、E-3 的实验变量为表面活性剂含量,E-2、E-4、E-5、E-6 的实验变量为表面活性剂类型。为了验证乳液型上浆剂的制备是否成功,对乳液型上浆剂的粒径分布(见图 4.36)和不同表面活性剂的热稳定性(图 4.37)进行表征。

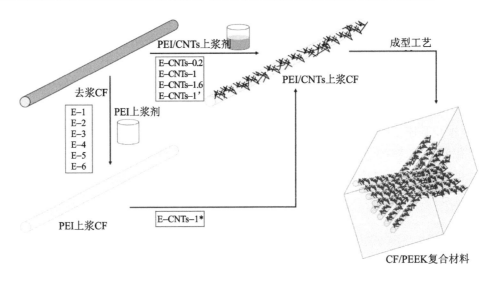

图 4.35 碳纤维上浆及复合材料加工示意图

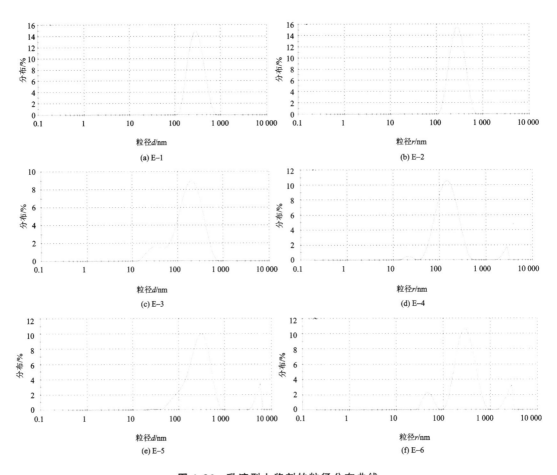

图 4.36 乳液型上浆剂的粒径分布曲线

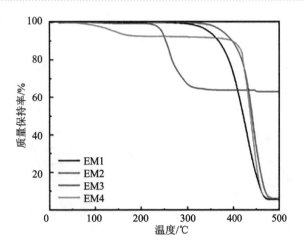

图 4.37　不同表面活性剂的 TGA 曲线

由乳液粒径分布曲线可以得到 PEI 颗粒平均直径数据,如表 4.9 所列。从表中可以看出,大多数样品的粒径分布在 100～300 nm 之间,这是碳纤维上浆的合适范围。但值得注意的是,单一的数值不能完全反映乳液的粒径分布,应关注乳液的分布曲线。例如图 4.36 (b)所示的 E - 2 乳液的曲线,由于曲线只有一个峰,且强度较高,所以处于比较理想的状态。而从图 4.36 (c)～(f)中可以看出,这 4 条曲线的峰强较低,且曲线上有多个峰值,有些峰值大于 1 000 nm,说明乳液颗粒发生聚集。从粒径分布曲线来看,E - 2 乳液状态较优。

表 4.9　不同乳液型上浆剂的组成、粒径及 Zeta 电位

样　品	表面活性剂	活性剂质量分数/%	粒径/nm	Zeta 电位/mV
E - 1	EM1	0.5	305.9	−34.3
E - 2	EM1	1.0	290.8	−33.5
E - 3	EM1	2.0	215.6	−29.3
E - 4	EM2	1.0	156.2	−25.3
E - 5	EM3	1.0	286.3	—
E - 6	EM4	1.0	315.8	−17.5

为了直接表征乳液的稳定性,对 6 种乳液进行了 Zeta 电位测试,结果如表 4.9 所列。基于 Zeta 势理论,低 Zeta 电位的乳液(30 mV ＜ Zeta 电位＜＋30 mV)倾向于晚絮凝或凝固,高 Zeta 电位的乳液易于维持乳液体系的稳定。因此,E - 1 和 E - 2 均表现出稳定的乳液体系特征,E - 3 则基本稳定;E - 4 和 E - 6 的低 Zeta 电位乳液体系稳定性可能较差,E - 5 Zeta 电位绝对值过低,无法得到有效数据。

4.5.2　碳纤维表面微观形貌分析

根据 PEI/CNTs 上浆剂中 CNTs 质量分数的不同(0.2%、1.0% 和 1.6%),将上浆后的碳纤维分别命名为 E - CNTs - 0.2、E - CNTs - 1 和 E - CNTs - 1.6,上浆剂中 PEI 含量均为

1.0%。此外,E-CNTs-1'不含PEI,E-CNTs-1*则是通过两次上浆处理(先进行PEI上浆,再进行CNTs上浆)后制备的。

采用SEM对碳纤维的表面形貌进行观察,如图4.38所示,随着上浆剂中纳米颗粒质量分数的增加,碳纤维表面CNTs的数量增加;上浆剂中CNTs浓度过高时,碳纤维表面出现了纳米颗粒大块团聚的现象,明显呈现出分布不均匀和不规则的状态。

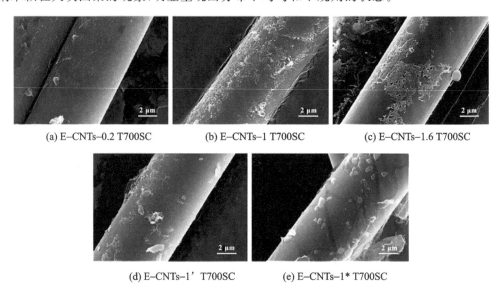

(a) E-CNTs-0.2 T700SC   (b) E-CNTs-1 T700SC   (c) E-CNTs-1.6 T700SC

(d) E-CNTs-1' T700SC   (e) E-CNTs-1* T700SC

图4.38   PEI/CNTs上浆后碳纤维表面形貌的SEM照片

进一步采用AFM对上浆碳纤维表面形貌进行表征,并计算出其表面粗糙度,如图4.39和图4.40所示。图4.39(a)、(b)中碳纤维表面上浆相对均匀,而在图4.39(c)中出现了部分聚集,图4.39(d)中碳纤维表面分散的纳米粒子数量更少,图4.39(e)中碳纤维表面附着颗粒

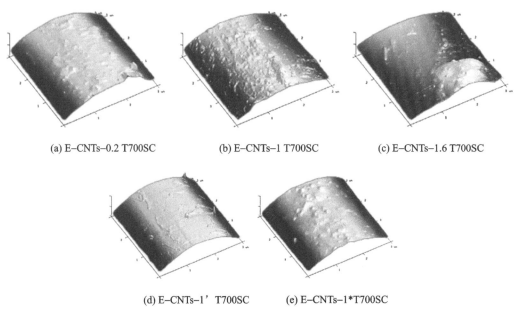

(a) E-CNTs-0.2 T700SC   (b) E-CNTs-1 T700SC   (c) E-CNTs-1.6 T700SC

(d) E-CNTs-1' T700SC   (e) E-CNTs-1*T700SC

图4.39   PEI/CNTs上浆后碳纤维表面形貌的AFM图像

状小球。与去浆碳纤维和 PEI 上浆的 E－2 T700SC 相比,所有表面涂 CNTs 的样品具有更高的粗糙度值。对于 E－CNTs－0.2 T700SC、E－CNTs－1 T700SC 和 E－CNTs－1.6 T700SC,随着 CNTs 在上浆剂中浓度的增加,总体粗糙度有提高的趋势。碳纤维表面粗糙度明显提高,有利于碳纤维与树脂基体的机械啮合作用。

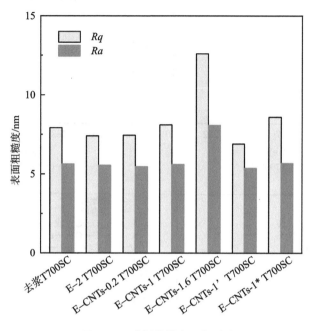

图 4.40　碳纤维的表面粗糙度

4.5.3　碳纤维表面化学特性分析

对上浆前后的碳纤维进行 XPS 表征以观测其化学特性,结果见表 4.10 和图 4.41。相较于去浆碳纤维,PEI/CNTs 上浆碳纤维有更多的羧基官能团和羟基官能团。活性官能团的增加有利于提高附着力。此外,与 E－CNTs－1 T700SC 相比,不添加 PEI 组分(E－CNTs－1')的上浆剂中—C—OH 或—C—OR 和—C—N 含量升高,—COOH 或—COOR 含量降低。对碳纤维进行接触角测试,与去浆碳纤维相比,由于引入了 PEI 和 CNTs,PEI/CNTs 上浆碳纤维的接触角减小,表面自由能增加。改性后碳纤维的极性组分明显增强,有利于界面键合的形成。

表 4.10　不同碳纤维的 XPS 结果

样品编号	不同结合能状态的 C 1s 峰含量/%		
	—C—H 和—C—C	—C—OH 或 —C—OR 和—C—N	—COOH 或—COOR
去浆 T700SC	73.68	19.79	6.53
E－2 T700SC	73.04	20.78	6.18
E－CNTs－1 T700SC	72.19	21.19	6.62
E－CNTs－1' T700SC	71.91	22.63	5.46

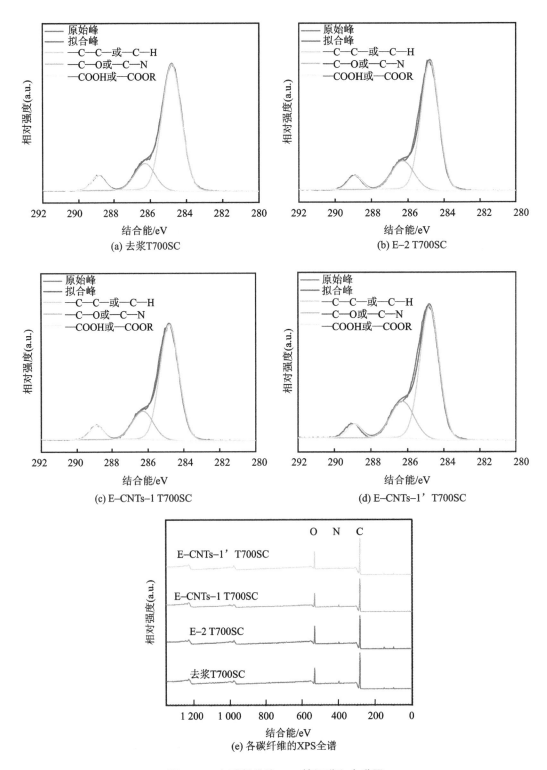

图 4.41　各碳纤维的 XPS 精细谱和全谱图

4.5.4　碳纤维表面浸润性分析

采用动态接触角测试仪研究了碳纤维样品的接触角(与离子水的接触角 θ_w 和与乙二醇的接触角 θ_e)和表面能(γ_s,包括极性组分 γ_s^p 和色散组分 γ_s^d)。接触角和表面能的结果如表 4.11 所列。总体而言,与去浆后的碳纤维相比,由于 PEI 和 CNTs 的引入,接触角降低,碳纤维表面自由能增加。此外,改性碳纤维的极性组分显著增强,有利于界面后续键合的形成。

表 4.11　接触角和表面能的结果

样品编号	$\theta_w/(°)$	$\theta_e/(°)$	$\gamma_s/(mJ \cdot m^{-2})$	$\gamma_s^p/(mJ \cdot m^{-2})$	$\gamma_s^d/(mJ \cdot m^{-2})$
去浆 T700SC	99.45	67.38	29.80	0.52	29.28
E-CNTs-0.2 T700SC	66.10	42.80	37.05	19.70	17.35
E-CNTs-1 T700SC	64.89	45.07	37.25	22.82	14.43
E-CNTs-1.6 T700SC	66.65	43.37	36.68	19.26	17.42
E-CNTs-10 T700SC	68.35	78.11	34.78	19.72	15.06
E-CNTs-1* T700SC	76.94	49.94	32.28	10.01	22.27

4.5.5　碳纤维增强聚醚醚酮基复合材料界面性能与增强机理研究

通过微脱粘试验对 CF/PEEK 复合材料 IFSS 进行测试,结果见图 4.42。结果表明,与未加 CNTs 的碳纤维相比,添加 PEI 和 CNTs 的 IFSS 总体呈增加趋势,E-CNTs-1 T700SC 的 IFSS 增加到 71.86 MPa,高于去浆碳纤维,增幅为 30.5%。然而,与 E-CNTs-1 T700SC 相比,负载过多纳米颗粒的 E-CNTs-1.6 T700SC,其 IFSS 有所下降。

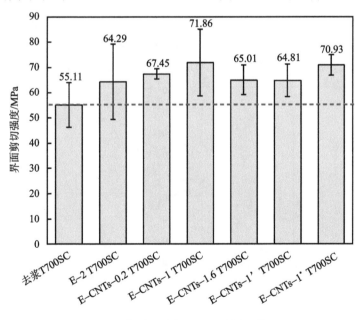

图 4.42　不同碳纤维与 090 聚醚醚酮基的 IFSS

为了进一步观察 CF 与 PEEK 基体之间的界面结合状态,采用 SEM 对微脱粘试验后的断口表面微观结构进行分析。如图 4.43 所示,对于 E−CNTs−0.2 T700SC、E−CNTs−1.6 T700SC 和 E−CNTs−10 T700SC,纤维表面保持光滑干净,树脂与纤维几乎完全脱粘,说明界面结合性能较弱;对于 E−CNTs−1 T700SC 和 E−CNTs−1* T700SC,其纤维表面残余有一些基体碎片,表明界面结合性能提高。

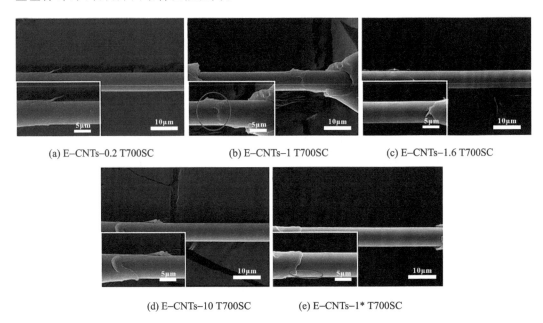

(a) E−CNTs−0.2 T700SC　　(b) E−CNTs−1 T700SC　　(c) E−CNTs−1.6 T700SC

(d) E−CNTs−10 T700SC　　(e) E−CNTs−1* T700SC

图 4.43　微脱粘试验后断口形貌的 SEM 照片

通过短梁剪切试验和弯曲试验,对宏观 CF/PEEK 复合材料的界面强度进行评价:如图 4.44 所示,PEEK 复合材料的 ILSS 从去浆碳纤维的 58.2 MPa 增加到 E−CNTs−0.2 T700SC 的 73.4 MPa,增加了 26.1%。与仅采用 PEI 上浆的 E−2 碳纤维相比,CNTs 的引入对 ILSS 的贡献更大。然而,当 CNTs 浓度增加时,ILSS 值急剧下降,这归因于复合材料层合

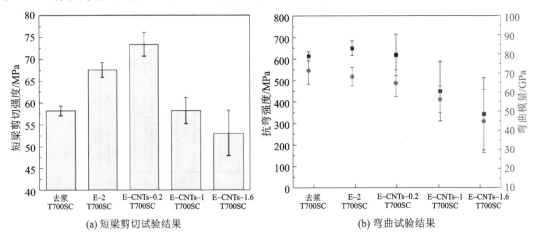

(a) 短梁剪切试验结果　　(b) 弯曲试验结果

图 4.44　不同 CF/PEEK 复合材料的宏观力学性能

板成型过程中纳米颗粒的团聚。对于抗弯性能,与未改性的 CF/PEEK 复合材料相比,E－2 T700SC 和 E－CNTs－0.2 T700SC 的抗弯强度略有增加,E－CNTs－1 T700SC 和 E－CNTs－1.6 T700SC 的抗弯强度和模量均有明显下降。短梁剪切试验与弯曲试验之间存在着不同的试验规律,因为与短梁剪切性能相比,抗弯性能包含复合材料层合板在复杂应力状态(弯曲应力和剪应力)下的结构特性。

为了进一步直观地了解界面增强机理,采用 SEM 对微脱粘试验后的断口表面形貌进行分析。如图 4.45 所示,对于去浆 T700SC,显示纤维与基体完全分离,CF 外露表面相对干净光滑,说明界面结合相对较弱,纤维/树脂脱粘是损伤的主要机制;PEI 上浆后,E－2 T700SC 界面连接改善,可以看到残留的树脂;对于 E－CNTs－0.2 T700SC,CF 表面出现了大量的鱼鳞状结构,且 CF/PEEK 界面处具有良好的粘附性,说明 CF 表面引入 CNTs 后,CF 与 PEEK 树脂的界面强度得到了改善。

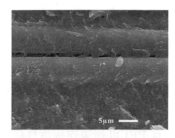

(a) 短梁剪切实验后去浆T700SC　　(b) 短梁剪切实验后E-2 T700SC　　(c) 短梁剪切实验后E-CNTs-0.2 T700SC

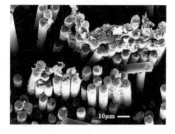
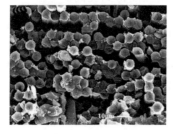

(d) 弯曲实验后去浆T700SC　　　(e) 弯曲实验后E-2 T700SC　　　(f) 弯曲实验后E-CNTs-0.2 T700SC

图 4.45　短梁剪切实验和弯曲实验后不同 CF/PEEK 复合材料断口形貌的 SEM 照片

PEI/CNTs 增强 CF/PEEK 界面的原理如图 4.46 所示。由于 PEI 和 PEEK 的可混溶特性,所以基体的分子链可以在加工过程中扩散到上浆层。这提供了一些强的界面相互作用,如上浆层和 PEEK 基体之间的共价键和氢键,分子范德华力可以诱导复合材料中有效的载荷传递和分布;同时,上浆后碳纤维的表面粗糙度值明显提高,使得 CNTs 涂层与 PEI 上浆剂混合改性的复合材料中碳纤维与 PEEK 的结合更好。最后,CNTs 增强了界面的应力传递,由于 CNTs 在碳纤维表面的引入,实现了强锚固相互作用。

除了界面强度提高外,这种方法还具有三个优点:一是上浆时间短,具有工业化生产的潜力;二是避免了大量有机溶剂对环境的危害;三是上浆剂干燥温度较低,对节能具有重要意义。综上所述,该方法是一种很有前途的适用于高性能工程热塑性聚合物基体的实用碳纤维上浆剂的制备方法。

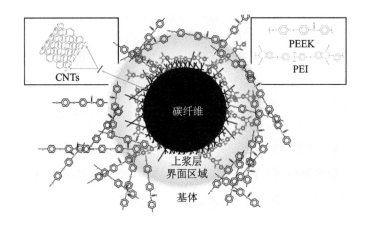

图 4.46　改性 CF/PEEK 复合材料中可能的桥接机制

4.6　碳纤维表面的 PEI/ZIFs 上浆改性

沸石咪唑骨架-67(ZIF-67)是一种比表面积大、热稳定性好的金属有机骨架,因其可在室温水溶液中合成而显示出巨大的应用潜力。本节使用 PEI 对碳纤维进行上浆,其可与 PEEK 互溶,不损害纤维拉伸性能,且 PEI 可作为连接惰性碳纤维与 ZIF-67 粗糙纳米粒子的桥梁,使 CF/PEEK 复合材料的界面强度得到提高。

4.6.1　PEI/ZIFs 上浆剂的合成

将裸碳纤维在室温下简单地逐步浸入 PEI 溶液和 ZIF-67 前体的水溶液中,以包裹 PEI 中间上浆层并原位生长 ZIF-67 晶体,如图 4.47 所示。

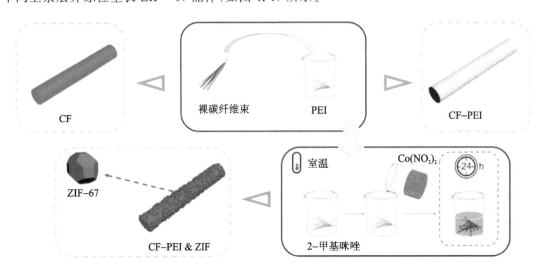

图 4.47　T700SC-PEI & ZIF 形成过程示意图

ZIF-67 在室温下的去离子水中制备,其平均粒径约为 280 nm。XRD 谱图(见图 4.48)与模拟结果和发表的谱图吻合较好,表明成功制备纯相 ZIF-67 材料。图 4.48(b)显示制备的 ZIF-67 颗粒为截断十二面体形状的纳米晶体,这也与已发表的结果吻合较好。

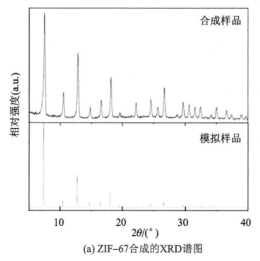

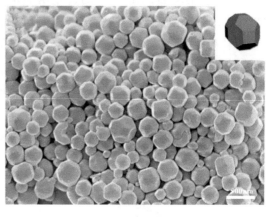

(a) ZIF-67合成的XRD谱图   (b) 以水溶液为溶剂获得ZIF-67的SEM照片

图 4.48 制备的 ZIF-67

为满足 CF/PEEK 复合材料的设计加工温度需求,对 ZIF-67 的热稳定性进行表征,结果如图 4.49(a)所示。TGA 曲线显示在 380 ℃ 之前没有明显的质量下降(小于 5%)。此外,从 ZIF-67 热处理后的 SEM 照片(见图 4.49(b))可以清楚地发现,ZIF-67 的晶体结构仍然保留了下来。样品表面的轻微褶皱现象可能有利于粗糙组织的形成。ZIF-67 优异的热稳定性为其应用于 CF/PEEK 界面改性提供了可能。

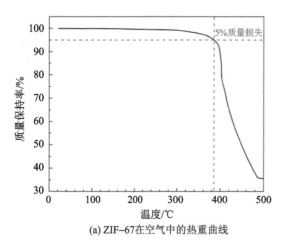

(a) ZIF-67在空气中的热重曲线   (b) ZIF-67热处理后的SEM照片

图 4.49 ZIF-67 的热性能

4.6.2 碳纤维表面微观形貌分析

采用 SEM 对改性后碳纤维表面形貌进行观察,如图 4.50 所示。在相同的合成条件下,随着 PEI 浓度的增加,ZIF-67 的含量明显增加。在图 4.50(b)中,当 PEI 溶液的浓度为 0.001 g/mL 时,由于上浆剂层较薄,在碳纤维表面可观察到沟槽。ZIF-67 分布在碳纤维表面,但颗粒稀疏且不连续。在图 4.50(c)中,在更高的 PEI 浓度(0.005 g/mL)下,更多的 ZIF-67 颗粒出现在碳纤维表面上,分布不连续,部分碳纤维表面仍可以观察到沟槽,但这相比图 4.50(b)中更不明显。图 4.50(d)表明 PEI 浓度为 0.01 g/mL 时,ZIF-67 均匀覆盖在碳纤维表面,形成了一层 ZIF"壳层"。在图 4.50(e)中,PEI 溶液的浓度提高到 0.025 g/mL,并且表面形态类似于图 4.50(d)。发现碳纤维表面未观察到明显的沟槽结构,其原因可能是 PEI 上浆剂浓度较高,形成表面膜层,掩盖了碳纤维表面原有的形貌。

(a) 0 g/mL   (b) 0.001 g/mL

(c) 0.005 g/mL   (d) 0.01 g/mL   (e) 0.025 g/mL

图 4.50 T700SC-PEI & ZIF 在 PEI 浓度不同时的 SEM 照片

采用 AFM 对不同浓度上浆剂上浆后的碳纤维表面形貌进行观察,结果如图 4.51 所示,与 SEM 结果吻合良好。图 4.51(a)中,去浆后碳纤维表面呈现明显的沟槽结构;图 4.51(b)中,用 PEI(0.001 g/mL)和 ZIF-67 处理后观察到一些颗粒状不连续起伏结构;图 4.51(c)中,0.005 g/mL PEI 和 ZIF-67 协同改性的碳纤维表面颗粒起伏结构的数量增加了,但仍然是不连续的。在 0.01 g/mL PEI 浓度下,碳纤维表面出现均匀覆盖的"壳层",并且"壳层"在 PEI 浓度为 0.025 g/mL 时仍然存在,分别如图 4.51(d)、(e)所示。

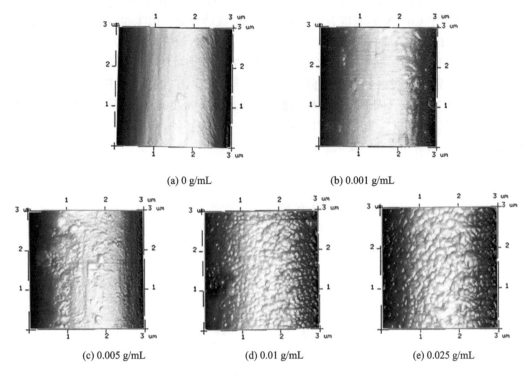

(a) 0 g/mL　　　　　　　(b) 0.001 g/mL

(c) 0.005 g/mL　　　(d) 0.01 g/mL　　　(e) 0.025 g/mL

图 4.51　T700SC‐PEI & ZIF 在 PEI 浓度不同时的 AFM 图像

4.6.3　碳纤维表面化学特性分析

采用傅里叶变换红外光谱(FTIR)对改性后的碳纤维进行表征(如图 4.52 所示),结果证实了 PEI 和 ZIF‐67 在碳纤维表面上的存在。

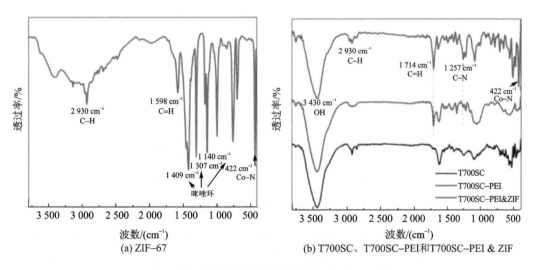

(a) ZIF‐67　　　　(b) T700SC、T700SC‐PEI和T700SC‐PEI & ZIF

图 4.52　FTIR 光谱(PEI 的浓度为 0.01 g/mL)

光谱中发现了 1 409 cm^{-1} 和 1 307 cm^{-1} 处咪唑环平面振动的峰值。此外,咪唑环在

$1\,140\ cm^{-1}$ 处存在对称伸缩振动，在 $500\sim800\ cm^{-1}$ 范围内存在平面外振动。更重要的是，$422\ cm^{-1}$ 处对应于 Co—N 的峰值表明 ZIF-67 已经成功合成。图 4.52 (b) 显示了未改性碳纤维、T700SC-PEI 和 T700SC-PEI & ZIF 的红外光谱。PEI 的浓度为 0.01 g/mL。在 $3\,430\ cm^{-1}$ 和 $2\,930\ cm^{-1}$ 处可以观察到一些相似的峰，分别对应于羟基伸缩振动和脂肪族碳氢拉伸振动而且还可以观察到纤维之间的明显差异。例如，T700SC-PEI 和 T700SC-PEI & ZIF 具有在 $1\,730\ cm^{-1}$ 处的 C=O 伸缩振动峰，这在未改性碳纤维中没有观察到。此外，T700SC-PEI 和 T700SC-PEI & ZIF 之间也有明显的不同，T700SC-PEI & ZIF 中还有 $1\,257\ cm^{-1}$ 的 C—N 伸缩振动峰及 $422\ cm^{-1}$ 处的 Co—N 峰。

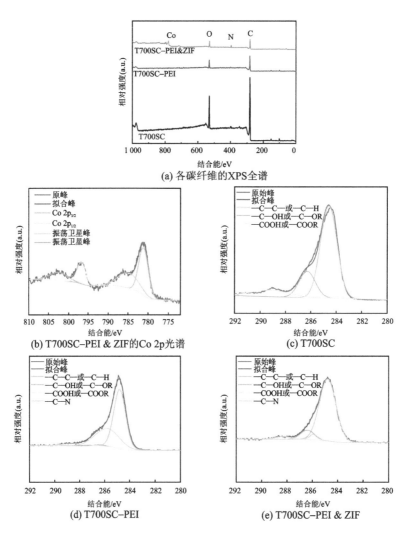

图 4.53　XPS 全谱和精细谱图（PEI 的浓度为 0.01 g/mL）

采用 XPS 对未改性碳纤维、T700SC-PEI 和 T700SC-PEI & ZIF 的表面化学组成进行了研究，如图 4.53 所示。与未改性的碳纤维和 T700SC-PEI 相比，T700SC-PEI & ZIF 在 N 1s 中显示出更强的峰值，表明纤维表面的氮元素显著增加。特别是，T700SC-PEI & ZIF 在 781.2 eV 出现较高的结合能峰，这应该被分配到 Co 2p 中，也证明了 ZIF-67 在纤维表面的存在。为了估计 Co 的化学状态,在图 4.53 (b)中拟合了 Co 2p 峰的特征用于进一步分析。在 Co 2p 的 XPS 峰中可以观察到两个结合能分别为 781.1 eV 和 796.8 eV 的表观峰,分别对应于 Co 2p$_{3/2}$ 和 Co 2p$_{1/2}$。784.9 eV 和 802.4 eV 的两个小而模糊的峰代表 Co^{2+} 振荡卫星峰。未改性碳纤维(见图 4.53 (c))、T700SC - PEI(见图 4.53 (d))和 T700SC - PEI & ZIF(见图 4.53 (e))XPS 光谱的 C 1s 峰被拟合到几个峰值,包括—C—C—、—C=O—、—COOH 或—COOR、C—N(285.8 eV)。显然,T700SC - PEI & ZIF 的 C 1s 表现出—C—N 峰的出现,证实了 ZIF - 67 在碳纤维表面的成功生长。

4.6.4　碳纤维增强聚醚醚酮基复合材料界面性能与增强机理研究

采用微脱粘试验对不同碳纤维与 090 聚醚醚酮的 IFSS 进行测试,结果如图 4.54 所示。对于 PEI/ZIFs 复合改性碳纤维,IFSS 最高增加到 73.37 MPa,增幅达 33.1%。结果表明,PEI/ZIFs 复合改性碳纤维能实现更有效的界面相互作用,并且随着 PEI 浓度的增加(从 0 增加到 0.01 g/mL),ZIF - 67 在碳纤维表面的数量变多,IFSS 呈增加趋势。但当 PEI 浓度达 0.025 g/mL 时,IFSS 增加的趋势有所改变,可推断,过多的 ZIF - 67 粒子在界面区位置聚集导致局部应力集中,不利于能量耗散,因此并未造成界面强度的进一步升高。

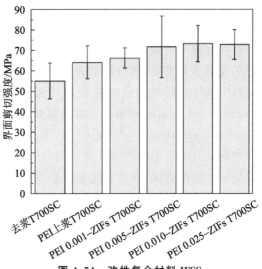

图 4.54　改性复合材料 IFSS

在碳纤维表面构建的粗糙结构在剥离过程中,对聚醚醚酮微球产生了相当大的阻力,PEI 和 ZIF - 67 为增强界面强度提供了强机械啮合和界面粘附。改性碳纤维与聚醚醚酮的可能结合机理如图 4.55 所示。对于聚醚醚酮,由于聚醚醚酮的互溶特性,基体分子链在加工过程中会扩散到上浆层,为碳纤维和聚醚醚酮之间实现均匀的应力分布提供了有效的应力传递系统。除此之外,来自 ZIF - 67"壳层"的粗糙结构抑制了微裂纹的扩展,并将微裂纹的方向转向界面。由于上述两个因素,剥离后开裂的聚醚醚酮仍留在纤维表面。结果表明,界面改性后的界面强度提高。

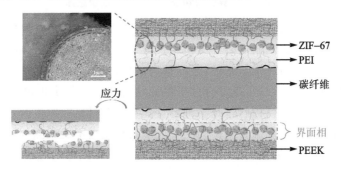

图 4.55　T700SC - PEI & ZIF/PEEK 复合材料相间区域的示意图

第5章 碳纤维增强聚合物基复合材料微观界面性能

5.1 引 言

复合材料的界面是纤维和基体之间的中间相,是纤维和基体连接的桥梁,也是应力及其他信息的传递者。良好的界面结合可以使载荷最大效率地通过基体传递到纤维上,使纤维真正起到增强材料承受载荷的作用,这对界面结合性能准确表征具有重要意义。界面剪切强度(IFSS)是其中最重要、最直接的表征手段,国内外采用多种微观力学测试表征方法来测试复合材料中基体和纤维之间的界面剪切强度。这些微观力学测试方法主要有纤维拔出试验(fiber pull-out technique test)、微脱粘试验(icrobonding/microdroplet test)、单丝断裂试验(fiber fragmentation test/single fiber fragmentation test)和纤维压入/顶出试验等方法。上述四种测试方法所用的测试设备分别为带有光学显微镜的纤维电子强力仪、带有光学显微镜的微脱粘试验测试仪、带有偏光显微系统的拉伸设备和带有光学显微镜的纤维顶出设备。四种方法的测试原理如图5.1所示。

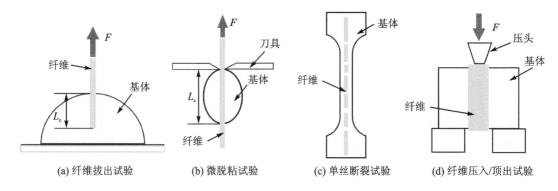

(a) 纤维拔出试验　　　(b) 微脱粘试验　　　(c) 单丝断裂试验　　　(d) 纤维压入/顶出试验

图 5.1　界面剪切强度测试原理及示意图

以上四种方法均为界面剪切强度的表征方法,已在1.3.4小节中详细叙述。其中纤维拔出试验测试方便、容易分析,但制样时纤维包埋长度难以控制,且纤维失效过程不易观察。微脱粘试验可适用于几乎任何纤维与基体,且脱粘力数值可被连续测量。单丝断裂试验可得到光弹花样与临界断裂长度等数据,以综合分析界面结合强度。纤维顶出试验允许脱粘力原位测试,试样可使用真实复合材料制作,是一种可对真实复合材料在原位测定界面力学性能的试验方法,产生多重数据点,但纤维与基体间的失效模式和轨迹不能观测。其中单丝断裂试验和微脱粘试验因制样、测试较为简单,便于数据分析,是目前界面剪切强度测试应用最广的两种方法。

5.2　单丝断裂

5.2.1　单丝断裂试验方法

1. 单丝断裂试样与装置

　　单丝断裂试验是将一根单纤维伸直包埋于基体材料中,制得哑铃形试样,随后放置于特制的小型拉伸试验仪上,并沿纤维的轴向方向拉伸,观察纤维一次或多次断裂过程。显然,随着拉伸应力逐渐增大,当纤维中所受应力达到断裂强度时发生断裂。载荷继续增加时,随着试样的应变增加,这种断裂过程会重复发生,直到断裂长度到界面传递的剪应力不再使纤维继续断裂而达临界纤维长度 l_c (或称剪切传递长度)为止,如图 5.2 所示。

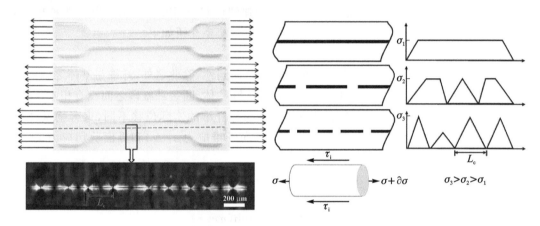

图 5.2　单丝断裂过程示意图

　　一般单丝断裂试验的装置由拉伸试验仪、数据采集和观测系统组成,如图 5.3 所示。数据采集方式分为偏光显微镜观察和声发射检测两种,这两种方式各有利弊。偏光显微镜观察利用了偏光下应力集中的双折射现象,因此要求基体材料透明,便于双折射光弹花样的观察。而声发射技术中,单丝断裂的检测信号则可能被除单丝断裂以外的破坏模式干扰,使试验结果产生误差。单丝断裂试验方法也有其不足之处。首先,基体材料的断裂延伸率通常需为碳纤维断裂延伸率的 3 倍以上,基体足够的韧性才能避免基体先于纤维饱和断裂而发生破坏;其次,由于泊松效应,如果有高的横向垂直应力,将引起附加的界面剪切应力,使测试结果的数据处理复杂化。目前,人们通过各种方法克服上述缺点,如采用特殊的试样制备方法,也将偏光显微镜观察应用于纤维与脆性聚合物基体的界面性能表征中。Park 等首先制备内部包埋单纤维的双马树脂细棒,再用韧性环氧树脂包覆双马树脂细棒,制得拉伸所需的哑铃型试样。而 Chen 等也采用了类似的包覆的方法,研究了表面处理对玻璃纤维与酚醛树脂界面性能的影响。

2. 界面剪切强度的计算

　　界面剪切强度是表征界面性能最直接的参数,目前,均通过临界纤维长度的统计处理计算得到界面剪切强度。将临界纤维长度与单丝复合材料的界面剪切强度建立联系,需要运用合适的模型。通常使用的界面应力传递模型有三种:Cox 模型、Kelly-Tyson 模型及 Piggott 模型。这三种模型均是以描述界面剪切应力由基体传递到纤维的过程为基础的,而三者最大的

图 5.3 单丝断裂试验装置图

不同点在于对基体力学行为的假设。Cox 模型假设纤维与聚合物均处于弹性状态，Kelly-Tyson 模型则假设纤维为弹性状态而聚合物则为弹塑性状态，Piggott 结合以上两种模型，并将纤维的脱粘区域引入了纤维断裂模型中。三种模型简要介绍如下。

（1）Cox 模型

该模型假设纤维与聚合物基体均为线弹性和各向同性，除此之外，纤维与基体之间的粘接牢固，纤维末端无载荷传递，纤维的周围区域近似为圆柱体，断裂纤维段之间没有相互作用，聚合物基体与纤维间的载荷传递来源于界面处聚合物与纤维的实际位移不同，聚合物基体的拉伸应变等于距纤维径向距离 R 处施加的应变。轴向纤维应力 $\sigma_f(x)$ 和界面剪切应力 $\tau(x)$ 计算公式如下：

$$\sigma_f(x) = E_f \varepsilon \left[1 - \frac{\cosh(nx/r)}{\cosh(ns)}\right] \tag{5.1}$$

$$\tau(x) = \frac{1}{2} n E_f \varepsilon \frac{\sinh(nx/r)}{\cosh(ns)} \tag{5.2}$$

式中，E_f 为纤维的弹性模量；ε 为施加给试样的轴向应变；x 为纤维长度的变化量；r 为埋入纤维的半径；l 为纤维长度；s 为纤维的长径比 l/r；cosh 为双曲余弦函数；sinh 为双曲正弦函数；n 为一常量，定义如下：

$$n = \sqrt{\frac{E_m}{E_f(1+v_m)\ln(R/r)}} = \sqrt{\frac{2G_m}{E_f \ln(R/r)}} \tag{5.3}$$

式中，E_m 是基体的弹性模量；v_m 是基体的泊松比；G_m 为基体的剪切模量。

轴向纤维应力和界面剪切应力分布如图 5.4 所示，其中，$\sigma_{f,max} = E_f \varepsilon[1-\mathrm{sech}(ns)]$，$\tau_{max} = \frac{1}{2} n E_f \varepsilon \tanh(ns)$。由于纤维末端的剪应力会持续上升，直到界面发生脱粘，所以 Cox 模型不适用于单丝断裂试验中涉及的整个应变范围。

（2）Kelly-Tyson 模型

该模型假设界面完全脱粘，只考虑发生在纤维末端塑性区的载荷转移，忽略了纤维中心部分弹性载荷传递的影响。假定脱粘发生在距离纤维末端 $\frac{ml}{2}$ 处，$0<m<1$，l 为纤维长度。当施加的应变增加到极限时，脱粘区域的无量纲长度 m 变为 1，总脱粘区域的应力分布是部分弹性结果的极限，纤维轴向应力为

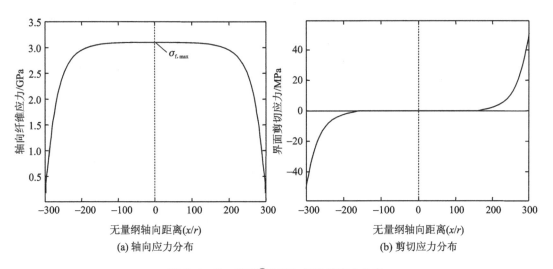

(a) 轴向应力分布　　　　　　　　　(b) 剪切应力分布

图 5.4　Cox 模型[①]中埋入纤维的应力分布

$$\sigma_f(x) = 2\tau_i \frac{l-x}{r} \tag{5.4}$$

式中，τ_i 为界面剪切应力，x 为纤维长度的变化量，r 为埋入纤维的半径。当纤维末端受恒定应力的摩擦作用时，Kelly - Tyson 模型也适用。纤维的应变不能超过复合材料的变形，如果纤维足够长，应力 σ_f 从纤维末端开始线性增加直到 $E_f\varepsilon$，即

$$L_i \geqslant \frac{rE_f\varepsilon}{2\tau_i} \tag{5.5}$$

式中，L_i 为无效纤维长度，即拉应力未达到最大值的部分；E_f 为纤维的弹性模量；ε 为施加给试样的轴向应变。

当纤维达到临界断裂长度 l_c 时，$\sigma_{f,max} = E_f\varepsilon = \sigma_f(l_c) = 2\tau_i \dfrac{l_c}{r}$，界面剪切应力 τ_i 为一常数，即

$$\tau_i = \frac{r}{2} \frac{\sigma_f(l_c)}{l_c} \tag{5.6}$$

式中，纤维的半径 r 为固定值，因此在该模型中影响界面剪切应力的因素就只有临界纤维断裂长度 l_c，以及临界纤维断裂长度时的纤维拉伸强度 $\sigma_f(l_c)$。l_c 由单丝断裂试验得到，$\sigma_f(l_c)$ 则需要由单丝拉伸试验得到。

图 5.5 所示为 Kelly - Tyson 模型中埋入纤维的应力分布。

1) 纤维临界长度的计算

实验结果显示，最大的纤维断裂长度 $l_{c\,max}$ 为最小纤维断裂长度 $l_{c\,min}$ 的 4～5 倍，其余纤维断裂长度均在 $l_{c\,min}\sim l_{c\,max}$ 之间分布，因此研究人员开始使用统计的方法研究临界状态下纤维断裂长度的分布。Holmes 等分别运用三元 Weibull 分布、β 分布和对数分布对临界纤维长度进行研究，发现三元 Weibull 分布和对数分布的拟合效果好于 β 分布。Crasto 和 Wimolkia-

---

① 模型理论请参考 *Modelling of Critical Fiber Length and Interfacial Debonding in the Fragmentation Testing of Polymer Composites*(Th. Lacroix 等，1992)。

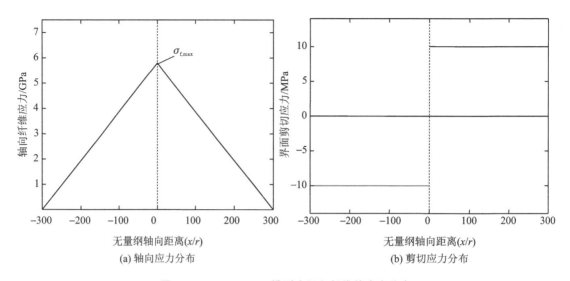

(a) 轴向应力分布　　　　　　　　　　　(b) 剪切应力分布

图 5.5　Kelly - Tyson 模型中埋入纤维的应力分布

tisak 的研究也证实对数正态分布和 Weibull 分布能够更好地描述临界纤维长度。为简化计算,也可采用 $\bar{l}/K$ 近似替代 l_c,K 为校正因子,$\bar{l}$ 为临界状态下纤维断裂长度的均值。K 值通常取 0.75,但是一些学者认为,K 值并非是恒定不变的。Hestenburg 和 Phoenix 就发现,K 值在 0.666 6~1 之间变化,K 值的变化与纤维强度的 Weibull 形状参数有关。

2)纤维断裂强度的计算

纤维的拉伸断裂出现在最大缺陷处,而最大缺陷出现的概率与脆性材料的尺寸相关,尺寸越大,出现大缺陷的概率越大,拉伸强度越低,这是脆性材料的最弱连接理论(weakest link theory),建立在最弱连接理论基础上的是 Weibull 实验方程。碳纤维属于脆性材料,其断裂强度可以用最弱连接理论来解释。目前,纤维断裂强度的测试方法有两种:单丝拉伸试验和原位拉伸试验。单丝拉伸试验是将单丝放置于微型试验机上,直接测其拉伸强度,再对多根(一般要求超过 30 根)单丝的拉伸强度结果作统计计算;原位拉伸试验是指将单丝埋入韧性聚合物中,制成哑铃形试样,再通过拉伸过程的断点数观察等方法,计算单丝的断裂强度。由于原位拉伸试验繁琐,且受固化热应力等因素的干扰较大,单丝拉伸试验逐渐成为普遍的单丝断裂强度的测试方法。

3)Piggott 模型

Andersons 等在研究不同种类的纤维/聚合物复合材料的界面粘结强度及纤维表面改性对界面粘结强度的影响时,运用了 Piggott 模型。与其他两个模型不同的是,Piggott 模型将脱粘区域和未脱粘区域的应力分布分开考虑,其埋入纤维的轴向应力分布和剪切应力分布如图 5.6 所示。在未脱粘区域,纤维的中心部分承受弹性载荷,界面剪切力受脱粘应力 τ_d 的限制。在这个区域,引入与 Cox 模型完全相同的弹性平衡方程,随着轴向应力的增加,脱粘区域开始从纤维断裂处形成,并不断扩展。在脱粘区域,应力分布根据 Kelly - Tyson 模型的假设来描述。

Cox 模型有时也被称为"全弹性模型"(fully elastic model),Kelly - Tyson 模型被称为"全脱粘模型"(total debonding model),Piggott 模型则被称为"部分弹性模型"(partially elastic model)。研究发现,界面粘接强度和摩擦剪切同时影响单丝断裂的实验结果,尽管

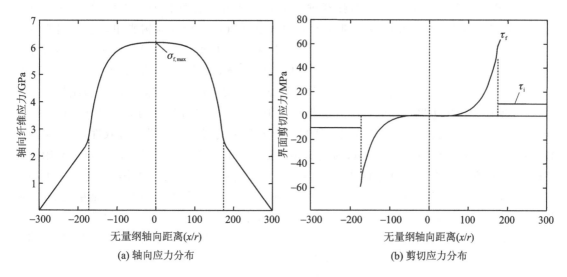

(a) 轴向应力分布　　　　　　　　　　(b) 剪切应力分布

图 5.6　Piggott 模型的埋入纤维的应力分布

Kelly－Tyson 模型不能将两者区分,但却能在大拉伸应变下得到与实际情况更接近的结果。

3. 单丝强度测试与计算

由式(5.5)可知,纤维断裂强度的计算对于运用 Kelly－Tyson 模型计算界面强度至关重要。本书采用 ASTM D3379《高模量单丝拉伸材料强度和杨氏模量测试方法》进行单丝强度测试,测试过程中仪器记录拉伸位移和载荷大小,每种碳纤维测试的单丝试样数量至少在30 根以上。对有效强度数据进行二元 Weibull 拟合,可得到碳纤维的单丝拉伸强度。

一般认为碳纤维的断裂强度并不是统一的数值,而是由其缺陷的特点所决定的,且服从韦伯分布,公式如下:

$$P = 1 - \exp\left[\left(-\frac{l}{l_0}\right)\left(\frac{\sigma}{\sigma_0}\right)^m\right] \tag{5.7}$$

式中,P 为强度在 σ 以下的概率;l 是测试纤维的标距长度;l_0 是参考长度;σ_0 是纤维强度的 Weibull 分布尺寸参数,其物理意义是长度为 l_0 的纤维的断裂强度,σ_0 参数越大表示纤维断裂强度越大;m 是 Weibull 分布形状参数,表征纤维强度的分散性,m 越大表示纤维断裂强度的分散性越小。

由于不能获取每个断裂强度下的准确概率,因此需要对 P 进行估计,对于概率 P_i 的估计,有多种方法,此处选用 $P_i = \dfrac{i-0.5}{n}$。将测得的纤维断裂强度值按升序排列,第 i 个断裂强度即为 $\sigma_i (i=1,2,3,\cdots,n,n$ 为测试的纤维试样总数量),在 σ_i 下的断裂概率即为 P_i。

纤维的平均断裂强度可根据韦伯分布的期望值公式求出:

$$\bar{\sigma} = \sigma_0 \Gamma\left(1 + \frac{1}{m}\right) \tag{5.8}$$

式中,Γ 代表伽马函数。

4. 单丝复合材料的应力传递研究

应力传递的研究方法主要有光弹性学方法、激光拉曼光谱法和有限元分析。光弹性学方法是最古老也是最常用的方法,而目前激光拉曼光谱法和有限元分析的应用也越来越多。激光拉曼光谱通过测定拉伸应变在增强纤维的分布来研究复合材料的应力传递。Tamargo‑Martínez 等使用激光拉曼光谱方法研究了 PPTA 和 PBO 纤维/环氧树脂单丝复合材料的应力分布,发现 80 ℃ 的固化温度引入的热应力较小,而不同应变下的单丝复合材料应力分布可用不同的模型来描述,即在拉伸过程中,存在应力传递模式的转变。Nairn 等运用贝叶斯‑傅里叶级数对单丝断裂过程进行了推理计算,计算结果与激光拉曼光谱测得的实验结果进行了对比,发现这种运用边界条件的数学方法非常适于研究单丝复合材料的应力分布。Okabe 等则运用有限元分析方法验证了对沿埋入纤维的应力分布模型修改结果的有效性,并对单丝断裂过程运用蒙特卡洛方法进行模拟,与实验结果进行对比。Tripathi 等运用轴对称有限元模型研究发现,单丝复合材料纤维四周的应力分布受聚合物基体塑性变形影响,在较小的应变下,纤维端的聚合物即会发生剪切屈服。Wu 等通过轴对称有限元模型的计算结果,比较了两相(聚合物与纤维)体系与三相(聚合物、界面、纤维)体系预测单丝断裂实验的准确性,并发现界面相的厚度与刚度对界面性能起到决定性的影响,如界面厚度过大,最大界面剪切应力将下降,界面相刚度增加,界面的应力传递效率增加。Nishikawa 等运用有限元模拟方法对 T300 碳纤维/环氧及碳化硅纤维/环氧单丝复合材料的断裂与脱粘过程进行了模拟,并发现 T300 碳纤维/环氧单丝复合材料的界面性能无法用唯一参数进行描述,这是因为聚合物的裂纹扩展影响从纤维断裂到界面脱粘的过渡。

5. 单丝断裂试验的断点形貌

单丝断裂试验中,纤维断口的形貌可以清晰地反映纤维与聚合物之间的粘结强度。纤维与聚合物之间较强的粘结会导致纤维断口周围聚合物的破坏,并且纤维两端之间的空隙大小与纤维直径是同一等级。随着应力的增加,大部分空隙会扩展,但不会扩展到超过空隙原始长度的两倍。聚合物内的破坏通常始于纤维断口的一侧形成一个 V 形,另一侧形成两个较小的缺口。对于很强的界面粘结,大规模的裂缝会在基体中传播,并导致试样的破坏。另一方面,对于粘结较弱的界面体系,大部分的纤维断口不会破坏聚合物或表现出迅速的裂缝扩展。

图 5.7 所示为不同界面强度形成的纤维断口示意图,图(a)为强界面的断点形貌,这种情况下仅发生纤维的断裂并且扩展到基体中形成基体中的径向裂纹,而没有发生界面脱粘现象;图(b)中的断点处不仅发生了纤维断裂,而且发生了部分界面脱粘,并在基体中形成裂纹;图(c)中的断点纤维断裂后,裂纹不能扩展到基体中,而是只引起沿纤维方向的界面脱粘。

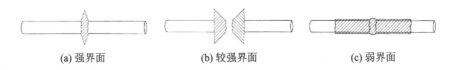

(a) 强界面　　　　　　(b) 较强界面　　　　　　(c) 弱界面

图 5.7　不同界面强度形成的纤维断口示意图

6. 单丝断裂试验过程

(1) 碳纤维单丝复合材料试样制备

制备单丝断裂试样时,在哑铃形单丝断裂试样模具在聚合物试样中埋入一根碳纤维单丝,试样形状和尺寸如图 5.8 所示,试样厚度为 2 mm。

碳纤维单丝断裂试样的制备过程如下:

① 准备模具。清理模具的表面及各凹槽处的残余聚合物,将脱模剂均匀地涂覆在模具的

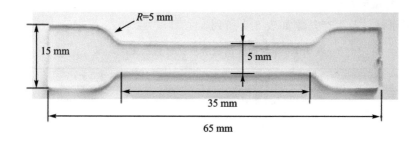

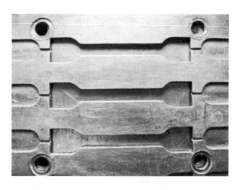

图 5.8　单丝断裂试样及模具

表面及型腔各处。

② 挂丝。选取 10 cm 左右的碳纤维单丝,将其绷直轻轻放入模具上凹槽位置。

③ 浇注固化。将聚合物与固化剂按照一定比例配成后,放入真空干燥箱,在一定温度下抽真空一段时间,排出胶液中的气泡;取出后用一次性滴管吸入胶液,并将其浇入模具凹槽内。注意:应从夹持端开始浇注,避免将已绷直的碳纤维单丝冲断,浇注过程尽量缓慢以避免浇注时产生气泡。浇注完成后,将模具置于真空干燥箱按照固化工艺进行固化。

④ 脱模检查。将固化好的试样从模具中取出,检查试样中的碳纤维单丝是否断裂或弯曲,试样中是否含有气泡等缺陷,选择无缺陷的试样进行测试。若试样在浇注过程中产生气泡,则一方面会导致聚合物强度降低,使聚合物在碳纤维达到饱和断裂前提前断裂;另一方面可能直接破坏界面。因此,必须剔除含有气泡的试样。

(2) 碳纤维单丝断裂测试

碳纤维单丝断裂试验在自行研制的单丝断裂试验仪器上进行。该仪器主要由拉伸系统、试样夹持系统和显微观察系统三部分组成。拉伸系统通过计算机程序精确控制拉伸过程,并且实时记录试样的载荷-位移曲线。试样夹持系统是为了满足单丝小尺寸要求专门设计的夹具,并且在夹具上安装垫圈,保证试样不产生滑移。显微观察系统可在普通光源和偏振光源下观察,偏振光源可以通过转动偏振片调节偏振角度。在试验过程中,由于碳纤维断点处聚合物基体在剪切载荷作用下发生塑性变形,折射系数发生变化,使基体产生双折射现象,从而在偏光显微镜下产生光弹花样。因此,在偏光显微镜下,可以观察到碳纤维断点处的光弹花样,并以此来反映断点数、断点位置以及断点周围应力分布状况。在显微镜上方安装数码照相机,对试验过程进行观察拍照,实时记录断点及界面变化情况。

7. 单丝断裂试验材料

试验所用原材料及生产厂家如表 5.1 所列。

表 5.1　单丝断裂试验所用原材料及生产厂家

原材料	进口/国产	牌　　号
标模型碳纤维	日本东丽公司	T300 - 3K - 40B
	国产	CF300 - 4
		CF300 - 5
		CF300(JHT)
		CF300(HF)
高强标模型	日本东丽公司	T700SC - 12K - 50C
	国产	CF700H
		CF700G
		CF700S
高强中模型	日本东丽公司	T800HB - 6K - 40B
		T800SC - 12K - 21A
		T800SC - 12K - 11A
	国产	CF800G
		CF800H
		CF800S
高模型	日本东丽公司	M40JB - 6K - 50B
	国产	CM40J
		CZ40J
环氧树脂	沈阳东南研究院	THE - 43A
		LY - 1

5.2.2　单丝断裂法微观界面性能分析

1. 临界纤维断裂长度的计算方法

在早期研究过程中,人们取临界纤维断裂长度 $l_{1c} = \bar{l}$,其中 $\bar{l}$ 为纤维的平均断裂长度。这种方法使得计算临界纤维断裂长度时仅需要记录总的断点数,方便易行。而后,有学者发现临界纤维断裂长度可以用统计计算的方法进行估算,Drzal 将 l_{2c}/d 用 Weibull 二元参数方程进行拟合,利用 Weibull 系数求得 l_{2c}/d 的期望值,以此计算界面剪切强度。二元 Weibull 分布公式如下:

$$P = 1 - \exp\left[-\left(\frac{x}{\beta}\right)^{a}\right] \tag{5.9}$$

式中,x 表示临界纤维断裂长度;β 为尺寸参数;a 为形状参数。

通过积分计算(积分上、下限分别为 $+\infty$、0)求得 x 的期望值,即二元 Weibull 分布计算得到临界纤维断裂长度的估计值 $l_{2c}=\beta\Gamma\left(1+\dfrac{1}{\alpha}\right)$。

Holmes 等研究玻璃纤维单丝复合材料时发现,运用三元 Weibull 分布描述的临界纤维断裂长度比运用对数分布的效果要好。三元 Weibull 分布公式如下:

$$P=1-\exp\left[-\left(\frac{x-\gamma}{\beta}\right)^{\alpha}\right] \tag{5.10}$$

式中,γ 为位置参数。三元 Weibull 分布计算得到的临界纤维断裂长度的估计值 $\tau_{3c}=\gamma+\beta\Gamma\left(1+\dfrac{1}{\alpha}\right)$。

2. 不同种类碳纤维与 LY‑1 环氧树脂微观界面性能对比

表 5.2～表 5.5 所列为不同种类碳纤维与 LY‑1 环氧树脂微观界面性能对比。其中,根据 Kelly‑Tyson 界面应力传递模型,τ_1、τ_2、τ_3 分别为 l_{1c}、l_{2c}、l_{3c} 计算得到的界面剪切强度。可以看出,除少数几种碳纤维外,带浆纤维的界面剪切强度均高于去浆纤维或者与去浆纤维基本持平。

表 5.2　不同标模型碳纤维与 LY‑1 环氧树脂的界面性能对比

纤维种类	单丝拉伸强度/MPa	l_{1c}	l_{2c}	l_{3c}	τ_1	τ_2	τ_3
T300B	3 866	344.9	377.0	346.0	41.64	37.98	41.50
T300B 去浆	3 840	371.4	409.2	376.2	41.39	37.29	40.88
CF300‑4	3 895	357.1	392.9	356.9	43.84	39.56	43.86
CF300‑4 去浆	3 894	381.5	418.5	385.0	41.41	37.45	41.03
CF300‑5	4 163	432.8	482.4	434.6	38.03	33.83	37.84
CF300‑5 去浆	4 053	429.5	477.3	431.7	38.91	34.77	38.70
CF300(HF)	3 958	414.4	456.2	416.2	37.42	33.80	37.24
CF300(HF)去浆	3 986	403.6	444.8	392.1	41.66	37.38	43.70
CF300(JHT)	3 900	399.0	440.6	400.1	39.03	35.11	38.94
CF300(JHT)去浆	3 874	440.3	484.4	442.5	34.55	31.19	34.37

表 5.3　不同高强标模型碳纤维与 LY‑1 环氧树脂的界面性能对比

纤维种类	单丝拉伸强度/MPa	l_{1c}	l_{2c}	l_{3c}	τ_1	τ_2	τ_3
T700SC	5 071	638.3	710.7	642.0	36.91	36.71	36.71
T700SC 去浆	5 034	634.0	697.8	635.4	32.34	29.03	32.25
CF700H	4 647	381.4	417.2	380.5	49.33	44.71	49.42
CF700H 去浆	4 641	449.4	495.9	449.7	41.14	36.97	41.11
CF700S	4 986	551.7	617.4	524.3	37.35	32.97	41.82
CF700S 去浆	4 963	603.4	669.3	612.3	34.33	30.48	33.73
CF700G	4 703	469.0	518.0	470.5	39.67	35.67	39.52
CF700G 去浆	4 671	499.2	554.0	500.9	37.56	33.49	37.41

表5.4 不同高强中模型碳纤维与LY-1环氧树脂的界面性能对比

纤维种类	单丝拉伸强度/MPa	l_{1c}	l_{2c}	l_{3c}	τ_1	τ_2	τ_3
T800HB	5 657	455.4	508.6	457.7	36.77	32.64	36.59
T800HB 去浆	5 673	406.1	448.7	406.8	41.09	36.84	41.00
T800SC-11A	5 436	488.3	543.5	494.9	34.16	30.23	33.70
T800SC-11A 去浆	5 466	584.5	648.5	587.6	28.80	25.53	28.63
T800SC-21A	5 629	579.4	638.0	582.8	33.81	30.03	33.62
T800SC-21A 去浆	5 575	580.1	634.5	582.0	28.72	25.89	28.61
CF800H	5 724	410.8	456.2	411.3	46.14	40.81	46.10
CF800H 去浆	5 696	368.2	407.1	393.8	45.92	41.13	43.03
CF800S	6 404	479.2	531.6	481.5	37.91	33.86	37.71
CF800S 去浆	6 277	551.2	610.1	554.0	34.22	30.49	34.06
CF800G	5 522	505.0	553.7	508.6	32.33	29.18	32.07
CF800G 去浆	5 388	485.1	534.1	486.6	32.35	29.08	32.24

表5.5 不同高模碳纤维与LY-1环氧树脂的界面性能对比

纤维种类	单丝拉伸强度/MPa	l_{1c}	l_{2c}	l_{3c}	τ_1	τ_2	τ_3
M40JB	5 079	620.8	678.8	624.9	24.23	21.86	24.06
M40JB 去浆	4 989	620.7	679.4	622.4	24.16	21.79	24.08
CM40J	5 103	425.7	470.7	426.6	34.42	30.86	34.35
CM40J 去浆	5 016	523.5	574.5	526.3	26.74	24.20	26.60
CZ40J	5 215	470.5	516.8	446.1	33.35	30.03	36.18
CZ40J 去浆	5 122	412.7	452.8	413.1	38.63	34.75	38.58

　　在几种标模型碳纤维中,T300B、CF300-4和CF300(JHT)碳纤维与LY-1环氧树脂的界面剪切强度高于对应的去浆碳纤维,说明去浆后碳纤维与聚合物之间的界面结合作用减弱;CF300-5和CF300(HF)碳纤维与LY-1环氧树脂的界面剪切强度略小于T300B去浆、CF300(HF)去浆碳纤维,但差距不大。去浆前后标模型碳纤维与LY-1环氧树脂的界面剪切强度在30～45 MPa之间。

　　对于几种高强标模型碳纤维,带浆碳纤维与LY-1环氧树脂的界面剪切强度均高于对应的去浆碳纤维,说明去浆后碳纤维与聚合物之间的界面结合作用减弱。去浆前后高强标模型碳纤维与LY-1环氧树脂的界面剪切强度在30～50 MPa之间。由碳纤维表面特性分析的结果可推断,高强标模型碳纤维界面性能好于去浆碳纤维的原因主要是上浆剂提高了碳纤维表面O/C和活性官能团数量,增加了高强标模型碳纤维表面与LY-1环氧树脂的化学键合。

对于几种高强中模型碳纤维,T800SC－11A、T800SC－21A、CF800H、CF800S 碳纤维与 LY－1 环氧树脂的界面剪切强度高于对应的去浆碳纤维,说明去浆后碳纤维与聚合物之间的界面结合作用减弱。T800HB、CF800G 碳纤维单丝复合材料的界面剪切强度小于对应的去浆碳纤维,但差别不大。去浆前后高强中模型碳纤维与 LY－1 环氧树脂的界面剪切强度大部分在 30～45 MPa 之间。T800SC－11A、T800SC－21A 碳纤维与 LY－1 环氧树脂的界面剪切强度基本相同,而 T800HB 与 LY－1 环氧树脂的界面剪切强度则与 T800SC－11A、T800SC－21A 碳纤维相差较大,这可能与碳纤维纺丝工艺不同导致的侧表面微观形貌差异有关。

对于几种高模型碳纤维,去浆前后 M40JB、CZ40J 碳纤维与 LY－1 环氧树脂的界面剪切强度相差不大。CM40J 碳纤维与 LY－1 环氧树脂的界面剪切强度大于对应的去浆碳纤维。去浆前后高模型碳纤维与 LY－1 环氧树脂的界面剪切强度均在 24～40 MPa 之间。由于高模型碳纤维石墨化程度较高,表面惰性程度更大,相比于前三类碳纤维,高模型碳纤维与 LY－1 环氧树脂的界面剪切强度均相对较低。

3. 上浆剂对单丝断裂界面剪切强度的影响

在上述几种碳纤维中,CF300－4 和 CF300－5 碳纤维是同种碳纤维但采用的上浆剂不同,对比 CF300－4 和 CF300－5 碳纤维与 LY－1 环氧树脂的界面剪切强度测试结果,可以发现 CF300－4 碳纤维与 LY－1 环氧树脂的界面剪切强度明显大于 CF300－5。由 XPS 全谱扫描结果可知,CF300－4 的表面 O/C 值大于 CF300－5,而由 C 1s 扫描结果分峰处理的结果可知,CF300－4 的表面含 C 元素的活性官能团比例也大于 CF300－5,这说明经过上浆处理后,CF300－4 碳纤维表面含 C 的活性官能团比例较高,因此碳纤维与 LY－1 环氧树脂的化学键合力较高。并且通过 AFM 测试结果可知,CF300－4 碳纤维表面粗糙度为 27.80 nm,小于 CF300－5 的 36.72 nm。表面越粗糙,纤维和聚合物间的物理啮合作用越强,界面粘结强度就越高。和 CF300－4 相比,CF300－5 表面活性官能团含量多,但是 CF300－4 的表面粗糙度小于 CF300－5,与 LY－1 环氧树脂的物理啮合作用弱。这说明,对于 CF300 碳纤维体系,表面化学结合对提升复合材料界面结合强度的贡献大于机械啮合。此外,去浆后 CF300－4 碳纤维和 CF300－5 碳纤维的界面剪切强度都有所下降,说明两种上浆剂均提高了碳纤维与 LY－1 环氧树脂间的结合力。

5.2.3　单丝断裂试样光弹花样分析

1. 拉伸过程的光弹花样观察

以 T300 和 T700 两种碳纤维为例,对拉伸过程的光弹花样进行观察。从第一个断点开始出现,到最后断点达到饱和的整个拉伸过程,如图 5.9 所示。由图可知,当第一个断点出现时,光弹强度较弱;随着拉伸应力的增加,断点数不断增加,直到饱和状态,碳纤维断点数不再增加,但光弹花样的光强度还在增加,这说明断点处的应力集中随着拉伸应力的增加也在加剧。

图 5.10 所示为 T700/LY－1 单丝断裂试样的拉伸过程。与 T300/LY－1 单丝断裂试样相比,T700/LY－1 单丝断裂试样的断点数较少,断点光弹花样呈现扁平状,在基体应变达到 6.00% 后,断点数不再增加,而此刻光弹花样并未完全布满碳纤维,此后继续加载,断点处脱粘

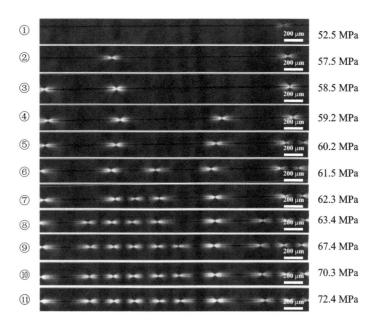

图 5.9　T300/LY-1 单丝断裂试样的拉伸过程

光弹花样区域范围增加。这是因为,基体在加载到应变为 6.00% 后,已达到屈服状态,继续拉伸,仅应变增加而应力不再增加,埋入纤维各段此刻界面处传递的应力也不再增加,因此断点数不再增加,而脱粘区域则在应力作用下继续扩大,直至光弹布满整个碳纤维。该体系在拉伸过程中表现出的有别于 T300/LY-1 单丝断裂试样的断点光弹变化,这是由两种碳纤维具有不同的拉伸性能造成的。T300 碳纤维的拉伸强度较小,断裂延伸率也较小,容易在较小的拉力作用下发生断裂,而 T700 碳纤维的拉伸强度较大,断裂延伸率也大,不易被拉断。

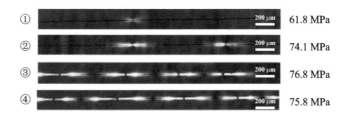

图 5.10　T700/LY-1 单丝断裂试样的拉伸过程

2. 不同种类碳纤维/LY-1 单丝断裂试样光弹花样对比

对 36 种碳纤维/LY-1 单丝断裂试样光弹花样进行观察,如图 5.11~图 5.46 所示。

首先分析标模型碳纤维/LY-1 单丝断裂试样的光弹花样。如图 5.11 和图 5.12 所示,T300 与去浆 T300 碳纤维的单丝断裂光弹花样类似,断点明亮清晰,在碳纤维长度方向整体均有分布。图 5.11 中加载状态时仅在碳纤维断点处形成光弹花样,且为强光,而其他区域则为暗区,这说明加载时应力仅集中在碳纤维断点并在断点之间分布,其他区域无应力集中。由图 5.11 可知,整条纤维上的断点形貌并非相同,这与纤维上导致断点产生的缺陷不均及整条纤维上的界面性能不完全相同有关。纤维上某段的缺陷分布越密,越易形成多断点区域,某段界面性能越好,也越易形成多断点区域。如图 5.13～图 5.18 所示,对于国产碳纤维 CF300 - 4、CF300 - 5、CF300(HF) 及其对应的去浆碳纤维体系,其单丝断裂光弹花样与 T300B 类似,从界面剪切强度来看,这几种碳纤维单丝的数值也无明显差异,界面特性相近。而 CF300(JHT)及其去浆碳纤维的单丝断裂光弹花样则与上述几种碳纤维不同,如图 5.19 和图 5.20 所示,可以看出其断点分布不均匀,且有部分断点呈现沿纤维方向分布的特征,对应了界面脱粘程度较重,呈现弱界面。这一现象很好地对应了界面剪切强度数值,CF300(JHT)去浆碳纤维的界面剪切强度数值明显低于其他标模型碳纤维,说明去浆后该类碳纤维与基体的界面结合性能较差。

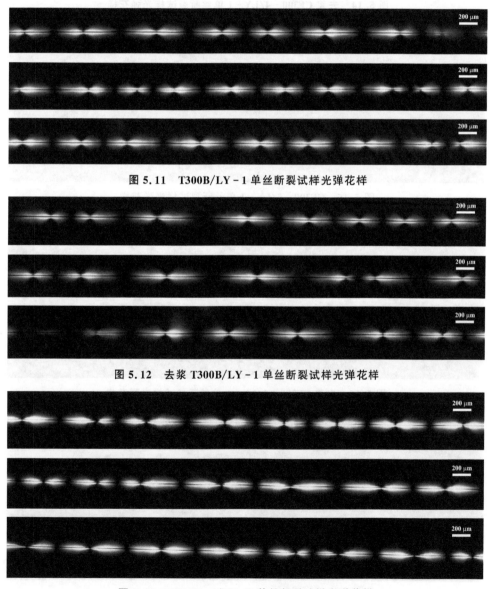

图 5.11　T300B/LY - 1 单丝断裂试样光弹花样

图 5.12　去浆 T300B/LY - 1 单丝断裂试样光弹花样

图 5.13　CF300 - 4/LY - 1 单丝断裂试样光弹花样

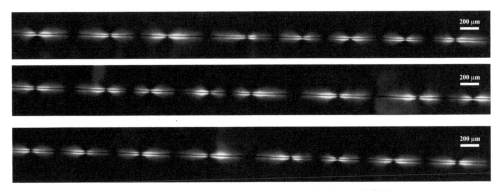

图 5.14 去浆 CF300-4/LY-1 单丝断裂试样光弹花样

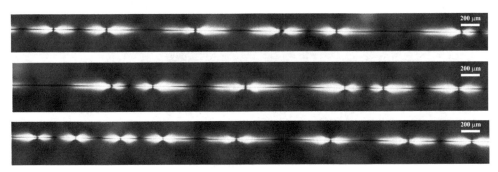

图 5.15 CF300-5/LY-1 单丝断裂试样光弹花样

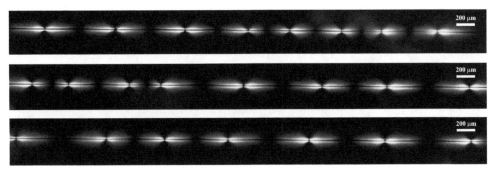

图 5.16 去浆 CF300-5/LY-1 单丝断裂试样光弹花样

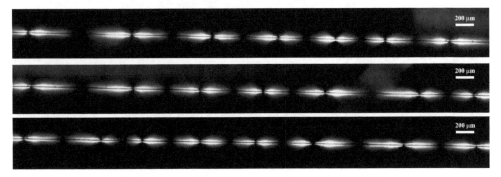

图 5.17 CF300(HF)/LY-1 单丝断裂试样光弹花样

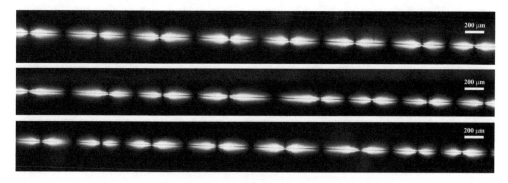

图 5.18　去浆 CF300(HF)/LY - 1 单丝断裂试样光弹花样

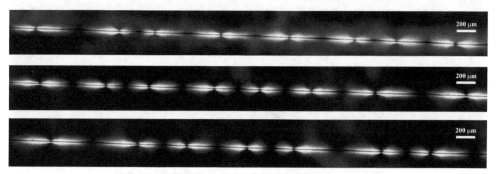

图 5.19　CF300(JHT)/LY - 1 单丝断裂试样光弹花样

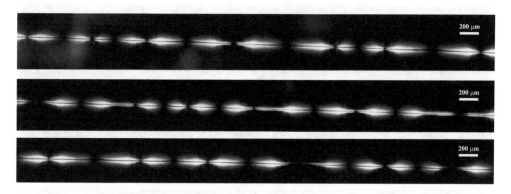

图 5.20　去浆 CF300(JHT)/LY - 1 单丝断裂试样光弹花样

接下来分析高强标模型碳纤维/LY - 1 单丝断裂试样光弹花样,如图 5.21～图 5.28 所示。T700SC/LY - 1 单丝断裂试样光弹花样呈现与去浆 CF300(JHT)/LY - 1 单丝断裂试样光弹花样类似的特征,断点光亮区沿碳纤维分布,长度较长,断点分布不均匀,体现出较弱的纤维/树脂界面结合。类似的现象在去浆 T700SC、去浆 CF700S/LY - 1 单丝断裂试样光弹花样中也可观察到。结合界面剪切强度数值,T700SC、去浆 T700SC、去浆 CF700S 碳纤维的单丝断裂试样界面剪切强度也明显低于其他种类高强标模型碳纤维。出现这一现象的主要原因可能是碳纤维表面粗糙度的差异,T700SC、CF700S 均为表面光滑的碳纤维,而表面带槽的 CF700H 碳纤维界面剪切强度明显较高。这说明碳纤维表面形貌与粗糙度可对碳纤维复合材料界面结合强度产生不可忽视的影响。

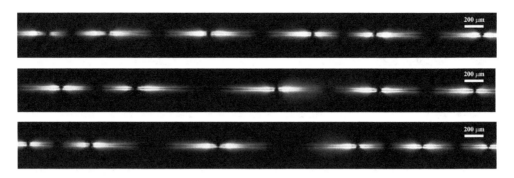

图 5.21　T700SC/LY-1 单丝断裂试样光弹花样

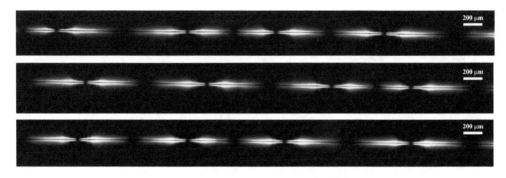

图 5.22　去浆 T700SC/LY-1 单丝断裂试样光弹花样

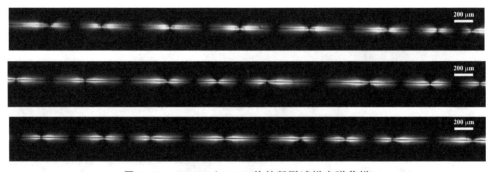

图 5.23　CF700H/LY-1 单丝断裂试样光弹花样

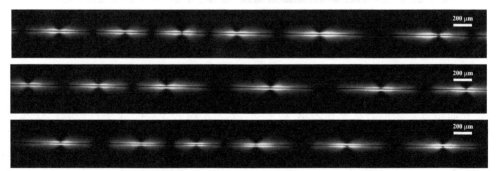

图 5.24　去浆 CF700H/LY-1 单丝断裂试样光弹花样

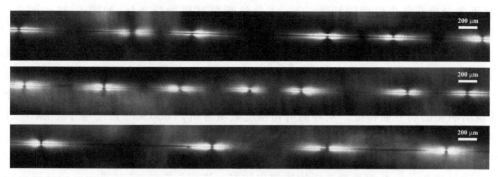

图 5.25 CF700S/LY‐1 单丝断裂试样光弹花样

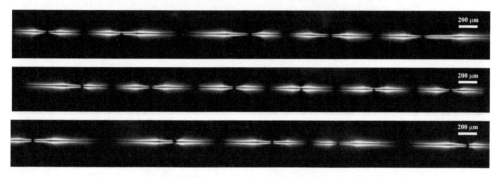

图 5.26 去浆 CF700S/LY‐1 单丝断裂试样光弹花样

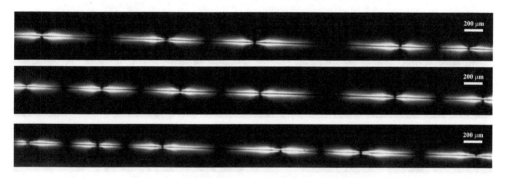

图 5.27 CF700G/LY‐1 单丝断裂试样光弹花样

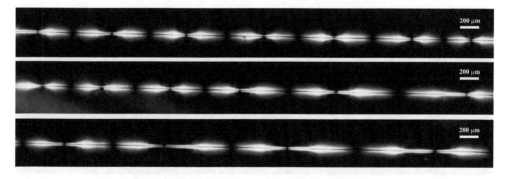

图 5.28 去浆 CF700G/LY‐1 单丝断裂试样光弹花样

接下来分析高强中模型碳纤维/LY－1单丝断裂试样光弹花样,如图5.29～图5.40所示。从T800HB(带沟槽)碳纤维/LY－1单丝断裂试样光弹花样与T800SC(不带沟槽)/LY－1单丝断裂试样光弹花样对比中,可以进一步对表面形貌影响复合材料界面剪切强度提供佐证。与T800HB/LY－1单丝断裂试样光弹花样断点密集、分布均匀的情况形成明显对比,T800SC－11A/LY－1与T800SC－21A/LY－1单丝断裂试样光弹花样断点较少,分布较宽,体现出明显的弱界面特征。从界面剪切强度数值分析,T800SC－11A与T800SC－21A碳纤维的单丝复合材料界面剪切强度也较低。这进一步说明碳纤维表面沟槽在复合材料界面结合中所起的重要作用。与日本东丽的T800HB和T800SC碳纤维相比,国产CF800H、CF800S碳纤维的单丝断裂光弹花样均体现出较好的界面结合效果,其界面剪切强度也较高。

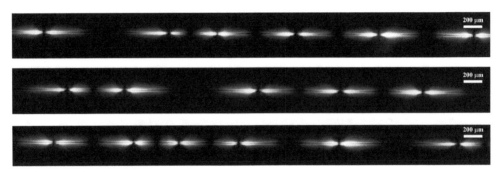

图5.29　T800HB/LY－1单丝断裂试样光弹花样

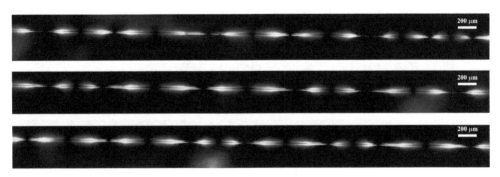

图5.30　去浆T800HB/LY－1单丝断裂试样光弹花样

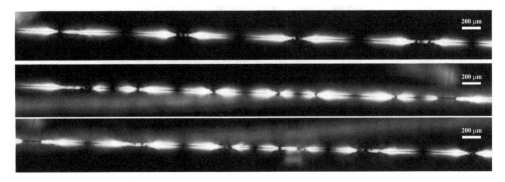

图5.31　T800SC－11A/LY－1单丝断裂试样光弹花样

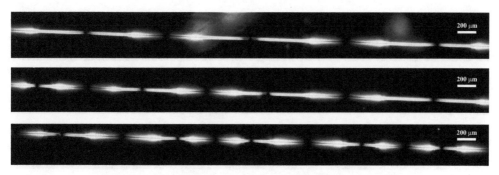

图 5.32　去浆 T800SC-11A/LY-1 单丝断裂试样光弹花样

图 5.33　T800SC-21A/LY-1 单丝断裂试样光弹花样

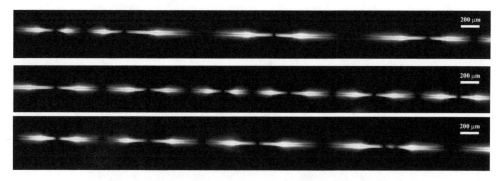

图 5.34　去浆 T800SC-21A/LY-1 单丝断裂试样光弹花样

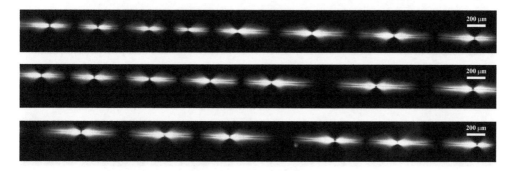

图 5.35　CF800H/LY-1 单丝断裂试样光弹花样

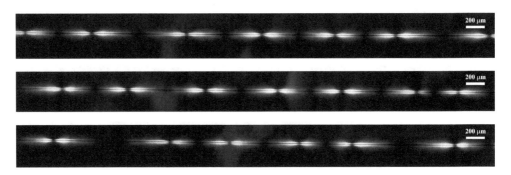

图 5.36　去浆 CF800H/LY－1 单丝断裂试样光弹花样

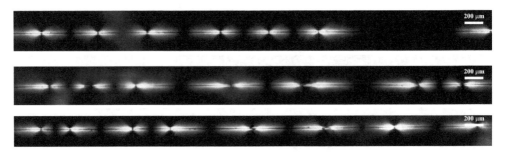

图 5.37　CF800S/LY－1 单丝断裂试样光弹花样

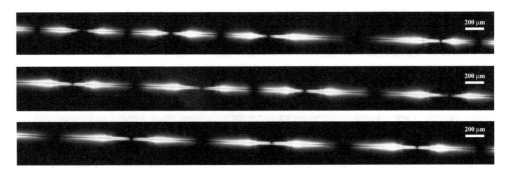

图 5.38　去浆 CF800S/LY－1 单丝断裂试样光弹花样

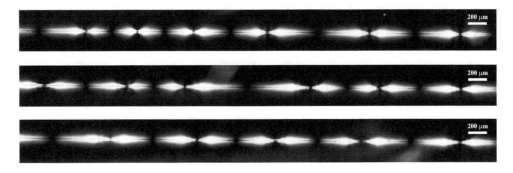

图 5.39　CF800G/LY－1 单丝断裂试样光弹花样

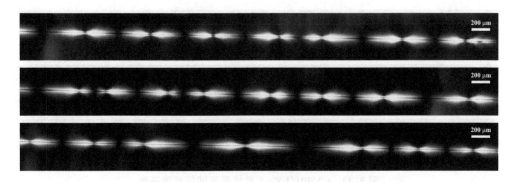

图 5.40　去浆 CF800G/LY - 1 单丝断裂试样光弹花样

接下来分析高模碳纤维/LY - 1 单丝断裂试样光弹花样,如图 5.41～图 5.46 所示。与上文中的几种碳纤维相比,高模碳纤维的单丝断裂光弹花样明显体现出较差的界面结合特征,断点处出现了大面积脱粘,这可能与高模碳纤维石墨化后表面活性化学官能团较低以及纤维与树脂的匹配性较差有关。其中,M40JB 单丝复合材料断裂光弹花样断点不清晰,界面结合弱于其他几种碳纤维,从界面剪切强度数值看,其数值也最低。

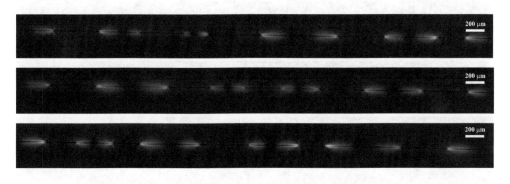

图 5.41　M40JB/LY - 1 单丝断裂试样光弹花样

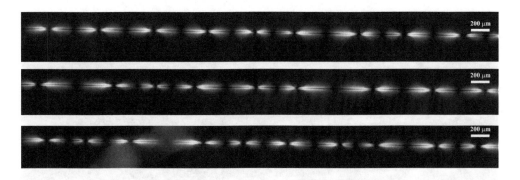

图 5.42　去浆 M40JB/LY - 1 单丝断裂试样光弹花样

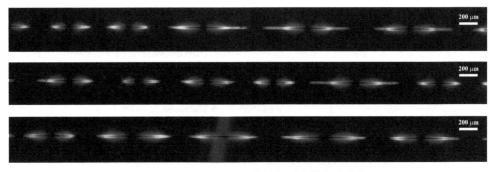

图 5.43　CM40J/LY－1 单丝断裂试样光弹花样

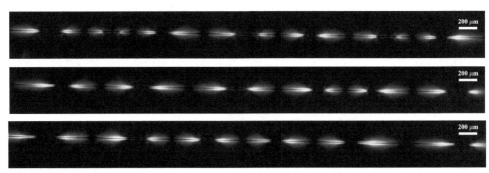

图 5.44　去浆 CM40J/LY－1 单丝断裂试样光弹花样

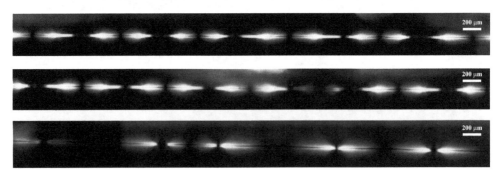

图 5.45　CZ40J/LY－1 单丝断裂试样光弹花样

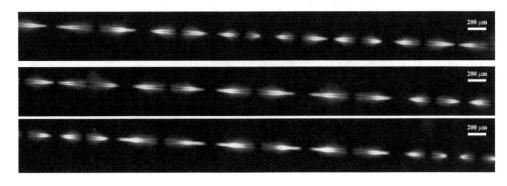

图 5.46　去浆 CZ40J/LY－1 单丝断裂试样光弹花样

5.2.4　单丝断裂试验综合评价分析

经上述各种碳纤维单丝断裂试验结果分析可知,光弹花样断点个数及断点距离计算得出的界面剪切强度数值在各牌号纤维之间并无严格一致的规律,绝大部分带浆碳纤维/LY-1单丝断裂试样界面剪切强度高于去浆碳纤维,且带槽碳纤维与 LY-1 环氧树脂界面剪切强度高于光滑碳纤维,但也出现少部分去浆碳纤维与 LY-1 环氧树脂界面剪切强度高于带浆碳纤维的情况。一方面是由于各牌号纤维表面沟槽形态、粗糙程度、氧碳比等化学活性不同;另一方面也由于微观试验不可避免的试验误差引起,单一单丝断裂界面剪切强度数值无法准确评价纤维与树脂界面结合情况。从单丝断裂光弹花样分析可知,相比于去浆体系,大部分带浆碳纤维/LY-1 单丝断裂试样的断点处光弹花样更清晰、明亮,呈现为明显的鞘型光弹花样,表明界面较强。而去浆碳纤维/LY-1 单丝断裂试样断点处光弹花样相对较暗,呈现拉长的光弹花样,表明界面较弱,界面脱粘明显,但综合对比可知,当树脂类型均为较低强度的普通环氧树脂时,单丝断裂界面剪切强度数值基本处于同一数量级(30~60 MPa)。

综合来看,单丝断裂界面剪切强度结果与光弹花样结果不完全一致。这是由于界面剪切强度计算是所有标距内断点的综合统计分析,受到纤维表面状态、制样过程、测试过程、测试温度等众多因素影响,也受到树脂基体韧性影响制约;另外,试样标距内的饱和断点为人为判定,也会存在一定误差。光弹花样仅为局部界面特征信息,单个光弹花样更多的受制于纤维和树脂粘结情况,界面结合较强,应力传递充分,局部树脂变形大,因此光弹花样更亮、形状成鞘型。上述带浆纤维体系光弹花样与去浆体系的显著差异表明,纤维树脂体系的界面结合情况无法准确由数值体现,但可由树脂和光弹花样综合判定。

5.3　微脱粘

本节采用微脱粘法评价不同型号碳纤维与环氧树脂及双马树脂的界面剪切强度,由于所用树脂与单丝断裂试验不同,两种方法不具有直接可比性,试验结果仅供参考。

5.3.1　微脱粘试验方法

1. 微脱粘试验的原理与装置

微脱粘法是一种由 Miller 等提出基于单根纤维的某一局部与基体发生脱粘现象来测试纤维与基体的界面强度的方法,其原理是对纤维单丝施加单向应力从而使得纤维上附着的树脂液滴产生剥离现象,进而测得剥离时的应力作为碳纤维与聚合物的界面剪切强度。该方法相比以往的表征手段而言,制样更加简单,适用纤维与聚合物基体的范围广,可实现微观界面强度分析,且可以屏蔽掉复合材料中其他与界面无关因素的影响,指导复合材料制备条件的优化和对应纤维、聚合物基体的研发工作,但同时在精准性上存在着很多缺陷。首先,由于脱粘现象瞬间发生,因此不方便观察界面脱粘过程;其次,树脂在纤维表面接触时形成了一定的圆弧状倾角,粘接长度或粘接面积不易精准测量;再次,该方法是在理想的假定界面上剪切应力沿纤维轴向方向均匀分布为基础的,因此最后计算得到的剪切强度是整体界面的平均值,并且经 Rao 等研究发现,树脂微球的尺寸与力学性能对测试的微复合材料界面剪切强度的影响不可忽略;最后,纤维埋入过长将导致纤维在脱粘前发生断裂,使得测试失败。

日本东荣产业株式会社 2002 年与东京工业大学以及东京大学联合开发了 MODEL HM410 复合材料界面性能评价装置,如图 5.47(a)所示。该装置能够在室温约 400 ℃ 环境下对附着有树脂微球的纤维单丝进行拍摄,得到树脂与纤维单丝的接触角。同时,可进行微脱粘试验,根据此时的剥脱载荷,求出纤维与树脂的界面剪切强度,从微观角度对复合材料界面性能进行评价。该装置主要由光学部分、应力检测及控制部分和对应电脑数据分析系统组成。

本章采用自制的 CMIC-8 复合材料界面性能评价装置,如图 5.47(b)所示。该装置主要由刀具定位部分、纤维移动部分、观测部分和检测部分组成。刀具定位部分主要为精密滑台,负责两片刀具之间的开合以及整体的纵深调节。纤维移动部分是仪器的主要工作部分,负责纤维试样的固定以及带动试样的上、下运动。观测部分为显微镜,将显微镜安装在三维平台上。检测部分为一个 mN 级微力传感器,配以信号变送器和数据采集卡,将传感器返回的模拟电压信号转换成数字信号。与日本东荣 MODEL HM410 复合材料界面性能评价装置不同,CMIC-8 复合材料界面性能评价装置纤维移动部分采用垂直安装,以消除树脂微球自身重力对微脱粘试验剥脱载荷的影响。

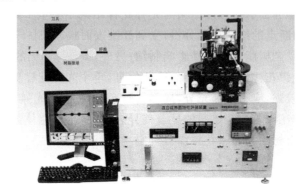

(a) 东荣 MODEL HM410 复合材料界面性能评价装置

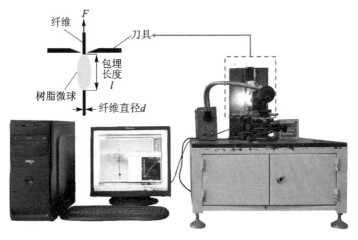

(b) 自制CMIC-8复合材料界面性能评价装置

图 5.47　微脱粘试验装置

2. 碳纤维真实周长统计

在计算微脱粘界面剪切强度时,剥脱力和树脂微球的长度均由仪器测量而得,但碳纤维截面周长则另需测量或计算。碳纤维截面周长有多种计算方式,简单的计算方式是通过扫描电子显微镜对碳纤维侧面进行拍照,测量碳纤维的直径,将碳纤维看成圆形截面,根据圆形周长公式进行计算;另一种方式是根据 GB/T 3364—2008,使用透射电子显微镜或金相显微镜进行直接测量,或者计算当量直径。上述方法对标准圆形截面碳纤维而言,简单便捷,但对于异形碳纤维或者带有大量沟槽碳纤维而言,则不够准确,因此对碳纤维真实周长进行测试,可得到更加准确的微脱粘界面剪切强度数值。目前,研究者已提出使用软件(MATLAB)运算程序对碳纤维真实周长进行统计分析。

碳纤维真实周长统计过程包括两个步骤:图像处理与数据计算。统计过程的流程如图 5.48 所示。

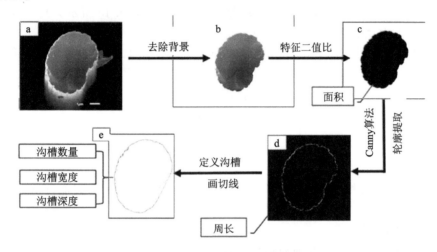

图 5.48　碳纤维真实周长统计过程

(1) 图像处理

首先,通过 SEM 拍照获得不同碳纤维的截面形貌图;然后使用软件对碳纤维横截面 SEM 图像(见图 5.48 中的 a)进行预处理获取碳纤维横截面轮廓,形成封闭区域;之后将轮廓外的背景全部删除,见图 5.48 中的 b。此时两者均为灰度图像。为了后续表面沟槽计算,使用MATLAB R2020a 软件编写程序将处理后的 SEM 图像转换为黑白二值图像。

(2) 数据计算

在 MATLAB 中编写的程序,调用 Canny 算子提取纤维边缘的每一点的坐标,利用二值图像标记算法计算纤维横截面的面积所包含的像素点个数。利用本文中 SEM 原始图片中标尺及其对应的像素点个数,根据像素点和实际尺寸的换算关系,可计算出纤维截面实际的国际单位制的周长。

3. 界面剪切强度的计算

迄今为止,微脱粘试验的理论模型研究较少。由图 5.1 可以看出,微脱粘试验是纤维拔出试验的一种变体,然而,微脱粘试验中施加在纤维末端和基体的边界条件与纤维拔出试验不同。同时,由于聚合物基体刚度较低,在纤维拔出试验中聚合物基体比在微脱粘试验中更容易变形。因此,适用于纤维拔出试验的众多理论并不能直接应用于微脱粘试验的研究。

对于微观力学模型,可以区分出两种主要方法:

① 断裂力学方法,即在界面破坏时建立能量平衡(能量准则);

② 剪切-滞后型方法,即在纤维/微球系统内建立应力平衡(最大应力准则),有限元分析也属于此方法。

（1）能量准则模型

能量准则模型大致可分为 Piggott 模型、Penn－Chou 模型和 Palley－Stevans 模型,下面对这三种模型进行简要介绍。

1）Piggott 模型

Piggott 在早期描述复合材料逐步失效过程的工作中使用过应力准则模型,而脆性断裂中的突然失效现象更适用于断裂力学能量准则模型。而后为阐述玻璃纤维或碳纤维与环氧树脂体系测试中的脆性断裂,他开发了一种适用于传统的纤维拔出试验的能量准则模型。

Piggott 模型使用的几何模型类似于纤维拔出试验,如图 5.49 所示。其中,r 为纤维半径,l 为包埋长度,R 为圆柱形基体的半径。

纤维在拉伸力 F 的作用下,纤维与基体界面处受到剪切力。当力达到界面脱粘力 F_c 时,纤维与基体发生瞬时脱粘。界面脱粘力 F_c 可表示为

$$F_c = 2\pi r \sqrt{\frac{E_f G_i r \, nl \tanh(nl/r)}{r}} \tag{5.11}$$

$$n^2 = \frac{2G_m}{E_f \ln\left(\dfrac{R}{r}\right)}$$

式中,E_f 为纤维的杨氏模量,G_m 为基体的剪切模量,G_i 为界面的断裂能,tanh 为双曲正切函数。

2）Penn－Chou 模型

Penn－Chou 模型使用的几何模型更接近实际的微脱粘试验,但忽略了嵌入基体上边界的刀具,如图 5.50 所示。其中,r 为纤维半径,l 为包埋长度,R 为圆柱形基体的半径,a 为初始界面裂纹长度。

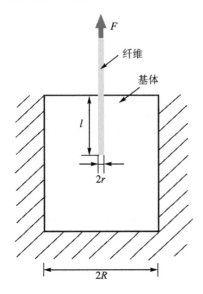

图 5.49　Piggott 模型示意图

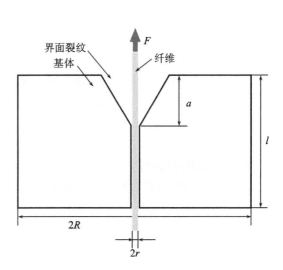

图 5.50　Penn－Chou 模型示意图

根据能量守恒,界面断裂需要释放部分储存的弹性能量。由此可得脱粘力 F_c 的表达式:

$$F_c = \frac{2\pi r \sqrt{E_f G_i r}}{\sqrt{1 + \dfrac{1}{\cosh\left\{\cosh\left[n\left(\dfrac{l-a}{r}\right)\right]\right\}}}} \tag{5.12}$$

式中,E_f 为纤维的杨氏模量,G_i 为界面的断裂能,cosh 为双曲余弦函数。

对于用 SEM 观察未发现裂缝的试样,或是裂纹长度与树脂包埋长度($a \ll l$)相比可以忽略不计的情况,式(5.12)可简化为

$$F_c = \frac{2\pi r \sqrt{E_f G_i r}}{\sqrt{1 + \dfrac{1}{\cosh\left[\cosh\left(\dfrac{nl}{r}\right)\right]}}} \tag{5.13}$$

该模型引入了与 Piggott 模型相同的参数,特别是关于参数 n,它与厚度为 $R - r$ 的圆柱形基体的剪切密切相关。当包埋长度 l 足够时,式(5.13)可进一步简化为

$$F_c = 2\pi r \sqrt{E_f G_i r} \tag{5.14}$$

3)Palley - Stevans 模型

Palley 和 Stevans 深入研究了一种符合实际测试情况的模型,如图 5.51 所示。其中,树脂微球由长度为 l、半径为 R 的圆柱体表示,纤维半径为 r。该模型考虑了纤维与两个刀具的间距 h,测试过程中,这个相对距离会导致纤维周围半径为 h 的圆柱形基体(界面)受到剪切作用,刀具下方的基体受到压缩作用。界面开裂后,还考虑了脱粘纤维和基体之间的摩擦作用。

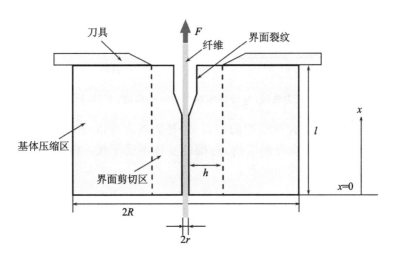

图 5.51　Palley - Stevans 模型示意图

Palley 和 Stevans 假设纤维和基体均为线弹性,并考虑界面处圆柱形裂纹的萌生和扩展。他们根据能量平衡得出了一个相当复杂的脱粘力 F_c 的表达式,它是裂纹尖端位置的一个函数,以研究裂纹扩展过程中强度的变化。

该模型可对各种参数(例如界面摩擦系数和纤维与刀具间距 h)与脱粘力的关系进行研究。纤维与刀具间距 h 被认为对结果的影响很小,因此在实验上可以忽略不计,这表明刀具的位置在一定程度内不显著影响脱粘力 F_c。此外,假设基体的剪切贡献可以忽略不计,界面处的摩擦非常低,可得

$$F_c = \frac{2\pi r \sqrt{E_f G_i r}}{\sqrt{1 + \dfrac{E_f}{E_m \left(\dfrac{R^2}{r^2} - 1\right)}}} \qquad (5.15)$$

式中,E_f 为纤维的杨氏模量,E_m 为基体的杨氏模量,G_i 为界面的断裂能。

(2)最大应力准则模型

最大应力准则模型则是根据施加的载荷估计界面处的应力分布,通常,假设当最大界面应力达到界面强度时发生脱粘。这种模型比能量准则模型更简单,且通常能给出更接近实验结果的数据。

1)Greszczuk 模型

Greszczuk 采用的几何模型与 Piggott 模型相似,如图 5.52 所示。但它引入了界面层的厚度 b_i 和界面剪切模量 G_i。

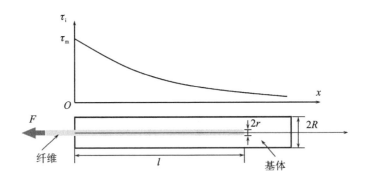

图 5.52 界面剪切应力曲线(与纤维末端距离 x 的函数)与 Greszczuk 模型示意图

Greszczuk 对轴对称和线弹性模型的假设是:径向效应可以忽略不计。对纤维施加的载荷 F 产生的应力和应变完全在界面层内,周围的基体不受干扰。沿纤维的剪应力不是恒定的,剪切应力最大值出现在纤维出露点:

$$\tau_i = \tau_m \frac{\alpha l}{\tanh(\alpha l)} \qquad (5.16)$$

$$\tau_m = \frac{F_d}{2\pi r l} \qquad (5.17)$$

$$\alpha^2 = \frac{2G_i}{b_i r E_f} \qquad (5.18)$$

式中,l 为包埋长度,F_d 为界面脱粘时的载荷,E_f 为纤维的杨氏模量,$\tanh$ 为双曲正切函数。该式涉及通常未知的界面的参数,这限制了该模型的应用。为了克服这个困难,通常假设

$$G_i = G_m \qquad (5.19)$$

$$b_{i} = r\ln\left(\frac{R}{r}\right) \tag{5.20}$$

式中，G_m 为基体的剪切模量，R 为纤维周围的基体半径，r 为纤维半径。由此，可得到新的 α 表达式：

$$\alpha^2 = \frac{2G_m}{r^2 E_f \ln\left(\frac{R}{r}\right)} \tag{5.21}$$

Greszczuk 模型假设变形完全发生在界面相，只有当界面相的变形能力远远大于基体的变形能力（假设基体为刚性）时才有效，否则，必须考虑纤维周围基体的贡献。

2）平均应力模型

平均应力模型假设界面剪切应力在整个纤维与基体的界面层中保持不变，也称为常剪应力模型，作用在纤维上的力为

$$F = 2\pi r l \tau_i \tag{5.22}$$

式中，l 是包埋长度，r 是纤维半径，τ_i 为界面剪切强度。该式使用碳纤维名义周长的简化计算，如果考虑纤维表面沟槽及实际真实周长，则需用实际周长代替纤维名义周长 $2\pi r$。该式给出了平均剪切应力的估计值，是目前解释微脱粘试验最常用的模型。本章微脱粘试验界面剪切强度采用此模型计算。

3）Scheer – Nairn 模型

Scheer 和 Nairn 采用的几何模型与 Palley – Stevans 模型类似，但边界条件略有不同，如图 5.53 所示。

该模型为轴对称的线弹性模型，假设纤维和基体中的轴向应力仅取决于 x（沿纤维轴向距原点的距离，无径向相关性）。

Scheer 和 Nairn 将分析嵌入单纤维应力的变分力学方法应用于微脱粘试样的应力分析。试样应力状态计算结果表明，纤维与基体界面处存在较大的径向拉伸应力和剪切应力，而通常对微脱粘数据的分析是根据平均剪切应力进行的。Scheer 和 Nairn 认为该方法比常用的剪切-滞后模型（Cox 模型等）或弹塑性模型（Kelly – Tyson 模型）更准确，并建议使用

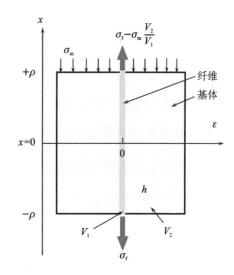

图 5.53　Scheer – Nairn 模型示意图

能量释放率、平均能量或最大应力进行替代，能量破坏分析还可进一步用于确定界面断裂韧性。

4）Large – Toumi 模型

Large – Toumi 模型与实际微脱粘试验非常相似，该模型与 Greszczuk 模型的公式相同，但采用的几何模型和边界条件更符合微脱粘试验的实际情况，如图 5.54 所示。基体由长度为 L 的圆柱体表示，L 不是包埋长度，而是在测试过程中从纤维中脱粘的微球长度（不包含纤维上残留的弯月型基体），该值通过测试后成像系统测量获得。r 为纤维半径，圆柱形基

体的半径 R 等于实际微球的半径。这种轴对称的几何形状类似于 Palley - Stevans 几何模型。

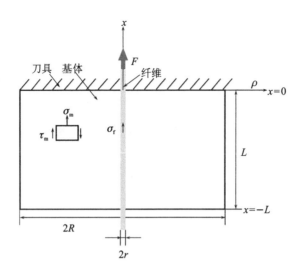

图 5.54   Large - Toumi 模型示意图

Large - Toumi 模型假设系统是轴对称且线弹性的,假定基体和纤维的轴向应力 σ_m 和 σ_f 与 ρ 无关,径向效应忽略不计(包括由于泊松比引起的基体膨胀和纤维收缩)。考虑边界条件,得到应力的表达式为

$$\left. \begin{array}{c} \sigma_m = \dfrac{-F\{\cosh[\alpha(x+L)]-1\}}{\pi(R^2-r^2)[\cosh(\alpha L)-1]} \\[3mm] \sigma_f = \dfrac{F\{\cosh[\alpha(x+L)]-1\}}{\pi r^2[\cosh(\alpha L)-1]} \end{array} \right\} \tag{5.23}$$

当施加载荷 F 达到脱粘力 F_d 时,应力最大值为界面剪切强度 τ_i,即

$$\tau_i(x) = \frac{-\alpha F}{2\pi r[\cosh(\alpha L)-1]}\sinh[\alpha(x+L)] \tag{5.24}$$

$$\alpha^2 = \frac{4G_m\left[\dfrac{r^2}{R^2}\left(\dfrac{E_f}{E_m}-1\right)+1\right]}{r^2 E_f\left[2\ln\left(\dfrac{R}{r}\right)-\left(1-\dfrac{r^2}{R^2}\right)\right]} \tag{5.25}$$

式中,x 为沿纤维轴向距原点的距离,E_f 为纤维的杨氏模量,E_m 为基体的杨氏模量,G_m 为基体的剪切模量,cosh 为双曲余弦函数,sinh 为双曲正弦函数。

当 R 远大于 r 时,α^2 可以简化为

$$\alpha^2 = \frac{2G_m}{r^2 E_f\ln\left(\dfrac{R}{r}\right)} \tag{5.26}$$

不难发现,系数 α 最初是由 Greszczuk 引入的。但由于微脱粘试验特殊的边界条件,Large - Toumi 模型得到的 τ_i 与 Greszczuk 模型并不完全相同。

4．微脱粘试验过程优化分析

（1）树脂微球大小

Rao 等指出，随固化条件改变，树脂微球的力学性能会随着尺寸的大小而改变，树脂微球直径过大时将导致纤维断裂而不是从基体中拔出。因此，在微脱粘试验中，应尽量保证纤维埋入长度在较小偏差范围内，且测试结果取多次测试的平均值。另外，树脂微球与纤维的表面张力作用，树脂微球两端都有向外突出的月牙形区域，该区域大小对微脱粘试验的测试结果会产生影响，使得界面应力状态复杂化。Choi 提出，采用准圆盘形试样代替树脂微球进行微脱粘试验，可以改善试验结果分散和应力分布复杂的问题。

（2）刀具夹持位置

在微脱粘试验中，即使树脂微球尺寸相同，最大脱粘载荷往往也会出现较大的分散性。随着刀具距离纤维位置的增大，纤维中应力集中现象得到缓解，在远离加载位置，纤维中应力水平增大，且随着刀具距离纤维距离的增大，界面脱粘的长度增加。也就是说，最大脱粘载荷将随着夹持距离的增大而降低，随刀具与纤维的距离增大，刀具对纤维中应力的干涉减小，应力集中程度降低，载荷在纤维与界面中的传递效率增大。因此，要求在每次测试中，须保持刀片夹持位置的一致性，以避免误差产生。

试验过程中，可能会出现刀具卡住树脂微球的现象，随着纤维拉伸过程，纤维不能保证垂直状态，可能会向一侧倾斜。这是由于刀具未恰好卡在纤维与树脂微球的接触面上，对纤维产生横向作用力，造成纤维倾斜。此时应停止试验，重新移动刀具位置，否则会造成纤维断裂，试样作废。刀具卡在树脂微球上，在剥脱过程中易导致树脂微球的破裂，而非从纤维上剥离。另外，由于刀具、纤维与树脂微球可能无法同时聚焦，在移动刀具时要多加注意，且在试验中应实时观察，避免刀具切断纤维的现象出现。

5．微脱粘试验制备过程

分单丝：将待测试样的一束纤维置于防粘纸上，小心将单丝从纤维束中分离出来，将碳纤维单丝移至 C 形片上，绷直并固定。

点树脂球：树脂和固化剂按比例配比，加热抽真空，去除气泡并使树脂粘度降低；用针尖蘸取少量树脂点在单丝上。

固化：将点完树脂球的单丝试样放进烘箱，按树脂固化工艺固化，待固化完成自然冷却后取出。

固定纤维：取出 C 形片后，单丝由于附着小球的重力作用会向下弯曲，需重新固定纤维两端，使纤维绷直，使用胶水再次固定，待胶水固化完全后试样方可使用。

图 5.55 所示为微脱粘试样示意图。图 5.56 所示为 CCD 摄像头实时显示拉伸过程。

测试过程如下：

① 调节仪器焦距，使纤维、树脂微球及刀片均能在屏幕上清楚显示。

② 使 C 形片上下移动，选择大小合适（约 $40\ \mu m$）的树脂微球，量取树脂微球直径，重复三次，取平均值 d。

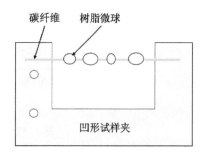

图 5.55　微脱粘试样示意图

③ 移动一侧刀片,使刀片恰好卡住小球纤维轻轻扰动时,稍许回撤刀片,此时移动另一测刀卡住小球。

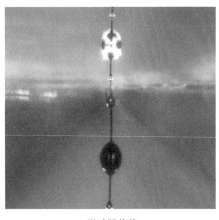 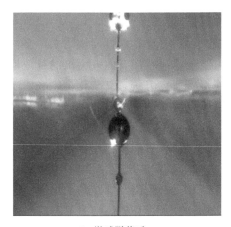

(a) 微球脱落前   (b) 微球脱落后

图 5.56　CCD 摄像头实时显示拉伸过程

④ 开始试验,使 C 形片朝某一方向持续移动,随着试验进行,纤维和树脂微球界面间会产生剪切力并不断上升,力传感器可检测力的大小,直到树脂微球与纤维脱离的瞬间,停止试验,记录此时界面剪切力 F 的大小。图 5.57 所示为试验过程中的力-时间曲线。

⑤ 若测试完成后,纤维没有断裂,可移开刀片,选择另一小球重新重复测试,直至测试10 个有效数据为止。每组试样至少测试 3 根碳纤维单丝。

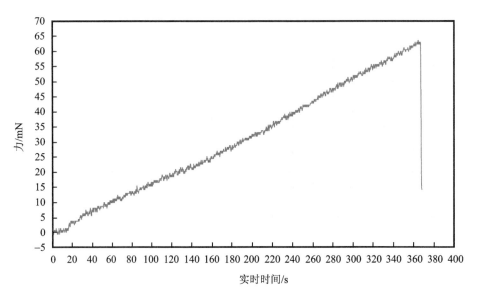

图 5.57　试验过程中的力-时间曲线

6. 微脱粘试验材料与设备

试验所用原材料及生产厂家如表 5.6 所列。

表 5.6 微脱粘试验所用原材料及生产厂家

碳纤维种类	进口/国产	牌　号	树脂型号
标模型	日本东丽公司	T300 - 3K - 40B	5228 环氧树脂
	国产	CF300 - 4	
		CF300 - 5	
		CF300(JHT)	
		CF300(HF)	
高强标模型	日本东丽公司	T700SC - 12K - 50C	5429 双马树脂
	国产	CF700H	
		CF700G	
		CF700S	
高强中模型	日本东丽公司	T800HB - 6K - 40B	AC531 环氧树脂 AC631 双马树脂
		T800SC - 12K - 21A	
		T800SC - 12K - 11A	
	国产	CF800G	
		CF800H	
		CF800S	
高模型	日本东丽公司	M40JB - 6K - 50B	BA9913 环氧树脂
	国产	CM40J	
		CZ40J	

5.3.2 碳纤维增强聚合物基复合材料微脱粘性能分析

不同种类碳纤维单丝复合材料界面性能存在明显差异。一方面是由于碳纤维的种类不同而造成的;另一方面,对于不同树脂,含有同种碳纤维的单丝复合材料界面剪切强度也存在差异,这说明树脂基体的选择也会影响碳纤维单丝复合材料界面性能。

因此,为消除树脂基体的影响,标模型碳纤维采用 5228 环氧树脂为基体,高强标模型碳纤维采用 5429 双马树脂为基体,高强中模型碳纤维采用 AC531 环氧树脂和 AC631 双马树脂为基体,高模碳纤维采用 BA9913 环氧树脂为基体,然后将不同种类碳纤维/树脂单丝复合材料界面性能分别进行对比,结果如表 5.7～表 5.11 所列。

为简化计算,试验假定碳纤维直径不变,标模型、高强标模型和高模碳纤维直径定为 7 μm,高强中模型碳纤维直径定为 5 μm。可以看出,高强中模型碳纤维的界面剪切强度值整体最高,其次为高强标模型碳纤维与标模型碳纤维,高模碳纤维界面剪切强度最低。几种碳纤维的界面剪切强度值去浆前后差别不大。

表 5.7　不同标模型碳纤维/环氧树脂单丝复合材料界面性能对比

纤维种类	界面剪切强度/MPa	变异系数/%
T300B	86.79	10.89
T300B 去浆	76.68	10.96
CF300 - 4	89.81	6.51
CF300 - 4 去浆	60.87	8.57
CF300 - 5	89.32	5.33
CF300 - 5 去浆	74.89	4.61
CF300（JHT）	79.76	6.93
CF300（JHT）去浆	69.42	7.27
CF300（HF）	83.68	8.26
CF300（HF）去浆	73.36	10.72

表 5.8　不同高强标模型碳纤维/双马树脂单丝复合材料界面性能对比

纤维种类	界面剪切强度/MPa	变异系数/%
T700SC	107.02	8.56
T700SC 去浆	100.64	7.87
CF700H	100.61	7.98
CF700H 去浆	119.97	6.56
CF700S	81.69	2.94
CF700S 去浆	78.31	6.88
CF700G	83.56	10.32
CF700G 去浆	80.59	5.75

表 5.9　不同高强中模型碳纤维/环氧树脂单丝复合材料界面性能对比

纤维种类	界面剪切强度/MPa	变异系数/%
T800HB	98.38	3.74
T800HB 去浆	107.99	5.59
T800SC	118.83	5.87
T800SC 去浆	103.65	5.53
CF800H	94.18	5.46
CF800H 去浆	83.55	5.41
CF800S	147.18	6.90
CF800S 去浆	158.65	11.11

表 5.10　不同高强中模型碳纤维/双马树脂单丝复合材料界面性能对比

纤维种类	界面剪切强度/MPa	变异系数/%
T800HB	79.08	3.56
T800HB 去浆	88.41	3.62
T800SC	83.35	2.10
T800SC 去浆	94.29	5.40
CF800H	85.11	4.21
CF800H 去浆	88.76	4.29
CF800G	102.07	2.45
CF800G 去浆	104.60	5.27
CF800S	101.35	4.49
CF800S 去浆	108.91	5.25

表 5.11　不同高模碳纤维/环氧树脂单丝复合材料界面性能对比

纤维种类	界面剪切强度/MPa	变异系数/%
M40JB	32.11	11.11
M40JB 去浆	28.30	7.20
CM40J	29.81	6.98
CM40J 去浆	25.96	6.09
CZ40J	28.87	7.39
CZ40J 去浆	25.22	6.35

在几种标模型碳纤维中,共同的规律是带浆碳纤维单丝复合材料的界面剪切强度高于对应的去浆碳纤维单丝复合材料,说明上浆剂的存在有利于强化碳纤维与树脂之间的界面结合。几种国产标模型碳纤维单丝复合材料的界面剪切强度均与东丽公司 T300B 碳纤维相差不大,其中 CF300-4、CF300-5 碳纤维单丝复合材料的界面剪切强度略高于 T300B 碳纤维,说明国产标模型碳纤维的界面结合强度已接近或达到东丽公司 T300B 碳纤维的水平。

在几种高强标模型碳纤维中,除 CF700H 外,带浆碳纤维单丝复合材料的界面剪切强度高于对应的去浆碳纤维单丝复合材料,这与标模型碳纤维的单丝复合材料界面性能相似。东丽公司 T700SC 碳纤维与国产 CF700H 碳纤维相比,T700SC 碳纤维与 5429 双马树脂体系形成的界面同 CF700H 碳纤维复合材料界面性能相近。结合前文研究,比较两者碳纤维的表面特性,T700SC 的表面粗糙度为 6.26 nm,表面 O/C 为 0.24;而 CF700H 的表面粗糙度为 33.40 nm,表面 O/C 为 0.17。比较两纤维表面粗糙度与活性官能团比例,T700SC 表面粗糙度小于 CF700H,而活性官能团比例要大于 CF700H。由此可见,表面粗糙度与活性官能团共同影响界面性能。此外,相比 T700SC 与 CF700H,CF700S、CF700G 与 5429 双马树脂体系的界面结合强度明显较低,说明这两种纤维与 5429 双马树脂的匹配性较差,界面性能弱于 T700SC 碳纤维。

在几种高强中模型碳纤维中,与 AC531 环氧树脂结合时,T800SC 和 CF800H 碳纤维单丝复合材料的界面剪切强度高于对应的去浆碳纤维单丝复合材料,说明去浆后碳纤维与树脂之间的界面结合作用减弱;T800HB 和 CF800S 碳纤维单丝复合材料的界面剪切强度明显小于对应的去浆碳纤维单丝复合材料。可以看出,高强中模型碳纤维的单丝复合材料界面性能反映出不同的规律,对于部分高强中模型碳纤维,去浆后纤维的界面剪切强度都有所下降,说明上浆过程对纤维与树脂间的结合力无不利影响。然而,对于 T800HB 和 CF800S 碳纤维,去浆之后碳纤维的单丝复合材料界面性能明显升高,究其原因,T800HB 去浆后表面 O/C 从 0.17 上升到 0.21,表面粗糙度由 20.00 nm 升高到 24.48 nm,导致去浆后界面性能提高。与 AC631 双马树脂结合时,所有高强中模型碳纤维去浆后界面剪切强度更高,但与带浆碳纤维相比差距不大,这可能是因为试验所用的几种高强中模型碳纤维上浆剂更适配于环氧树脂。

在几种高模碳纤维中,共同的规律是为带浆碳纤维单丝复合材料的界面剪切强度高于对应的去浆碳纤维单丝复合材料,这与标模型和高强标模型碳纤维的单丝复合材料界面性能相似。在几种高模碳纤维中,M40JB 碳纤维单丝复合材料的界面剪切强度高于国产的 CM40J 和 CZ40J 碳纤维单丝复合材料,这是因为 M40JB 碳纤维的表面粗糙度和表面 O/C 值均明显高于 CM40J 和 CZ40J 碳纤维。

5.3.3 微脱粘试验综合评价分析

由上述各牌号碳纤维与树脂微脱粘测试结果可知,纤维牌号不同、带浆状态不同、树脂类型不同时复合材料体系的界面剪切强度存在较大差异,界面剪切强度既受到碳纤维牌号/表面状态的影响,也受到树脂性能的影响,但整体呈现一定的规律性。上浆、去浆国内外碳纤维没有明显变化。

对于大多航空用环氧和双马树脂复合材料体系,如 5228、5429、AC531、AC631 等,其界面剪切强度值均较高,为 60~160 MPa。这几种航空用树脂决定了各牌号碳纤维复合材料界面剪切强度的基本值,在此基础上,不同厂家和不同牌号也产生不同程度的影响。

① 对于标模型碳纤维/5228 环氧树脂体系,不同厂家牌号碳纤维/5228 复合材料的界面剪切强度数值基本一致。

② 对于高强标模型碳纤维/5429 双马树脂体系,不同厂家牌号碳纤维/5429 复合材料的界面剪切强度数值存在一定差异,其中 T700SC/5429、CF700H/5429 体系(100~120 MPa)界面剪切强度数值高于 CF700S/5429 和 CF700G/5429 体系(约 80 MPa)。

③ 对于高强中模型碳纤维/AC531 环氧树脂体系,界面剪切强度数值在 80~160 MPa 之间,其中 T800HB/AC531 与 T800SC/AC531 体系界面剪切强度相当(100~110 MPa),而 CF800H/AC531(80~90 MPa)则显著低于 CF800S/AC531(约 150 MPa)。

④ 对于高强中模型碳纤维/AC631 双马树脂体系,界面剪切强度数值在 80~110 MPa 之间,T800H/AC631、T800SC/AC631 和 CF800H/AC631 体系界面剪切强度相当(80~90 MPa),略低于 CF800G/AC631 和 CF800S/AC631 体系(100~110 MPa)。

⑤ 对于高模碳纤维/BA9913 环氧树脂体系,其复合材料界面剪切强度数值呈现较低水平,表明该树脂对碳纤维复合材料界面剪切强度数值起到了决定性作用。

总体来说,微脱粘试验相比于单丝断裂简单易操作,适用的树脂体系也更加广泛,在碳纤维牌号众多,新型树脂层出不穷的当今,微脱粘试验可作为最有效的界面表征手段。微脱粘测试结果较好地反映了影响界面剪切强度的关键因素,航空用树脂类型对碳纤维复合材料界面剪切强度将产生最主要的影响,在此基础上叠加不同纤维牌号(表面状态)的影响。因此在碳纤维复合材料界面性能研究以及关注碳纤维表面状态的同时,应增加对树脂类型、成分和分子结构等对界面性能影响的关注。对于碳纤维复合材料界面性能改性提升的思路,也应该从单一的碳纤维表面改性转为对树脂和纤维的共同改性。

第6章　碳纤维增强聚合物基复合材料宏观界面性能

6.1　引　言

碳纤维增强聚合物基复合材料的界面(interface),是指在碳纤维与聚合物基体接触浸润、固化或凝固成型时形成的厚度在纳米级范围的过渡区域,这一区域也称为界面相(interphase)或界面层。受界面影响较大的宏观力学性能主要包括 0°压缩强度、90°拉伸强度、短梁剪切强度、弯曲强度及断裂韧性等。复合材料界面微观应力传递的 Kelly - Tyson 模型、Nairn 剪滞模型和 Cohesive 模型等均提供了微观界面影响宏观界面性能的理论基础。

湿热环境是碳纤维增强聚合物基复合材料使用过程中经常遇到的一种环境。对于大多数的复合材料,其各组分相的饱和吸湿率以及吸湿膨胀系数的不同,会导致吸收水分后产生不均匀变形和内应力,从而引起材料界面损伤脱粘及组分材料开裂等诸多复杂的湿度效应,最终导致材料性能的变化。同时,复合材料不同组分的热膨胀系数也不相同,会导致复合材料在热作用下产生结构缺陷。这些由湿热引起的材料缺陷将大大降低材料的综合性能,给相应结构的正常使用带来潜在威胁。

从复合材料实际使用环境的角度,航空用复合材料的使用温度范围一般在−55~150 ℃之间,极端环境下甚至可达 400 ℃,但这会对复合材料的基体性能造成巨大影响,引起基体控制的力学性能(如压缩、剪切性能等)明显下降。此外,高温环境会加剧水蒸气对复合材料的作用,经过湿热老化的复合材料内部缺陷会由于热膨胀、界面脱粘、水分汽化等原因进一步扩大,导致更严重的性能下降。因此,在对复合材料进行不同温度下的力学性能测试时,需要对测试时的温度选择加以关注。进行测试时试样所处环境的温度高于或低于常温,相当于对湿热老化后的试样进行热处理或冷处理,进一步影响复合材料界面处的状态。

在界面处,湿热环境引起的破坏主要分为两个部分:一是水进入裂纹后,通过诱发分解,与极性基团形成氢键等方式加快裂纹沿着界面扩展,而扩展的裂纹又为水的进一步扩散提供了条件;二是温度升高引起的聚合物基体与纤维由于热膨胀系数不同而产生的不均匀变形。这种变形会使界面处产生应力,增加裂纹产生的风险。

水分作用方面,湿热效应可能会引起聚合物基体的吸水膨胀,从而影响复合材料的长期性能。聚合物基体吸水膨胀在大部分情况下是可逆的,可以通过将复合材料从湿热环境中移除或适当加热实现消除。水分渗透由扩散作用、毛细作用和微裂纹的传输作用主导,并且水分吸收速率随基体类型、纤维取向、温度、湿度和纤维体积分数变化。吸湿可能会因为增塑、膨胀、开裂和水解促使基体的力学性能和热性能发生变化,并且还可以使界面区域发生降解。在高温环境下,水分渗透可能引起聚合物交联网络不可逆的结构变化。在许多情况下,湿热老化引起的结构缺陷和结构增塑可能会同时存在,并且对复合材料的性能产生复杂的影响。

热作用方面,碳纤维增强聚合物基复合材料是增强体和基体性能相差很大的多相材料,其增强体和基体具有不同的热膨胀系数。当任一组分的膨胀或收缩受到约束时,界面处就会产生残余应力。当这种复合材料暴露于湿热环境时,就可能因残余应力导致结构缺陷,最终可能导致复合材料的失效。Akeay 等将碳纤维/双马来酰亚胺复合材料在 250 ℃下处理不同时间,发现其短梁剪切强度随处理时间的增加而降低,且出现不同的断裂模式。未处理时试样呈脆性断裂,处理时间增加后,材料出现显著的纤维脱粘现象。同时,高温环境下,未固化完全的材料可能进一步发生后固化,伴随着分子链交联而出现不可逆的聚合物基体收缩。热处理的后固化作用会显著增加材料的交联密度,从而提高材料的力学性能。此外,热处理可能会改变复合材料各组分的吸湿率,从而加重水分作用对基体结构的破坏,形成湿热-高温耦合效应。

在对试样进行吸湿浸润,模拟实际湿热环境以研究材料受到的影响时,通常可以使用两种吸湿方法,即固定时间吸湿浸润和平衡吸湿浸润。固定时间吸湿浸润是指将试样暴露于吸湿环境,持续固定时间;而平衡吸湿浸润则是将试样暴露于吸湿环境直至其吸湿达到饱和。固定时间吸湿浸润方便省时,但处理得到的试样未达饱和吸湿,其内部的吸湿状态通常并不均匀,因此一般用于定性评估材料的吸湿速度以及其性能受湿热环境影响的大小。平衡吸湿浸润则可以保证试样吸湿充分均匀,适于推算试样吸湿过程动力学参数(扩散系数、饱和吸湿率等)以及复合材料在极限吸湿状态下的性能变化。

试样达到平衡吸湿可能需要较长的时间,因此在实际测试中,我们可以通过改变其他环境条件来模拟在使用环境中更长时间的吸湿过程,以达到节省时间的目的。例如,可以在试样吸湿处理初期使用高湿度(95% 以上)以加速水分浸润,随后再转移到相对较低的湿度水平(85%)并处理至吸湿平衡。更改湿度、温度是最常用的加速湿热老化的方法,然而在设置加速老化条件时,需要注意不能引起其他方面的变化(如过高温度导致聚合物基体发生化学变化),从而干扰模拟结果。

值得注意的是,在工程应用中评价湿热老化对复合材料宏观力学性能的影响时,为了简便统一,常常不会将所有复合材料都处理到饱和吸湿,而是采用同一规定的湿热老化条件进行处理和测试。根据航空行业标准 HB 7401—1996,航空用复合材料可以使用(70±5)℃水浸 14 天的湿热条件进行加速老化,然后测试力学性能。该条件现已沿用为航空上通用的标准。事实上,与该加速老化条件等效的实际湿热老化程度已经非常严重,一般的航空复合材料在整个服役过程中都不会经受如此强烈的湿热影响。因此,本章对用于测试宏观力学性能的复合材料试样进行湿热处理时,均采取 HB 7401—1996 标准推荐的 71 ℃水浸 14 天的加速老化条件。

本章采用的聚合物可分为热固性聚合物和热塑性聚合物两类。其中,碳纤维增强热固性聚合物基复合材料包括 CF800H/AC531 环氧树脂基复合材料、CF800H/AC631 双马树脂基复合材料、CF800H/AC721 聚酰亚胺树脂基复合材料、U3160/AC729RTM 聚酰亚胺树脂基复合材料、ZT7H/QY9611 双马树脂基复合材料、CF300/5405 双马树脂基复合材料及 CF300/QY8911 双马树脂基复合材料。碳纤维增强热塑性聚合物基复合材料分别为 Cetex® TC1100 PPS 复合材料和 Cetex® TC1200 PEEK 复合材料。本章所用部分聚合物性能见表 6.1。

表 6.1　本章所用部分聚合物浇注体力学性能表

材　料	AC531	AC631	PPS	PEEK
拉伸强度/MPa	94.3	103	84.0	94.0
拉伸模量/GPa	3.64	3.59	2.5	3.80
弯曲强度/MPa	121	171	125	145
弯曲模量/GPa	3.22	3.79	3.5	3.80

本章提供的复合材料所用碳纤维均处于研发阶段,碳纤维编号并不代表实际厂家的商用牌号,只用于表示对应的碳纤维级别。

本章中各项宏观力学性能的测试条件涵盖不同的湿热处理条件与不同的测试温度。测试条件中,"干态"代表试样没有经过湿热老化处理,"湿态"则代表试样在测试之前经过了 71 ℃水浸 14 天的湿热处理。本章对于复合材料吸湿行为的研究主要依据 HB 7401—1996 标准进行。

6.2 复合材料宏观界面性能测试方法

6.2.1 复合材料试样吸湿曲线的测定

为了研究湿热处理对复合材料结构和性能的影响,需要先测定复合材料的吸湿曲线。吸湿曲线可以反映复合材料的饱和吸湿能力、吸湿速率等特性,为复合材料在使用环境中的吸湿程度判断提供参考。

需要注意的是,复合材料在湿热条件下的自然老化是一个耗时很长的过程,不利于我们研究湿热老化对复合材料性能的影响。因此,比较通用的行业标准(ASTM D5229、HB 7401—1996)都建议使用加速老化的方式对复合材料试样进行湿热处理,即将标准的复合材料试样浸泡在恒定温度的去离子水中处理几天至几十天,以此模拟自然湿热环境中更长时间的老化,并通过这种方式测定其吸湿曲线。

本章进行的吸湿曲线测定参照 HB 7401—1996《树脂基复合材料层合板湿热环境吸湿试验方法》标准进行,以下内容均由该标准摘录。

将标准吸湿试样(尺寸为 50 mm×50 mm×2 mm)置于去离子水中,并放入 71 ℃烘箱中保温。从 0～1 344 h(56 天)之间取 30 个时间点,按照前密后疏的时间间隔(从 1 h、2 h、4 h 逐渐增大)测量其质量变化情况。在每个时间点分别测试 5 个对应试样,每组取平均值。某一时刻试样质量增量与试样原质量的比值即为试样在该时刻的吸湿率 M_t。

通过对不同时间吸湿率的计算,得到复合材料相对吸湿率与时间的平方根(M_t-$\sqrt{t}$)的关系,将其绘制成折线图,即为试样的吸湿曲线。吸湿曲线可以用于衡量复合材料的吸湿速率、饱和吸湿率及水在其中的扩散系数 D。

6.2.2 拉伸测试

拉伸测试是碳纤维增强聚合物基复合材料力学性能评价中最简单易行的一类测试。单向复合材料一般按照拉伸载荷的方向与纤维排布方向的夹角分为 0°拉伸、90°拉伸等。

0°拉伸试验施加的拉伸载荷与碳纤维方向相同,因此碳纤维的承载能力可以得到最大发挥。但聚合物基体与界面在这一过程中同样起到一定的作用,即在部分碳纤维已经断裂失效之后,将其承受的载荷传递给其他碳纤维。不过整体而言,单向复合材料 0°拉伸的强度与模量结果与复合材料界面关系不大。

90°拉伸试验通过测量单向纤维复合材料横向于纤维方向的拉伸强度来评估复合材料的界面性能。该试验的有限元分析表明,界面脱粘是横向裂纹萌生的最可能原因,因此可以通过 90°拉伸强度来表征复合材料的界面结合能力。对于大多数复合材料,90°拉伸强度的结果与界面剪切强度的结果显现出相同的变化趋势,且 90°拉伸过程中的复合材料失效模式比较单一,因此 90°拉伸测试在衡量不同纤维-聚合物体系界面性能中的局限性更小。

拉伸测试一般参照 ASTM 协会的 ASTM D3039[①] 标准进行,以下内容均由该标准摘录。

将复合材料层合板切割成标准尺寸,0°拉伸测试的试样尺寸为长 250 mm、宽 15 mm、厚 1 mm,90°拉伸测试的试样尺寸为长 175 mm、宽 25 mm、厚 2 mm,并用结构胶粘贴加强片,样条的中央粘贴应变片。加载速度设置为 2 mm/min。试样的拉伸强度计算公式如下:

$$\sigma_t = \frac{P_{max}}{bt} \tag{6.1}$$

式中,P_{max} 为测试中的最大力,b 为试样宽度,t 为试样厚度。拉伸模量由应力/应变得到。

复合材料试样的失效模式反映了试样各组分的力学性能以及它们之间的相互作用关系,因此要建立测试结果与复合材料力学性能的关系,首先需要对复合材料试样的失效模式进行评估。

0°拉伸试样的失效均为纤维纵向断裂,与复合材料界面几乎无关,故在此不作讨论。90°拉伸的失效模式也比较单一,有基体开裂与界面脱粘两种,反映在试样的宏观断裂上,主要是图 6.1 中的 LIT、GAT、LAT 三种。

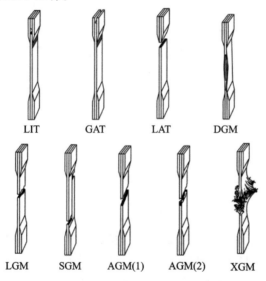

第一个字母		第二个字母		第三个字母	
破坏类型	代　码	破坏类型	代　码	破坏位置	代　码
倒角	A	夹具/加强片内部	I	底部	B
边缘分层	D	夹具/加强片	A	顶部	T
夹具/加强片	G	距夹具/加强片小于1倍宽度	W	左侧	L
横向	L	工作段	G	右侧	R
混合模式	M(xyz)	多处	M	中段	M
纵向劈裂	S	多种	V	多种	V
爆裂	X	未知	U	未知	U
其他	O				

图 6.1　复合材料拉伸试样的失效模式示意图

---

① ASTM D3039 标准 *Standard test method for tensile properties of polymer matrix composite materials*,即《聚合物基复合材料拉伸性能测试方法》。

6.2.3 压缩测试

与拉伸测试相同,单向复合材料一般按照压缩载荷的方向与纤维排布方向的夹角分为 0°压缩、90°压缩等。

0°压缩测试可以直观地表征聚合物基复合材料层合板的界面结合能力。进行 0°压缩测试时,碳纤维与聚合物基体倾向于发生纵向的压缩形变,从而因泊松效应而产生垂直于纤维方向的扩张。复合材料试样中部的基体与纤维受到挤压,基体向两侧运动并与纤维发生脱粘是复合材料失效的主要原因。因此,界面结合能力强的复合材料 0°压缩性能更好。

与 0°压缩测试不同,90°压缩测试的压缩载荷与纤维方向垂直,因此碳纤维很难在这种情况下发挥很强的承载作用。90°压缩破坏的过程类似晶体材料中滑移带的产生与扩大过程,裂纹先在聚合物基体或界面处出现,然后大致沿 45°方向扩展。此时,聚合物基体和界面的强度会影响滑移带扩展的难易程度,从而影响复合材料的 90°压缩强度。

ASTM 协会的 ASTM D6641[①] 标准是进行压缩测试时参考的常用标准,以下内容由该标准摘录。

图 6.2 所示为复合加载压缩试验夹具。进行压缩试验时需将复合材料层合板切割成标准尺寸,压缩测试试样尺寸为 140 mm×12 mm×2 mm。对于单向复合材料,还需要用结构胶粘贴尺寸为 65 mm×14 mm×1.5 mm 的加强片,样条的中央粘贴应变片。加载速度为 1.3 mm/min,预加载力在 20~50 N 之间即可,每组试样测试不少于 4 个,收集破坏试样并记录数据。试样的压缩强度计算公式如下:

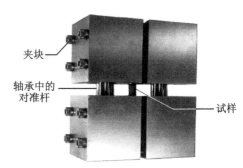

夹块

轴承中的对准杆

试样

图 6.2　复合加载压缩试验夹具

$$\sigma_c = \frac{P_{max}}{bt} \tag{6.2}$$

式中,P_{max} 为测试中的最大力,b 为试样宽度,t 为试样厚度。压缩模量由应力/应变得到。

需要注意的是,复合材料在压缩条件下的失效模式和位置多种多样,对于单向复合材料来说尤其如此。因此,测试压缩性能时,首先需要在复合材料两侧贴加强片,其次需要保留破坏试样,验证失效模式是否有效。例如图 6.3 所示的失效模式,只有左边 4 种可以认为有效。

除 ASTM D6641 之外,先进复合材料供应者协会制定的 SACMA SRM 1R—94[②] 标准也是 0°压缩测试经常参考的标准。该标准提供的方法主要用于单向纤维聚合物复合材料压缩强度和模量的测试,也广泛用于单向复合材料 0°压缩强度和模量的测试。0°压缩测试的试样尺寸为 140 mm×12 mm×2 mm,加载方式为端部加载,通过压缩过程的最大应力和压缩起始段的应力-应变变化率来计算试样的 0°压缩强度和模量。测试时,强度和模量分为两个试样

---

① ASTM D6641 标准 *Standard Test Method For Compressive Properties Of Polymer Matrix Composite Materials Using A Combined Loading Compression (CLC) Test Fixture*,即《采用复合加载压缩试验夹具测量聚合物基复合材料压缩性能的测试方法》。

② SACMA SRM 1R—94 标准 *Recommended Test Method for Compressive Properties of Oriented Fiber-resin Composites*,即《单向纤维树脂复合材料抗压性能的推荐试验方法》,1994。

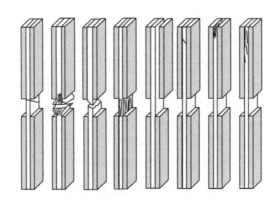

图 6.3　压缩测试中的多种失效模式

测试,强度试样需要在两侧贴加强片,模量试样则不需要。

该方法是国外工业界广泛用于测量单向复合材料 0°压缩强度的试验方法,其优点是对试验夹具和试样(包括加强片)的要求比较低,而且试样的尺寸小,但是也存在下列局限性。

① 需要同时提供两组试样分别用于单独测量压缩强度和压缩模量。

② 仅适用于测量单向试样 0°方向的压缩性能及织物试样 0°方向的压缩性能,而且对于织物材料,其单胞应小于试样的工作段长度(4.8 mm)。

③ 由于强度试样的工作段长度对于应变计来说不够大,而且模量试样(无加强片的)不适于加载至破坏,因此,该方法不能得出破坏应变,也不可能得到可用于监控试样弯曲百分比以评定工作段载荷是否正常的应力-应变响应。

6.2.4　短梁剪切测试

短梁剪切试验方法通过三点加载的方式,使得碳纤维复合材料层合板试样在试验件中部承受外部加载层间剪切的极值,以层间剪切的承载能力反映界面对基体和纤维的两相结合程度。这种方法在行业内形成了十分成熟的标准。

国际上最通用的碳纤维复合材料层合板短梁剪切试验方法来自于美国 ASTM 协会的 ASTM D2344—2016 *Standard test method for short-beam strength of polymer matrix composite material and their laminates*,以及我国国家标准 GB/T 30969—2014《聚合物基复合材料短梁剪切强度试验方法》。基于此,研究者们在开展关于复合材料的对比性研究中,都将短梁剪切(适用 ASTM D2344 标准)作为重要的宏观力学性能指标,用以评价碳纤维复合材料界面性能的优劣。以下内容均由 ASTM D2344 标准摘录。

短梁剪切测试的过程如图 6.4 所示。短梁剪切夹具由一个压头和两个下支座组成。压头、支座头的半径与支座跨距由单向复合材料试样的尺寸决定。压头按照固定速率下压,使试样发生层间剪切直至失效的过程中出现的最大力记为 P_{max}。试样的短梁剪切强度计算公式如下:

$$\tau_{max} = \frac{3P_{max}}{4bt} \tag{6.3}$$

式中,P_{max} 为测试中的最大力,b 为试样宽度,t 为试样厚度。

短梁剪切试验已成为测定聚合物基复合材料层间结合能力的最常用方法之一,被广泛用

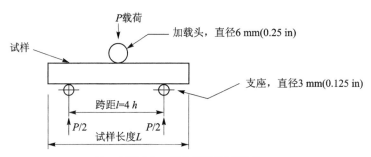

注：在测试中，支座的距离是固定的。

图 6.4　短梁剪切测试示意图

于评估复合材料界面性能。不过，短梁剪切测试也有一定的局限性。首先，短梁剪切性能在原理上受纤维固有性能影响，不能纯粹地反映复合材料的界面性能；其次，短梁剪切试验过程中复合材料的失效模式多样，主要受复合材料固有性能和加载速率控制。因此，在短梁剪切试验中需要严格按照标准指示的加载速率进行，且一般需要辅以断面扫描电子显微镜分析来确认复合材料的失效模式。主要的失效模式如图 6.5 所示。

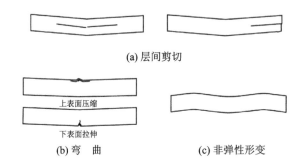

(a) 层间剪切

(b) 弯　曲　　　　　　　(c) 非弹性形变

图 6.5　短梁剪切试样主要失效模式

6.2.5　弯曲测试

弯曲强度和模量是衡量碳纤维增强聚合物基复合材料聚合物基体、纤维及其界面综合性能的重要指标。与其他种类的应力相比，复合材料承受弯曲应力时内部应力结构更加复杂，弯曲性能难以直接归结为聚合物、纤维或界面一个因素的作用，而是三者协同作用产生的。因此，复合材料的弯曲强度和模量同样能够用于衡量碳纤维增强聚合物基复合材料的宏观界面性能。弯曲强度和模量的测试一般按照 ASTM 协会 ASTM D7264[①] 标准进行。以下内容均由该标准摘录。

弯曲性能测试有三点弯曲和四点弯曲两种模式，如图 6.6 所示。三点弯曲模式是将弯曲试样置于两个支座上，在两支座的中间位置用一个压头向下加压。四点弯曲模式是将弯曲试样置于两个支座上，在两支座之间用两个压头加压。两个压头之间的跨距为支座跨距的二分之一，且两压头与同侧支座之间的距离相等。

---

① ASTM D7264 标准 *Standard Test Method for Flexural Properties of Polymer Matrix Composite Materials*，即《聚合物基复合材料弯曲性能的标准试验方法》。

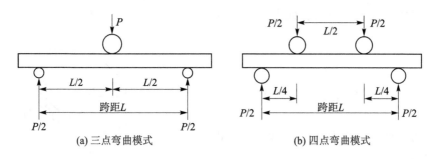

图 6.6　弯曲性能测试示意图

　　三点弯曲和四点弯曲结构的主要区别是最大弯矩和最大弯曲应力的位置。在四点结构下,两个压头之间的弯矩是恒定的。因此,两个压头中间区域的试样全部受到最大的弯曲应力。在三点结构中,最大弯曲应力位于中心压头的正下方。三点结构和四点结构的另一个不同之处在于,三点结构中除了中心压头的正下方,试样的各处都存在垂直剪切应力,而四点结构中,两个压头之间的区域没有垂直剪切应力。碳纤维增强聚合物基复合材料的弯曲性能测试中一般使用三点弯曲模式。

　　与短梁剪切测试(ASTM D2344)的试样相比,三点弯曲使用的试样的长宽比更高。弯曲试样几何形状的选择是为了限制层间剪切变形,避免短梁剪切中占据主导的层间剪切失效类型。

　　测试时,将复合材料层合板切割成标准尺寸,弯曲测试试样尺寸宽 13 mm、厚 4 mm,跨距为厚度的 32 倍,试样的宽度为跨距的 1.2 倍左右。加载速度为 1 mm/min,预加载位移 1 mm 左右,测试到试样破坏或力下降超过 25% 停止,每组试样测试不少于 4 个,收集破坏试样并记录数据。试样的弯曲强度计算公式如下:

$$\sigma = \frac{3PL}{2bh^2} \tag{6.4}$$

式中,P 为测试过程的最大力,L 为支座跨距,b 为试样宽度,h 为试样厚度。

　　弯曲模量可通过特定应变范围的应力/应变变化率得到。应变范围一般取 0.1%～0.3%,模量 E 由下式计算得到

$$E = \frac{\Delta\sigma}{\Delta\varepsilon} \tag{6.5}$$

式中,$\Delta\sigma$ 为选定应变范围的应力变化量,$\Delta\varepsilon$ 为选定应变范围的应变变化量。

6.2.6　面内剪切测试

　　面内剪切测试又称纵横剪切测试,是通过测量 ±45° 铺层的碳纤维增强聚合物基复合材料的拉伸或压缩性能,以反映复合材料承受面内剪切载荷能力的测试。面内剪切试样受力测试示意图如图 6.7 所示。通过该测试得到的复合材料的面内剪切强度与面内剪切模量在工程上有一定的应用意义。

　　复合材料面内剪切试样长度为 250 mm,宽度为 25 mm,铺层顺序为 $[45/-45]_{4s}$。采用与 ASTM D3039 标准一致的试验方法对 ±45° 层压板进行拉伸试验,安装纵向和横向应变片,并连续记录载荷-正应变数据。如果剪切应变达到 5% 时,试件未发生最终破坏,将对应 5% 的剪

应变点的应力作为最大剪应力。面内剪切强度的计算可参考下式：

$$\tau_{12} = \frac{P}{2A} \qquad (6.6)$$

式中，P 为 5% 工程应变内的最大力，A 为试样的横截面积。

面内剪切强度的试验件每组至少 5 件，最终结果取平均值。

另外，按照试样失效时最大力计算得到的强度值称为面内剪切断裂强度，在工程应用中无实际意义。

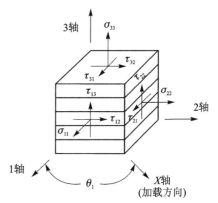

图 6.7 面内剪切试样受力测试示意图

6.2.7 开孔拉伸测试

选用 ASTM D5766 标准《聚合物基体复合材料层压板开孔拉伸强度的标准试验方法》对复合材料的开孔拉伸强度进行测试。将含有一个中心孔的对称均衡层合板按照试验方法 ASTM D3039/D3039M 进行单轴拉伸试验，试样宽度为 (36 ± 1) mm，长度为 $200 \sim 300$ mm，中心孔的直径为 (6 ± 0.06) mm，在长度方向上的偏离不超过 0.12 mm，在宽度方向上的偏离不超过 0.05 mm。

将试验件对中夹持于试验机的夹头中，以 2 mm/min 的加载速率连续加载，直到试验件破坏，记录试验件的破坏载荷和破坏模式。模量在 $1\,000 \sim 3\,000$ $\mu\varepsilon$ 的应变区间内测量。测试及数据处理的方法参考 6.2.2 小节的拉伸试样测试方法。

开孔拉伸试样断裂失效的模式多样，但为了保证测试数据准确反映开孔试样薄弱环节的力学性能，只有图 6.8 所示的三种失效模式可以认为是有效的。

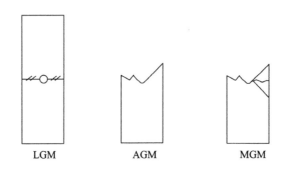

LGM   AGM   MGM

图 6.8 开孔拉伸试样的有效失效模式

6.2.8 开孔压缩测试

选用 ASTM D6484 标准《聚合物基体复合材料层压板开孔压缩强度的标准试验方法》对复合材料的开孔压缩强度进行测试。试样宽度为 (36 ± 1) mm，长度为 $200 \sim 300$ mm，中心孔的直径为 (6 ± 0.06) mm，将试验件夹持于夹具中，将夹具对中安置于试验机内，以 2 mm/min 的加载速率连续加载，直到试验件破坏，记录试验件的破坏载荷和破坏模式。测试与数据处理方法与 6.2.3 小节的压缩测试方法一致。

　　与开孔拉伸类似,开孔压缩破坏只有发生在孔附近,才能被认为是有效的。开孔压缩试样的有效失效模式如图 6.9 所示。

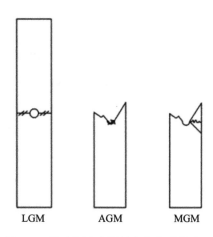

LGM　　　　AGM　　　　MGM

图 6.9　开孔压缩试样的有效失效模式

6.2.9　冲击后压缩测试

　　冲击后压缩(CAI)测试用于表征表面受到冲击产生凹坑后的复合材料层合板的力学性能。复合材料层合板的加工与应用过程中,常会受到各种工具或其他物体对其产生的冲击载荷。冲击后留下的凹陷、破损等损坏结构会影响复合材料的整体力学性能,从而降低制件强度。冲击后压缩测试通过一个固定的落锤冲击过程模拟复合材料实际应用中受到的冲击,随后测试试样的压缩强度,以表征复合材料承受冲击载荷后维持力学性能的能力。图 6.10 所示为复合材料表面冲击形成的损坏示意图。

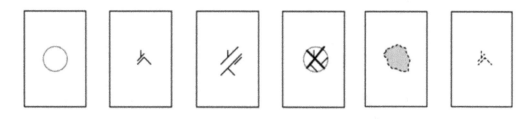

图 6.10　复合材料表面冲击形成的损坏示意图

　　要进行 CAI 测试,首先需要进行落锤冲击实验,然后对冲击之后的试样进行压缩测试。选用 ASTM D7136 标准《纤维增强聚合物基复合材料对落锤冲击的抗损伤性的标准试验方法》进行落锤冲击实验,随后选用 ASTM D7137 标准《受损聚合物基复合材料板的压缩残余强度特性的标准试验方法》进行压缩强度的测试。试样尺寸为 150 mm×100 mm×4 mm。常见的有效失效模式如图 6.11 所示。

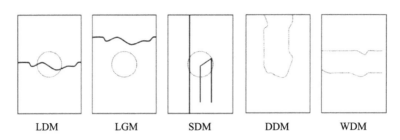

LDM   LGM   SDM   DDM   WDM

图 6.11 复合材料表面冲击形成的损坏示意图

6.3 CF800H/AC531 高韧性环氧树脂基复合材料

6.3.1 吸湿行为

本小节对国产 CF800H 碳纤维增强 AC531 环氧树脂基复合材料在 71 ℃的去离子水水浸环境中的吸湿行为进行研究,通过对不同时间吸湿率的计算,得到 CF800H/AC531 复合材料相对吸湿率与时间的平方根($M_t - \sqrt{t}$)的关系,如图 6.12 中的散点图像所示。可见,该复合材料吸湿过程的起始阶段,相对吸湿率与$\sqrt{t}$均成正相关。大致在吸湿 15 天以后,样品的吸湿速率发生明显下降,最终趋于平缓;随着吸湿程度的增加,复合材料的吸湿速率不断降低,吸湿后期(即吸湿时间 30 天后)该复合材料的吸湿率将缓慢增加。

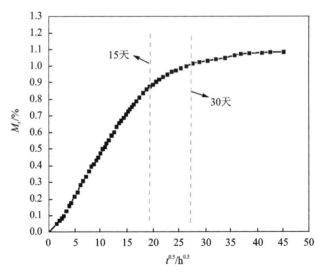

图 6.12 CF800H/AC531 复合材料吸湿曲线

根据 Fick 第二定律确定的复合材料相对吸湿率方程,对 CF800H/AC531 复合材料的实验数据进行拟合,根据相对吸湿率方程与扩散初期 $M_t - \sqrt{t}$ 的线性拟合结果,所得试样的饱和吸湿率 M_∞、扩散系数 D 等结果见表 6.2。可见 CF800H/AC531 复合材料在采用 Fick 第二定律拟合后相关系数 R^2 高于 0.999,表现出很高的拟合度。根据吸湿曲线,该复合材料在

71 ℃水浸环境下吸湿处理约 54 天(约 1 296 h)后,达到了饱和吸湿状态,在71 ℃ 水浸环境下吸湿处理约 30 天(720 h)后,达到 95% 饱和吸湿率。

表 6.2 CF800H/AC531 复合材料吸湿行为的主要参数

试 样	相关系数R^2	扩散系数 $D/(\text{mm}^2 \cdot \text{h}^{-1})$	饱和吸湿率 $M_\infty/\%$
CF800H/AC531	0.999 4	0.23×10^{-6}	1.08

该复合材料试样的饱和吸湿率的大小和吸湿速率之间没有必然联系。饱和吸湿率反映的是复合材料中容纳水分子的能力,其主要与聚合物基体自身的化学结构(如极性基团的数目和亲水性等)、聚合物内部的自由体积、复合材料内部的空隙和固化产生的微裂纹以及纤维/基体的结合状态有关,而水分子的扩散速率则与复合材料中水气浓度梯度及温度有关。

6.3.2 宏观力学性能

本小节对 CF800H/AC531 复合材料试样进行一系列宏观力学性能测试。该复合材料试样的纤维体积含量为 57%。

表 6.3 所列为干态 23 ℃以及湿态(71 ℃水浸处理 14 天)82 ℃、130 ℃温度条件下的 CF800H/AC531 复合材料 0°拉伸性能。可以看到,CF800H/AC531 复合材料的 0°拉伸强度与模量几乎不受水浸处理与高温测试的影响。这是因为单向复合材料的 0°拉伸性能主要由碳纤维决定,而与对温度与湿热处理敏感的聚合物基体和界面关系不大。

表 6.3 CF800H/AC531 复合材料 0°拉伸性能

测试状态	0°拉伸强度/MPa	离散系数/%	保持率/%	0°拉伸模量/GPa	离散系数/%	保持率/%	测试标准
23 ℃干态	3 136	1.8	/	177	1.6	/	
82 ℃湿态	2 755	4.0	87.85	172	5.4	97.18	ASTM D3039
130 ℃湿态	2 701	3.0	86.13	170	2.1	96.05	

注:本章所有表中"/"处的保持率依据 23 ℃干态数据计算。

表 6.4 所列为干态 23 ℃以及湿态(71 ℃水浸处理 14 天)130 ℃温度条件下的 CF800H/AC531 复合材料 90°拉伸性能。结果显示,湿热处理后 130 ℃测试条件下,CF800H/AC531 复合材料 90°拉伸强度从 62.3 MPa 下降到 24.2 MPa,90°拉伸强度保持率为 38.84%。在湿热耦合作用下,复合材料的 90°拉伸强度大幅下降,说明聚合物基体或界面受到了较大的影响。

表 6.4 CF800H/AC531 复合材料 90°拉伸性能

测试状态	90°拉伸强度/MPa	离散系数/%	保持率/%	90°拉伸模量/GPa	离散系数/%	保持率/%	测试标准
23 ℃干态	62.3	5.7	/	8.70	1.0	/	
82 ℃湿态	32.3	1.5	51.85	7.40	2.0	85.06	ASTM D3039
130 ℃湿态	24.2	6.8	38.84	5.60	3.2	64.37	

表 6.5 所列为干态－55 ℃、23 ℃、82 ℃、130 ℃四种温度以及湿态(71 ℃水浸处理 14 天) 82 ℃、130 ℃温度条件下的 CF800H/AC531 复合材料 0°压缩性能。结果显示,CF800H/AC531 复合材料具有较高的 0°压缩强度,－55 ℃干态下的 0°压缩强度略高于 23 ℃干态下的 0°压缩强度,当温度升高到 82 ℃、130 ℃时,0°压缩强度依次下降。湿热处理后,82 ℃和 130 ℃测试的 0°压缩强度保持率分别为 81.76%和 63.26%,湿热性能保持率均高于 50%。

表 6.5　CF800H/AC531 复合材料 0°压缩性能

测试状态	0°压缩强度/MPa	离散系数/%	保持率/%	0°压缩模量/GPa	离散系数/%	保持率/%	测试标准
－55 ℃干态	1 739	2.5	109.79	154	1.1	99.35	
23 ℃干态	1 584	6.1	/	155	1.6	/	
82 ℃干态	1 417	7.8	89.46	144	2.6	92.29	ASTM D6641
130 ℃干态	1 302	6.7	82.20	149	2.0	96.13	
82 ℃湿态	1 295	8.2	81.76	146	2.1	94.19	
130 ℃湿态	1 002	8.0	63.26	146	3.4	94.19	

CF800H/AC531 复合材料湿热处理后的 0°压缩强度降低程度较小,且在高工作温度下仍能保持较好的 0°压缩强度。同时,湿热处理前后 CF800H/AC531 复合材料的 0°压缩模量变化不大,表明复合材料在恶劣环境和应力作用下维持自身尺寸的能力较强。值得注意的是,CF800H/AC531 复合材料在高温干态下 0°压缩强度比较高,表明其拥有优异的高温力学性能。

表 6.6 所列为干态 23 ℃以及湿态 82 ℃、130 ℃温度条件下的 CF800H/AC531 复合材料 90°压缩性能。可以看到,CF800H/AC531 复合材料的 90°压缩模量受湿热影响不大,而 90°压缩强度则随着湿热处理与测试温度升高而下降,130 ℃的强度保持率为 52.99%,表明 CF800H/AC531 复合材料具有良好的湿热性能。

表 6.6　CF800H/AC531 复合材料 90°压缩性能

测试状态	90°压缩强度/MPa	离散系数/%	保持率/%	90°压缩模量/GPa	离散系数/%	保持率/%	测试标准
23 ℃干态	234	3.2	/	9.61	1.6	/	
82 ℃湿态	161	2.8	68.80	9.22	3.2	95.94	ASTM D6641
130 ℃湿态	124	2.6	52.99	—	—	—	

表 6.7 所列为干态 23 ℃、82 ℃、130 ℃三种温度以及湿态 82 ℃、130 ℃温度条件下的 CF800H/AC531 复合材料短梁剪切性能。结果显示,随着测试温度的升高,82 ℃干态和 130 ℃干态下 CF800H/AC531 复合材料短梁剪切强度逐渐下降;湿热处理后,82 ℃和 130 ℃测试的短梁剪切强度保持率分别为 72.10%和 57.14%,湿热性能保持率均高于 50%,湿热性能保持率较高,表明该复合材料具有良好的湿热性能。

表 6.7　CF800H/AC531 复合材料短梁剪切性能

测试状态	短梁剪切强度/MPa	离散系数/%	保持率/%	测试标准
23 ℃干态	105	5.4	/	
82 ℃干态	87.1	4.0	82.95	
130 ℃干态	74.2	3.5	70.67	ASTM D2344
82 ℃湿态	75.7	1.0	72.10	
130 ℃湿态	60.0	1.4	57.14	

短梁剪切试验过程中，该复合材料同时受到多种不同类型的应力，内部受力状态非常复杂，对其界面相的强度和结构完整性提出了更高的要求。CF800H/AC531 复合材料在湿热处理后仍能保持较高的短梁剪切强度，且在高温下测试结果仍然比较理想，表明其具有优异的界面结合能力。

表 6.8 所列为干态 23 ℃以及湿态 130 ℃温度条件下的 CF800H/AC531 复合材料弯曲性能。结果显示，湿热处理后，CF800H/AC531 复合材料弯曲强度从 2 284 MPa 下降到 1 321 MPa，弯曲强度保持率在 57.84%，表明该复合材料具有良好的湿热性能。

表 6.8　CF800H/AC531 复合材料弯曲性能

测试状态	弯曲强度/MPa	离散系数/%	保持率/%	弯曲模量/GPa	离散系数/%	保持率/%	测试标准
23 ℃干态	2 284	6.0	/	158	0.9	/	
82 ℃湿态	1 810	6.6	79.25	153	2.4	96.84	ASTM D7264
130 ℃湿态	1 321	7.7	57.84	151	2.4	95.57	

表 6.9 所列为干态 23 ℃以及湿态 130 ℃温度条件下的 CF800H/AC531 复合材料面内剪切性能。结果显示，湿热处理后，CF800H/AC531 复合材料的面内剪切强度强度大幅下降，82 ℃湿态下的面内剪切强度保持率为 59.04%，130 ℃湿态下的面内剪切强度保持率仅为 34.13%，说明湿热处理及高温测试对复合材料的面内剪切强度有很大影响，并且随着测试温度的提高，其下降趋势更明显。此外，与其他测试显示的模量高保持率不同，该复合材料的面内剪切模量在湿热处理之后出现了明显下降，也说明了该复合材料的面内剪切性能会受到较大的影响。

表 6.9　CF800H/AC531 复合材料面内剪切性能

测试状态	面内剪切强度/MPa	离散系数/%	保持率/%	面内剪切模量/GPa	离散系数/%	保持率/%	测试标准
23 ℃干态	83.5	1.1	/	4.80	2.3	/	
82 ℃湿态	49.3	0.9	59.04	3.04	1.4	63.33	ASTM D3518
130 ℃湿态	28.5	1.4	34.13	1.23	6.8	25.63	

表 6.10 所列为干态 23 ℃以及湿态 130 ℃温度条件下的 CF800H/AC531 复合材料开孔拉伸性能。结果显示，湿热处理后，CF800H/AC531 复合材料的开孔拉伸强度变化不大，保持率在 90% 左右，与 0°拉伸强度的结果相近。这是因为开孔拉伸所用的试样强度主要受碳纤维性能以及开孔结构的制约，受湿热处理影响不大。

表 6.10 CF800H/AC531 复合材料开孔拉伸性能

测试状态	开孔拉伸强度/MPa	离散系数/%	保持率/%	测试标准
23 ℃干态	498	4.7	/	ASTM D5766
82 ℃湿态	458	4.5	91.97	
130 ℃湿态	453	7.9	90.96	

表 6.11 所列为干态 23 ℃以及湿态 130 ℃温度条件下的 CF800H/AC531 复合材料开孔压缩性能。结果显示,湿热处理后,82 ℃、130 ℃下测试的开孔压缩强度保持率分别为 80.19% 和 67.41%,湿热性能保持率均高于 50%。CF800H/AC531 复合材料湿热处理后的开孔压缩强度降低程度较小,且在高工作温度下仍能保持较好的开孔压缩强度。

表 6.11 CF800H/AC531 复合材料开孔压缩性能

测试状态	开孔拉伸强度/MPa	离散系数/%	保持率/%	测试标准
23 ℃干态	313	1.0	/	ASTM D6484
82 ℃湿态	251	1.0	80.19	
130 ℃湿态	211	1.7	67.41	

CF800H/AC531 复合材料在 23 ℃干态下的冲击后压缩强度为 347 MPa。CF800H/AC531 复合材料宏观力学性能如图 6.13 所示。

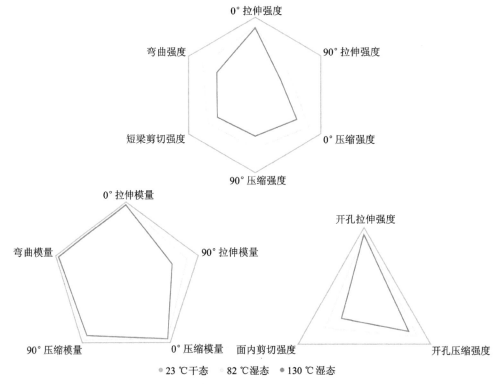

图 6.13 CF800H/AC531 复合材料宏观力学性能

6.4　CF800H/AC631 高韧性双马来酰亚胺树脂基复合材料

6.4.1　吸湿行为

本小节研究 AC631 双马树脂复合材料湿热性能变化规律,对 CF800H/AC631 复合材料在 71 ℃的去离子水水浸环境中的吸湿行为进行研究。该复合材料试样的相对吸湿率-时间的平方根($M_t - \sqrt{t}$)的关系如图 6.14 中的散点图像所示。

根据 Fick 第二定律确定的复合材料相对吸湿率方程,对该复合材料试样的实验数据进行拟合,所得结果如图 6.14 中实线所示。根据相对吸湿率方程与扩散初期 $M_t - \sqrt{t}$ 的线性拟合结果,所得该复合材料的饱和吸湿率 M_∞、扩散系数 D 等结果见表 6.12。

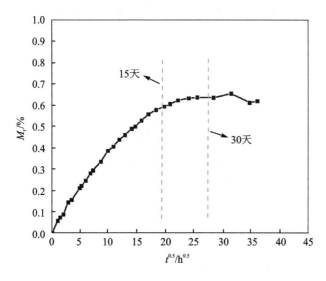

图 6.14　CF800H/AC631 复合材料吸湿曲线

表 6.12　CF800H/AC631 复合材料吸湿行为的主要参数

试　样	相关系数R^2	扩散系数 $D/(\mathrm{mm^2 \cdot h^{-1}})$	饱和吸湿率 $M_\infty/\%$
CF800H/AC631	0.988	3.18×10^{-3}	0.63

表 6.12 中,试样饱和吸湿率 M_t 由试样吸湿率方程拟合的曲线参数得到,由扩散初期数据线性拟合获得直线段斜率 s,并由扩散系数与直线段斜率的关系获得试样的扩散系数 D。

从图 6.14 和表 6.12 中可以看出,根据 Fick 第二定律得出的相对吸湿率方程拟合得到的曲线相关系数 R^2 是 0.988,这说明 Fick 第二定律能很好地解释该复合材料的吸湿规律。吸湿过程初期,该复合材料试样的相对吸湿率与 $\sqrt{t}$ 成近似正比例关系。随着吸湿行为不断进行,试样的吸湿速率逐渐降低并逐渐趋于稳定,达到饱和吸湿率之后基本保持不变。水浸 56 天后,该复合材料试样的吸湿率达到饱和。

为了研究复合材料试样吸湿率增加速率的变化,根据 Fick 第二定律拟合曲线的方程,计算出该试样相对吸湿率达到饱和吸湿率 95% 时的时间。该复合材料试样在 18 天时达到

95％饱和吸湿率。可以认为,该复合材料试样吸湿的前 20 天,吸湿率迅速升高,在短时间内达到基本饱和。而第 18 天之后直到实验结束的吸湿速率很慢,试样的相对吸湿率变化不大。与 CF800H/AC531 复合材料相比,CF800H/AC631 复合材料水浸吸湿过程的扩散系数更大,但饱和吸湿率反而低于 CF800H/AC531 复合材料。这是因为扩散系数主要反映复合材料吸湿初期(约 100 h 以内)的水分吸收速度,而饱和吸湿率主要反映材料长期的饱和吸水能力。

6.4.2　宏观力学性能

本小节对 CF800H/AC631 复合材料试样进行一系列宏观力学性能测试。该复合材料试样的纤维体积含量为 60％。

表 6.13 所列为 CF800H/AC631 复合材料 0°拉伸性能。

表 6.13　CF800H/AC631 复合材料 0°拉伸性能

测试状态	0°拉伸强度/MPa	离散系数/%	保持率/%	0°拉伸模量/GPa	离散系数/%	保持率/%	测试标准
23 ℃干态	2 779	5.9	/	168	3.2	/	ASTM D3039

表 6.14 所列为 CF800H/AC631 复合材料 90°拉伸性能。结果显示,湿热处理后,CF800H/AC631 复合材料的 90°拉伸强度从 75.2 MPa 下降到 30.6 MPa,保持率为 40.69％。

表 6.14　CF800H/AC631 复合材料 90°拉伸性能

测试状态	90°拉伸强度/MPa	离散系数/%	保持率/%	90°拉伸模量/GPa	离散系数/%	保持率/%	测试标准
23 ℃干态	75.2	5.3	/	8.89	2.3	/	ASTM D3039
150 ℃湿态	30.6	4.9	40.69	4.32	2.8	48.59	

如表 6.15 所列为 CF800H/AC631 复合材料 0°压缩性能。结果显示,CF800H/AC631 复合材料具有较高的 0°压缩强度,−55 ℃干态下的 0°压缩强度略高于 23 ℃干态下的 0°压缩强度,当温度升高到 130 ℃、150 ℃时,0°压缩强度依次下降。湿热处理后,82 ℃和 130 ℃测试的 0°压缩强度保持率分别为 69.90％和 63.25％,湿热性能保持率均高于 50％,表明该复合材料具有良好的湿热性能。

表 6.15　CF800H/AC631 复合材料 0°压缩性能

测试状态	0°压缩强度/MPa	离散系数/%	保持率/%	测试标准
23 ℃干态	1 744	4.4	/	
130 ℃干态	1 439	7.4	82.51	
150 ℃干态	1 219	10.4	69.90	SACMA 1R/94
130 ℃湿态	1 219	6.3	69.90	
150 ℃湿态	1 103	4.2	63.25	

表 6.16 所列为 CF800H/AC631 复合材料 90°压缩性能。结果显示,CF800H/AC631 复

合材料的 90°压缩性能受湿态与高温影响较大,150 ℃湿态下的强度保持率仅有 53.53％,说明湿态与高温对聚合物基体及界面的力学性能造成了很大破坏,导致复合材料承受压缩载荷时更容易发生聚合物破坏与界面脱粘,导致复合材料失效。

表 6.16　CF800H/AC631 复合材料 90°压缩性能

测试状态	90°压缩强度/MPa	离散系数/％	保持率/％	测试标准
23 ℃干态	241	4.7	/	ASTM D6641
150 ℃湿态	129	2.5	53.53	

表 6.17 所列为 CF800H/AC631 复合材料短梁剪切性能。结果显示,随着测试温度的升高,130 ℃干态和 150 ℃干态下 CF800H/AC631 复合材料的短梁剪切强度逐渐下降。湿热处理后,130 ℃和 150 ℃测试的短梁剪切强度保持率分别为 61.09％和 53.64％,湿热性能保持率均高于 50％,湿热性能保持率较高,表明该复合材料具有良好的湿热性能。

表 6.17　CF800H/AC631 复合材料短梁剪切性能

测试状态	短梁剪切强度/MPa	离散系数/％	保持率/％	测试标准
23 ℃干态	110	5.9	/	ASTM D2344
130 ℃干态	81.4	4.2	74.00	
150 ℃干态	76.1	2.2	69.18	
130 ℃湿态	67.2	1.8	61.09	
150 ℃湿态	59.0	4.1	53.64	

表 6.18 所列为 CF800H/AC631 复合材料弯曲性能。结果显示,湿热处理后,CF800H/AC631 复合材料的弯曲强度从 2 284 MPa 下降到 1 754 MPa,弯曲强度保持率为 76.80％,弯曲模量则基本保持不变,表明该复合材料具有良好的湿热性能。

表 6.18　CF800H/AC631 复合材料弯曲性能

测试状态	弯曲强度/MPa	离散系数/％	保持率/％	弯曲模量/GPa	离散系数/％	保持率/％	测试标准
23 ℃干态	2 284	4.5	/	157	0.8	/	Q/6S 2708
150 ℃湿态	1 754	4.3	76.80	154	1.1	98.09	

表 6.19 所列为 CF800H/AC631 复合材料面内剪切性能。结果显示,130 ℃湿态下 CF800H/AC631 复合材料的面内剪切断裂强度大幅下降,保持率仅为 49.01％,表明该复合材料界面受到湿热影响之后承受纤维与树脂基体之间剪切应力的能力下降明显,需要特殊注意。

表 6.19　CF800H/AC631 复合材料面内剪切性能

测试状态	面内剪切强度/MPa	离散系数/％	保持率/％	面内剪切模量/GPa	离散系数/％	保持率/％	测试标准
23 ℃干态	151	2.4	/	5.43	2.0	/	ASTM D3518
130 ℃湿态	74	2.2	49.01	—	—	—	

表 6.20 所列为 CF800H/AC631 复合材料开孔拉伸性能。

表 6.20　CF800H/AC631 复合材料开孔拉伸性能

测试状态	开孔拉伸强度/MPa	离散系数/%	保持率/%	测试标准
23 ℃干态	502	3.1	/	ASTM D5766

表 6.21 所列为 CF800H/AC631 复合材料开孔压缩性能。结果显示,随着测试温度的升高,130 ℃干态和 150 ℃干态下 CF800H/AC631 复合材料的开孔压缩强度逐渐下降,湿热处理之后的高温测试下,复合材料的开孔压缩强度继续下降,但保持率都在 80% 以上。与 0°压缩强度对比可以看出,同一处理与测试条件的开孔压缩强度保持率均高于 0°压缩强度的保持率,说明开孔压缩试样压缩强度的下降主要归因于开孔形状带来的力学薄弱环节,而湿热效应对这一环节的破坏并不大,导致该复合材料开孔试样的抗老化表现比 0°压缩试样要好。

表 6.21　CF800H/AC631 复合材料开孔压缩性能

测试状态	开孔压缩强度/MPa	离散系数/%	保持率/%	测试标准
23 ℃干态	340	2.1	/	
130 ℃干态	300	2.2	88.24	
150 ℃干态	288	1.9	84.71	ASTM D6484
130 ℃湿态	283	1.5	83.24	
150 ℃湿态	276	3.5	81.18	

CF800H/AC531 复合材料在 23 ℃干态下的冲击后压缩强度为 302 MPa。CF800H/AC531 复合材料宏观力学性能如图 6.15 所示。

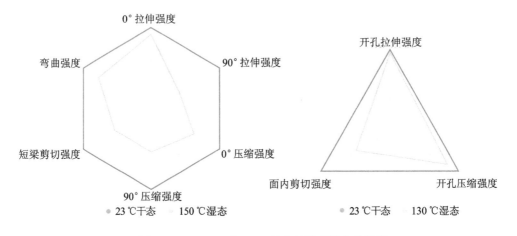

图 6.15　CF800H/AC631 复合材料宏观力学性能

6.5　CF800H/AC721 聚酰亚胺基复合材料

聚酰亚胺耐高温性能非常突出,经常用作对高温性能要求严苛的碳纤维增强聚合物基复合材料的基体。在碳纤维增强聚酰亚胺基复合材料的实际应用条件中,复合材料内部的水分已经蒸发。因此,本节不讨论 CF800H/AC721 聚酰亚胺基复合材料的吸湿行为和湿热后的力学性能,只讨论 CF800H/AC721 聚酰亚胺基复合材料的宏观界面性能以及它们在高低温环境下的变化。

表 6.22 所列为 CF800H/AC721 复合材料 0°拉伸性能。可以看出,高温对 CF800H/AC721 复合材料的 0°拉伸性能影响不大;在高温测试条件下 0°拉伸强度保持率均在 92% 以上,0°拉伸模量与常温下的数值几乎一致。单向复合材料的 0°拉伸强度主要由碳纤维决定,CF800H/AC721 复合材料 0°拉伸性能的测试结果表明高温对碳纤维的力学性能几乎没有影响。

表 6.22　CF800H/AC721 复合材料 0°拉伸性能

测试状态	0°拉伸强度/MPa	离散系数/%	保持率/%	0°拉伸模量/GPa	离散系数/%	保持率/%	测试标准
23 ℃干态	2 503	9.0	/	157	8.1	/	ASTM D3039
280 ℃干态	2 323	5.1	92.81	163	4.0	103.82	
330 ℃干态	2 311	11.5	92.33	160	8.2	101.91	

表 6.23 所列为 CF800H/AC721 复合材料 90°拉伸性能。结果显示,高温条件下 CF800H/AC721 复合材料的 90°拉伸性能有一定程度的下降,280 ℃测试的 90°拉伸强度与 90°拉伸模量均降为常温时的 70% 左右;330 ℃测试,二者进一步下降,达到常温时的 65% 左右。CF800H/AC721 复合材料 90°拉伸性能的高温保持率仍能达到 60% 以上,表明其高温性能较好,可以在高温服役条件下保持一定的使用性能。

90°拉伸测试中,主导复合材料强度的主要是聚合物基体与界面的抗拉能力,而复合材料的模量主要受聚合物基体模量的影响。CF800H/AC721 复合材料 90°拉伸性能测试的结果表明,高温条件下聚酰亚胺树脂基体的性能产生了较大变化,是其力学性能降低的主要原因。

表 6.23　CF800H/AC721 复合材料 90°拉伸性能

测试状态	90°拉伸强度/MPa	离散系数/%	保持率/%	90°拉伸模量/GPa	离散系数/%	保持率/%	测试标准
23 ℃干态	56.4	4.3	/	8.24	1.5	/	ASTM D3039
280 ℃干态	42.2	3.9	74.82	5.97	2.4	72.45	
330 ℃干态	37.6	2.4	66.67	5.27	3.0	63.96	

表 6.24 所列为 CF800H/AC721 复合材料 0°压缩性能。结果显示,高温条件下 CF800H/AC721 复合材料的 0°压缩强度有一定的下降,由 23 ℃干态下的 1 671 MPa 下降至 330 ℃下的 930 MPa,保持率为 55.66%。CF800H/AC721 复合材料的高温 0°压缩强度保持率均在 50% 以上,表明其具有较好的高温 0°压缩性能。

单向复合材料承受纤维方向的压缩应力时,碳纤维与聚合物基体在泊松效应的作用下产生横向膨胀,对聚合物基体及界面产生横向压缩应力。复合材料 0°压缩强度的下降主要归因于聚合物基体与界面的承载能力下降,从而引起界面脱粘与聚合物破坏,最后导致试样失效。CF800H/AC721 复合材料在高温下仍保持一定的 0°压缩强度,表明其拥有较好的高温界面结合能力,在高温服役条件下仍能维持良好的界面结合。

表 6.24　CF800H/AC721 复合材料 0°压缩性能

测试状态	0°压缩强度/MPa	离散系数/%	保持率/%	0°压缩模量/GPa	离散系数/%	保持率/%	测试标准
23 ℃干态	1 671	5.2	/	153	1.0	/	
280 ℃干态	1 105	4.2	66.13	—	—	—	SACMA 1R/94
330 ℃干态	930	2.1	55.66	—	—	—	

表 6.25 所列为 CF800H/AC721 复合材料 90°压缩性能。结果显示,高温条件下 CF800H/AC721 复合材料的 90°压缩强度有所下降,由 23 ℃干态下的 235 MPa 下降到 330 ℃ 下的 119 MPa,保持率为 50.64%。CF800H/AC721 复合材料的高温 90°压缩强度保持率均在 50% 以上,表明其具有较好的高温 90°压缩性能。

单向复合材料 90°压缩破坏的过程类似晶体材料中滑移带的产生与扩大过程,裂纹先在聚合物基体或界面处出现,然后大致沿 45°方向扩展。此时,聚合物基体和界面的强度会影响滑移带扩展的难易程度,从而影响复合材料的 90°压缩强度。CF800H/AC721 复合材料的 90°压缩强度在高温条件下有所下降但仍保持较高水平,表明其高温界面结合良好,聚合物基体性能有所下降但仍能发挥承力作用。

表 6.25　CF800H/AC721 复合材料 90°压缩性能

测试状态	90°压缩强度/MPa	离散系数/%	保持率/%	90°压缩模量/GPa	离散系数/%	保持率/%	测试标准
23 ℃干态	235	10.0	/	9.06	0.2	/	
280 ℃干态	136	4.4	57.87	—	—	—	SACMA 1R/94
330 ℃干态	119	6.0	50.64	—	—	—	

表 6.26 所列为 CF800H/AC721 复合材料短梁剪切性能。结果显示,高温条件下 CF800H/AC721 复合材料的短梁剪切强度有所下降,由 23 ℃干态下的 106 MPa 下降到 330 ℃ 下的 46.5 MPa,保持率为 46.5%。CF800H/AC721 复合材料的高温短梁剪切强度保持率较低,表明其高温下的短梁剪切强度受到较大影响。

复合材料的短梁剪切强度主要由其界面性能决定,表明复合材料界面承受剪切应力的能力。CF800H/AC721 复合材料的短梁剪切强度在高温下下降明显,说明其界面结合在高温下仍然会受到一定影响,需要特别注意。

表 6.26　CF800H/AC721 复合材料短梁剪切性能

测试状态	短梁剪切强度/MPa	离散系数/%	保持率/%	测试标准
23 ℃干态	106	2.0	/	
280 ℃干态	58.1	1.4	54.81	ASTM D 2344
330 ℃干态	46.5	1.4	43.87	

表 6.27 所列为 CF800H/AC721 复合材料弯曲性能。结果显示，高温条件下 CF800H/AC721 复合材料的弯曲强度有所下降，由 23 ℃干态下的 2177 MPa 降到 330 ℃下的 1 132 MPa，保持率为 52.00％。CF800H/AC721 复合材料的高温弯曲强度保持率均在 50％以上，表明其具有较好的高温弯曲性能。同时，高温条件下 CF800H/AC721 复合材料的弯曲模量变化不大，表明该复合材料在恶劣使用环境和复杂应力下维持自身尺寸的能力较强。

表 6.27　CF800H/AC721 复合材料弯曲性能

测试状态	弯曲强度/MPa	离散系数/%	保持率/%	弯曲模量/GPa	离散系数/%	保持率/%	测试标准
23 ℃干态	2177	4.3	/	153	2.5	/	Q/6S 2708
280 ℃干态	1375	7.5	63.16	147	4.9	96.08	
330 ℃干态	1132	5.5	52.00	146	6.5	95.42	

表 6.28 所列为 CF800H/AC721 复合材料面内剪切性能。结果显示，高温条件下 CF800H/AC721 复合材料的面内剪切断裂强度有所下降，由 23 ℃干态下的 70.4 MPa 下降到 330 ℃下的 39 MPa，保持率为 55.40％。CF800H/AC721 复合材料的高温面内剪切断裂强度保持率均在 50％以上。

表 6.28　CF800H/AC721 复合材料面内剪切性能

测试状态	面内剪切断裂强度/MPa	离散系数/%	保持率/%	面内剪切模量/GPa	离散系数/%	保持率/%	测试标准
23 ℃干态	70.4	4.8	/	4.06	4.6	/	ASTM D3518
280 ℃干态	41.7	4.6	59.23	—	—	—	
330 ℃干态	39	2.4	55.40	—	—	—	

表 6.29 所列为 CF800H/AC721 复合材料开孔拉伸性能。结果显示，与 0°拉伸强度类似，CF800H/AC721 复合材料的开孔拉伸强度与开孔拉伸模量几乎不受高温测试条件的影响，330 ℃干态下的开孔拉伸强度保持率为 95.27％，几乎没有下降，开孔拉伸模量也变化不大。这种现象出现的原因是该复合材料的开孔拉伸强度仍然主要受到碳纤维性能与开孔处形状效应的影响，与聚合物基体和界面的关系不大，因此几乎不受高温测试条件的影响。

表 6.29　CF800H/AC721 复合材料开孔拉伸性能

测试状态	开孔拉伸强度/MPa	离散系数/%	保持率/%	开孔拉伸模量/GPa	离散系数/%	保持率/%	测试标准
23 ℃干态	528	4.1	/	57.8	2.7	/	ASTM D5766
280 ℃干态	507	4.3	96.02	55.4	4.5	95.85	
330 ℃干态	503	3.1	95.27	53.6	4.2	92.73	

表 6.30 所列为 CF800H/AC721 复合材料开孔压缩性能。结果表明，随着测试温度的升高，280 ℃干态和 330 ℃干态条件下 CF800H/AC631 复合材料的开孔压缩强度逐渐下降，但保持率较高，330 ℃的保持率为 79.33％。与 0°压缩强度对比可以看出，同一处理与测试条件

的开孔压缩强度保持率均高于 0°压缩强度的保持率,说明开孔压缩试样压缩强度的下降主要归因于开孔形状带来的力学薄弱环节,而湿热效应对这一环节的破坏并不大,导致该复合材料开孔试样的抗老化表现比 0°压缩试样要好。

表 6.30 CF800H/AC721 复合材料开孔压缩性能

测试状态	开孔压缩强度/MPa	离散系数/%	保持率/%	测试标准
23 ℃干态	300	6.6	/	
280 ℃干态	284	7.6	94.67	ASTM D6484
330 ℃干态	238	3.5	79.33	

CF800H/AC721 复合材料宏观力学性能如图 6.16 所示。

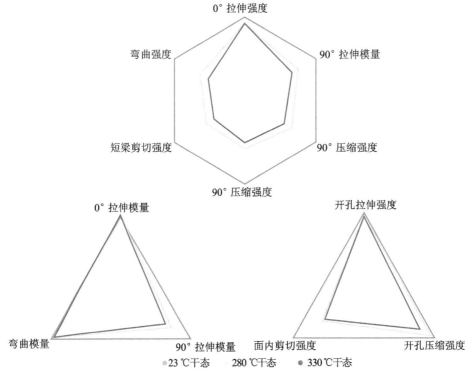

图 6.16 CF800H/AC721 复合材料宏观力学性能

6.6 ZT7H/QY9611 双马来酰亚胺树脂基复合材料

本节对 ZT7H/QY9611 复合材料试样进行一系列宏观力学性能测试。

表 6.31 所列为 ZT7H/QY9611 复合材料 0°拉伸性能。结果显示,经过湿态处理与高温测试,ZT7H/QY9611 复合材料的 0°拉伸强度随着测试温度的提升而下降,150 ℃湿态的 0°拉伸强度保持率为 82.54%。0°拉伸模量方面,湿态处理与高温对 ZT7H/QY9611 复合材料的 0°拉伸模量影响不大。

单向复合材料的 0°拉伸强度主要由碳纤维性能决定。聚合物基体与界面主要起部分纤维断裂之后将断裂纤维承受的应力传递给其他纤维的作用,因此对 0°拉伸强度的影响并不明显。湿态与高温条件下,ZT7H/QY9611 复合材料的 0°拉伸强度保持率均在 80% 以上,说明其性能只受到了较小的影响。

表 6.31　ZT7H/QY9611 复合材料 0°拉伸性能

测试状态	0°拉伸强度/MPa	离散系数/%	保持率/%	0°拉伸模量/GPa	离散系数/%	保持率/%	测试标准
23 ℃干态	2 566	3.3	/	146	1.7	/	ASTM D3039
100 ℃湿态	2 398	6.4	93.45	152	6.8	104.11	
150 ℃湿态	2 118	8.0	82.54	145	8.7	99.32	

表 6.32 所列为 ZT7H/QY9611 复合材料 90°拉伸性能。结果显示,经过湿热处理与高温测试,ZT7H/QY9611 复合材料的 90°拉伸强度下降幅度较大,由 23 ℃干态下的 79.5 MPa 下降到了 150 ℃湿态下的 26.8 MPa,保持率仅为 33.71%。与此同时,ZT7H/QY9611 复合材料的 90°拉伸模量同样有较大幅度的下降,表明该复合材料在高温高湿环境下承受横向拉伸应力的能力较弱。该复合材料的 90°拉伸性能主要由其聚合物基体与界面的力学性能决定。

复合材料承受 90°拉伸应力时,聚合物基体与界面同时受到拉伸应力,更为薄弱的一方将会成为复合材料的最薄弱环节,主导这一条件下的破坏失效。ZT7H/QY9611 复合材料高温高湿下的 90°拉伸性能较差,说明其聚合物基体或界面的力学性能对湿热条件较为敏感。

表 6.32　ZT7H/QY9611 复合材料 90°拉伸性能

测试状态	90°拉伸强度/MPa	离散系数/%	保持率/%	90°拉伸模量/GPa	离散系数/%	保持率/%	测试标准
23 ℃干态	79.5	6.1	/	10.4	1.9	/	ASTM D3039
100 ℃湿态	35.3	19.4	44.40	7.04	5.3	67.69	
150 ℃湿态	26.8	15.0	33.71	4.05	9.4	38.94	

表 6.33 所列为 ZT7H/QY9611 复合材料 0°压缩性能。结果显示,经过湿热处理与高温测试,ZT7H/QY9611 复合材料的 0°压缩强度有所下降,由 23 ℃干态下的 1579 MPa 下降到 330 ℃下的 1 366 MPa,保持率为 86.51%。ZT7H/QY9611 复合材料的湿热高温 0°压缩强度保持率均在 80% 以上,表明其具有非常良好的湿热高温 0°压缩性能。

表 6.33　ZT7H/QY9611 复合材料 0°压缩性能

测试状态	0°压缩强度/MPa	离散系数/%	保持率/%	0°压缩模量/GPa	离散系数/%	保持率/%	测试标准
23 ℃干态	1 579	4.0	/	136	1.6	/	ASTM D6641
100 ℃湿态	1 442	5.9	91.32	—	—	—	
150 ℃湿态	1 366	11.9	86.51	—	—	—	

表 6.34 所列为 ZT7H/QY9611 复合材料 90°压缩性能。结果显示,经过湿热处理与高温测试,ZT7H/QY9611 复合材料的 90°压缩强度有所下降,由 23 ℃干态下的 258 MPa 下降到 330 ℃下的 165 MPa,保持率为 63.95%。ZT7H/QY9611 复合材料的湿热高温 90°压缩强度

保持率均在 60%以上，表明其具有较好的湿热高温 0°压缩性能。

结合 0°压缩性能，可以认为 ZT7H/QY9611 复合材料在湿热条件下拥有良好的抵抗压缩应力的能力，这说明其界面结合紧密，抗横向剪切能力强，不易发生剪切失效从而导致滑移，而这一优势在湿热条件下也能继续发挥一定作用。

表 6.34 ZT7H/QY9611 复合材料 90°压缩性能

测试状态	90°压缩强度/MPa	离散系数/%	保持率/%	90°压缩模量/GPa	离散系数/%	保持率/%	测试标准
23 ℃干态	258	5.5	/	11.7	4.7	/	
100 ℃湿态	188	7.9	72.87	—	—	—	ASTM D6641
150 ℃湿态	165	15.9	63.95				

表 6.35 所列为 ZT7H/QY9611 复合材料短梁剪切性能。结果显示，经过湿热处理与高温测试，ZT7H/QY9611 复合材料的短梁剪切强度下降幅度较大，从 23 ℃干态下的 120 MPa 下降到了 150 ℃湿态下的 49.0 MPa，保持率仅为 40.83%。

复合材料的短梁剪切性能主要由其界面的力学性能决定。ZT7H/QY9611 复合材料的短梁剪切强度在湿态与高温条件下下降明显，说明其界面抵抗纵向剪切的能力受到湿热处理与高温测试的影响较大，需要特别注意。

表 6.35 ZT7H/QY9611 复合材料短梁剪切性能

测试状态	短梁剪切强度/MPa	离散系数/%	保持率/%	测试标准
23 ℃干态	120	4.0	/	
100 ℃湿态	55.1	17.2	45.92	ASTM D2344
150 ℃湿态	49.0	18.9	40.83	

表 6.36 所列为 ZT7H/QY9611 复合材料弯曲性能。

表 6.36 ZT7H/QY9611 复合材料弯曲性能

测试状态	弯曲强度/MPa	离散系数/%	保持率/%	弯曲模量/GPa	离散系数/%	保持率/%	测试标准
23 ℃干态	1 512	4.3	/	116	5.3	/	ASTM D7264

表 6.37 所列为 ZT7H/QY9611 复合材料面内剪切性能。结果显示，经过湿热处理与高温测试，ZT7H/QY9611 复合材料的面内剪切断裂强度下降幅度较大，由 23 ℃干态下的 180 MPa 下降到了 150 ℃湿态下的 78.6 MPa，保持率仅为 43.67%。这说明其界面抵抗纵向剪切的能力受到湿热处理与高温测试的影响较大，需要特别注意。

表 6.38 所列为 ZT7H/QY9611 复合材料开孔拉伸性能。结果显示，经过湿热处理与高温测试，ZT7H/QY9611 复合材料的开孔拉伸强度随着测试温度的提升而下降，150 ℃湿态的开孔拉伸强度保持率为 85.92%。开孔拉伸模量方面，湿热处理与高温对 ZT7H/QY9611 复合材料的 0°拉伸模量影响不大，150 ℃湿态的开孔拉伸模量保持率为 89.38%。ZT7H/QY9611 复合材料的开孔拉伸性能保持率均在 90%左右，说明其在湿态与高温条件下仍能保

持很好的开孔拉伸性能。

表 6.37　ZT7H/QY9611 复合材料面内剪切性能

测试状态	面内剪切断裂强度/MPa	离散系数/%	保持率/%	面内剪切模量/GPa	离散系数/%	保持率/%	测试标准
23 ℃干态	180	3.4	/	6.45	2.2	/	ASTM D3518
100 ℃湿态	114	7.0	63.33	—	—	—	
150 ℃湿态	78.6	5.0	43.67	—	—	—	

表 6.38　ZT7H/QY9611 复合材料开孔拉伸性能

测试状态	开孔拉伸强度/MPa	离散系数/%	保持率/%	开孔拉伸模量/GPa	离散系数/%	保持率/%	测试标准
23 ℃干态	483	3.1	/	58.4	2.2	/	ASTM D5766
100 ℃湿态	431	1.2	89.23	54.4	5.2	93.15	
150 ℃湿态	415	2.2	85.92	52.2	5.0	89.38	

表 6.39 所列为 ZT7H/QY9611 复合材料开孔压缩性能。结果显示,经过湿热处理与高温测试,ZT7H/QY9611 复合材料的开孔压缩强度随着测试温度的提升而下降,150 ℃湿态的开孔拉伸强度保持率为 83.85%。结合 0°压缩与 90°压缩的测试结果,可以认为 ZT7H/QY9611 复合材料抵抗压缩载荷的能力较强,且在湿热处理与高温条件下也能保持较高的性能。

表 6.39　ZT7H/QY9611 复合材料开孔压缩性能

测试状态	开孔压缩强度/MPa	离散系数/%	保持率/%	测试标准
23 ℃干态	384	0.7	/	ASTM D6484
100 ℃湿态	344	2.0	89.58	
150 ℃湿态	322	3.8	83.85	

ZT7H/QY9611 复合材料在 23 ℃干态下的冲击后压缩强度为 274 MPa。ZT7H/QY9611 复合材料宏观力学性能如图 6.17 所示。

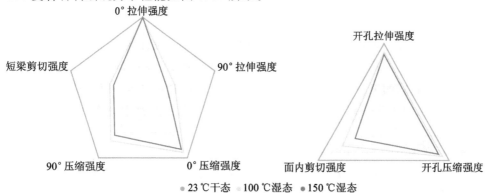

图 6.17　ZT7H/QY9611 复合材料宏观力学性能

6.7 CF300/5405 双马来酰亚胺树脂基复合材料

本节对 CF300/5405 复合材料试样进行一系列宏观力学性能测试。需要说明的是，CF300/5405 复合材料力学性能测试时间较早，能收集到的数据量有限，因此部分样本量较少的数据无法提供离散系数。

表 6.40 所列为 CF300/5405 复合材料 0°拉伸性能。可以看出，湿热高温对 CF300/5405 复合材料的 0°拉伸性能影响不大。CF300/5405 复合材料在湿热处理与高温测试条件下 0°拉伸强度与 0°拉伸模量与常温干态下的数值几乎一致。单向复合材料的 0°拉伸强度主要由碳纤维决定，CF300/5405 复合材料 0°拉伸性能的测试结果表明高温对碳纤维的力学性能几乎没有影响。

表 6.40 CF300/5405 复合材料 0°拉伸性能

测试状态	0°拉伸强度/MPa	离散系数/%	保持率/%	0°拉伸模量/GPa	离散系数/%	保持率/%	测试标准
23 ℃干态	2 020	4.4	/	134	4.0	/	GB/T 3354
23 ℃湿态	2 016	4.2	99.80	136	5.0	101.49	
130 ℃湿态	1 997	—	98.88	—	—	—	

表 6.41 所列为 CF300/5405 复合材料 90°拉伸性能。结果显示，经过湿热处理与高温测试，CF300/5405 复合材料的 90°拉伸强度有一定幅度的下降，湿热处理后由 23 ℃干态下的 81.3 MPa 下降到了 23 ℃湿态下的 64.9 MPa，保持率为 79.90%，130 ℃湿态下继续下降到 43.4 MPa，保持率为 53.45%。与此同时，CF300/5405 复合材料的 90°拉伸模量几乎不受湿热处理影响。

表 6.41 CF300/5405 复合材料 90°拉伸性能

测试状态	90°拉伸强度/MPa	离散系数/%	保持率/%	90°拉伸模量/GPa	离散系数/%	保持率/%	测试标准
23 ℃干态	81.3	7.1	/	9.09	2.2	/	GB/T 3354
23 ℃湿态	64.9	18.8	79.90	9.02	3.8	99.27	
130 ℃湿态	43.4	8.5	53.45	—	—	—	

复合材料的 90°拉伸性能主要由其聚合物基体与界面的力学性能决定。经过湿热处理与高温测试，CF300/5405 复合材料的 90°拉伸强度均有一定幅度的下降，说明湿热高温分别对 CF300/5405 复合材料的聚合物基体、界面的力学性能有一定的破坏作用。不过下降后的 90°拉伸强度保持率也均在 50% 以上，表明 CF300/5405 复合材料在高温高湿环境下仍能保持一定的界面结合能力。

表 6.42 所列为 CF300/5405 复合材料 0°压缩性能。结果显示，经过湿热处理与高温测试，CF300/5405 复合材料的 0°压缩强度有一定幅度的下降，湿热处理后由 23 ℃干态下的 1 330 MPa 下降到了 23 ℃湿态下的 1 194 MPa，保持率为 89.80%，130 ℃湿态下继续下降到 874 MPa，保持率为 65.71%。与此同时，CF300/5405 复合材料的 0°压缩模量几乎不受湿热处

理影响。CF300/5405 复合材料的 0°压缩强度保持率均在 65% 以上,表明其具有较好的湿热 0°压缩性能,界面结合良好。此外,23 ℃湿态下 CF300/5405 复合材料的 0°压缩性能下降不多,说明影响其 0°压缩强度的主要因素是高温。

表 6.42　CF300/5405 复合材料 0°压缩性能

测试状态	0°压缩强度/MPa	离散系数/%	保持率/%	0°压缩模量/GPa	离散系数/%	保持率/%	测试标准
23 ℃干态	1 330	4.9	/	135	4.1	/	ASTM D6641
23 ℃湿态	1 194	6.2	89.80	139	4.7	102.56	
130 ℃湿态	874	9.1	65.71	—	—	—	

表 6.43 所列为 CF300/5405 复合材料 90°压缩性能。结果显示,经过湿热处理与高温测试,CF300/5405 复合材料的 90°压缩强度有一定幅度的下降,湿热处理后由 23 ℃干态下的 244 MPa 下降到了 23 ℃湿态下的 217 MPa,保持率为 89.07%,130 ℃湿态下继续下降到 119 MPa,保持率为 48.61%。与此同时,CF300/5405 复合材料的 90°压缩模量几乎不受湿热处理影响。CF300/5405 复合材料经过湿热处理后的 90°压缩强度保持率很高,表明其具有较好的耐湿热能力,界面结合良好。然而,130 ℃湿态下 CF300/5405 复合材料的 90°压缩性能下降较为明显,保持率仅有 48.61%,说明影响其 90°压缩强度的主要因素是高温。综合 0°压缩性能的测试结果,可以认为高温是影响 CF300/5405 复合材料压缩性能的主要因素。

表 6.43　CF300/5405 复合材料 90°压缩性能

测试状态	90°压缩强度/MPa	离散系数/%	保持率/%	90°压缩模量/GPa	离散系数/%	保持率/%	测试标准
23 ℃干态	244	6.2	/	9.09	2.2	/	ASTM D6641
23 ℃湿态	217	7.3	89.07	9.02	3.8	99.27	
130 ℃湿态	119	8.1	48.61	—	—	—	

表 6.44 所列为 CF300/5405 复合材料短梁剪切性能。结果显示,经过湿热处理与高温测试,CF300/5405 复合材料的短梁剪切强度有一定幅度的下降,湿热处理后由 23 ℃干态下的 103.5 MPa 下降到了 23 ℃湿态下的 94.4 MPa,保持率为 91.19%,130 ℃湿态下继续下降到 51.5 MPa,保持率为 49.77%。

与压缩性能类似,CF300/5405 复合材料的短梁剪切强度在湿热处理之后下降不大,而在 130 ℃高温条件下大幅下降。可以认为,高温及高温-高湿耦合作用对 CF300/5405 复合材料界面的破坏作用尤其明显,使复合材料承受剪切应力的能力大幅下降,需要特别注意。

表 6.44　CF300/5405 复合材料短梁剪切性能

测试状态	短梁剪切强度/MPa	离散系数/%	保持率/%	测试标准
23 ℃干态	103.5	4.4	/	JC/T 773
23 ℃湿态	94.4	5.5	91.19	
130 ℃湿态	51.5	9.1	49.77	

表 6.45 所列为 CF300/5405 复合材料弯曲性能。结果显示,经过湿热处理与高温测试,CF300/5405 复合材料的弯曲强度有一定幅度的下降,湿热处理后由 23 ℃ 干态下的 1 807 MPa 变化为 23 ℃ 湿态下的 1760 MPa,几乎保持一致,保持率为 97.38%,130 ℃ 湿态下则大幅下降到 1 145 MPa,保持率为 63.38%。与此同时,CF300/5405 复合材料的弯曲模量几乎不受湿热处理影响。从弯曲性能的测试结果中同样可以看出,CF300/5405 复合材料的力学性能受高温影响较为明显,但其弯曲强度的保持率仍在 60% 以上,可以认为其在高温高湿环境下仍能保持一定的界面结合,拥有良好的力学性能。

表 6.45　CF300/5405 复合材料弯曲性能

测试状态	弯曲强度/MPa	离散系数/%	保持率/%	弯曲模量/GPa	离散系数/%	保持率/%	测试标准
23 ℃ 干态	1 807	6.8	/	143	7.3	/	
23 ℃ 湿态	1 760	6.7	97.38	146	8.8	101.86	GB/T 3356
130 ℃ 湿态	1 145	8.0	63.38	—	—	—	

表 6.46 所列为 CF300/5405 复合材料面内剪切性能。结果显示,经过湿热处理与高温测试,CF300/5405 复合材料的面内剪切断裂强度有一定幅度的下降,湿热处理后由 23 ℃ 干态下的 120.8 MPa 变化为 23 ℃ 湿态下的 120.0 MPa,几乎保持一致,保持率为 99.31%,130 ℃ 湿态下继续下降到 72.9 MPa,保持率为 60.36%。与此同时,CF300/5405 复合材料的面内剪切模量几乎不受湿热处理影响。

表 6.46　CF300/5405 复合材料面内剪切性能

测试状态	面内剪切断裂强度/MPa	离散系数/%	保持率/%	面内剪切模量/GPa	离散系数/%	保持率/%	测试标准
23 ℃ 干态	120.8	2.7	/	4.92	5.0	/	
23 ℃ 湿态	120.0	—	99.31	4.52	—	91.77	GB/T 3355
130 ℃ 湿态	72.9	4.0	60.36	—	—	—	

表 6.47 所列为 CF300/5405 复合材料开孔拉伸性能。结果显示,CF300/5405 复合材料的开孔拉伸强度几乎不受湿热处理与高温测试的影响,湿态与高温下的测试结果与室温干态下的结果相差不大。这说明 CF300/5405 复合材料试样的开孔拉伸强度主要由碳纤维的力学性能主导,与高温高湿环境关系不大。

表 6.47　CF300/5405 复合材料开孔拉伸性能

测试状态	开孔拉伸强度/MPa	离散系数/%	保持率/%	测试标准
23 ℃ 干态	329	7.8	/	
23 ℃ 湿态	348	1.6	105.67	HB 6740
130 ℃ 湿态	343	6.9	104.38	

表 6.48 所列为 CF300/5405 复合材料开孔压缩性能。结果显示,经过湿热处理与高温测试,CF300/5405 复合材料的开孔压缩强度有一定幅度的下降,湿热处理后由 23 ℃ 干态下的

329 MPa 变化为 23 ℃ 湿态下的 339 MPa,几乎保持一致,保持率为 102.99%,130 ℃ 湿态下继续下降到 242 MPa,保持率为 73.52%。

结合 0°压缩、90°压缩、短梁剪切及面内剪切的测试结果,可以认为湿热处理对 CF300/5405 复合材料的界面结合影响较小,而湿热处理后暴露于 130 ℃ 高温时,复合材料制件的界面结合能力会出现大幅下降,导致其一系列宏观力学性能的劣化,需要特别注意。

表 6.48　CF300/5405 复合材料开孔压缩性能

测试状态	开孔压缩强度/MPa	离散系数/%	保持率/%	测试标准
23 ℃ 干态	329	5.6	/	
23 ℃ 湿态	339	—	102.99	HB 6741
130 ℃ 湿态	242	12.0	73.52	

CF300/5405 复合材料宏观力学性能如图 6.18 所示。

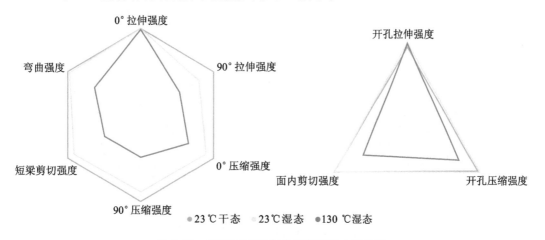

图 6.18　CF300/5405 复合材料宏观力学性能

6.8　CF300/QY8911 双马来酰亚胺树脂基复合材料

本节对 CF300/QY8911 复合材料试样进行一系列宏观力学性能测试。需要说明的是,CF300/QY8911 复合材料力学性能测试时间较早,能收集到的数据量有限,因此部分样本量较少的数据无法提供离散系数。

表 6.49 所列为 CF300/QY8911 复合材料 0°拉伸性能。可以看出,湿热高温对 CF300/QY8911 复合材料的 0°拉伸性能影响不大。CF300/QY8911 复合材料在湿热高温测试条件下 0°拉伸强度与 0°拉伸模量与常温干态下的数值几乎一致。单向复合材料的 0°拉伸强度主要由碳纤维决定,CF300/QY8911 复合材料 0°拉伸性能的测试结果表明高温对碳纤维的力学性能几乎没有影响。

表 6.50 所列为 CF300/QY8911 复合材料 90°拉伸性能。结果显示,湿态与高温对 CF300/QY8911 复合材料的 90°拉伸强度有一定影响,即幅度下降,湿热处理后由 23 ℃ 干态下的66.3 MPa 下降到了 23 ℃ 湿态下的 51.1 MPa,保持率为 77.18%,130 ℃ 湿态下继续下降

到 25.6 MPa,保持率为 38.64%。与此同时,CF300/QY8911 复合材料的 90°拉伸模量几乎不受湿热处理影响。

表 6.49　CF300/QY8911 复合材料 0°拉伸性能

测试状态	0°拉伸强度/MPa	离散系数/%	保持率/%	0°拉伸模量/GPa	离散系数/%	保持率/%	测试标准
23 ℃干态	1875	7.5	/	136	5.4	/	GB/T 3354
23 ℃湿态	2022	5.4	107.83	138	5.2	101.32	
130 ℃湿态	2093	—	111.60	—	—	—	

　　复合材料的 90°拉伸性能主要由其聚合物基体与界面的力学性能决定。经过湿热处理与高温,CF300/QY8911 复合材料的 90°拉伸强度均有一定幅度的下降,说明湿热与高温分别对 CF300/QY8911 复合材料的聚合物基体、界面的力学性能有一定的破坏作用。130 ℃湿态下 CF300/QY8911 复合材料的 90°拉伸强度保持率仅为 38.64%,表明高温高湿环境对 CF300/QY8911 复合材料的聚合物基体或界面的力学性能造成了较大影响,使其抵抗横向拉伸的能力大幅减弱。

表 6.50　CF300/QY8911 复合材料 90°拉伸性能

测试状态	90°拉伸强度/MPa	离散系数/%	保持率/%	90°拉伸模量/GPa	离散系数/%	保持率/%	测试标准
23 ℃干态	66.3	7.4	/	9.43	5.9	/	GB/T 3354
23 ℃湿态	51.1	19.0	77.18	9.01	3.9	95.55	
130 ℃湿态	25.6	—	38.64	—	—	—	

　　表 6.51 所列为 CF300/QY8911 复合材料 0°压缩性能。结果显示,经过湿热处理与高温测试,CF300/QY8911 复合材料的 0°压缩强度有一定幅度的下降,湿热处理后由 23 ℃干态下的 1330 MPa 下降到了 23 ℃湿态下的 1 180 MPa,保持率为 85.76%,130 ℃湿态下继续下降到 918 MPa,保持率为 66.74%。与此同时,CF300/QY8911 复合材料的 0°压缩模量几乎不受湿热处理影响。CF300/QY8911 复合材料的 0°压缩强度保持率均在 65% 以上,表明其具有较好的湿热 0°压缩性能,界面结合良好。此外,23 ℃湿态下 CF300/QY8911 复合材料的 0°压缩性能下降不多,说明影响其 0°压缩强度的主要因素是高温。

表 6.51　CF300/QY8911 复合材料 0°压缩性能

测试状态	0°压缩强度/MPa	离散系数/%	保持率/%	0°压缩模量/GPa	离散系数/%	保持率/%	测试标准
23 ℃干态	1376	8.6	/	136	5.4	/	ASTM D6641
23 ℃湿态	1180	7.8	85.76	138	5.2	101.32	
130 ℃湿态	918	3.7	66.74	—	—	—	

　　表 6.52 所列为 CF300/QY8911 复合材料 90°压缩性能。结果显示,经过湿热处理与高温测试,CF300/QY8911 复合材料的 90°压缩强度有一定幅度的下降,湿热处理后由 23 ℃干态

下的 235 MPa 下降到了 23 ℃湿态下的 185 MPa,保持率为 78.92%,130 ℃湿态下继续下降到 131 MPa,保持率为 55.68%。与此同时,CF300/QY8911 复合材料的 90°压缩模量几乎不受湿热处理影响。130 ℃湿态下 CF300/ QY8911 复合材料的 90°压缩性能下降较为明显,保持率为 55.68%,表明 CF300/QY8911 复合材料在高温高湿环境下的界面结合较好,仍能保持一定的力学性能。

表 6.52　CF300/QY8911 复合材料 90°压缩性能

测试状态	90°压缩强度/MPa	离散系数/%	保持率/%	90°压缩模量/GPa	离散系数/%	保持率/%	测试标准
23 ℃干态	235	9.0	/	9.43	5.9	/	ASTM D6641
23 ℃湿态	185	9.0	78.92	9.01	3.9	95.55	
130 ℃湿态	131	15.2	55.68	—	—	—	

表 6.53 所列为 CF300/QY8911 复合材料短梁剪切性能。结果显示,经过湿热处理与高温测试,CF300/QY8911 复合材料的短梁剪切强度有一定幅度的下降,湿热处理后由 23 ℃干态下的 114.2 MPa 下降到了 23 ℃湿态下的 97.0 MPa,保持率为 84.92%,130 ℃湿态下继续下降到 56.6 MPa,保持率为 49.58%。

与压缩性能类似,CF300/QY8911 复合材料的短梁剪切强度在湿热处理之后下降不大,而在 130 ℃高温下大幅下降。可以认为,高温及高温高湿耦合作用对 CF300/QY8911 复合材料界面的破坏作用尤其明显,使复合材料承受剪切应力的能力大幅下降,需要特别注意。

表 6.53　CF300/QY8911 复合材料短梁剪切性能

测试状态	短梁剪切强度/MPa	离散系数/%	保持率/%	测试标准
23 ℃干态	114.2	6.6	/	JC/T 773
23 ℃湿态	97.0	8.7	84.92	
130 ℃湿态	56.6	—	49.58	

表 6.54 所列为 CF300/QY8911 复合材料弯曲性能。结果显示,经过湿热处理与高温测试,CF300/QY8911 复合材料的弯曲强度有一定幅度的下降,湿热处理后由 23 ℃干态下的 1 990 MPa 变化为 23 ℃湿态下的 1 907 MPa,几乎保持一致,保持率为 95.80%,130 ℃湿态下则大幅下降到 1 392 MPa,保持率为 69.93%。与此同时,CF300/QY8911 复合材料的弯曲模量几乎不受湿热处理影响。从弯曲性能的测试结果中同样可以看出,CF300/QY8911 复合材料的力学性能受高温影响较为明显,但其弯曲强度的保持率仍在 60% 以上,可以认为其在高温高湿环境下仍能保持一定的界面结合,拥有良好的力学性能。

表 6.55 所列为 CF300/QY8911 复合材料面内剪切性能。结果显示,经过湿热处理与高温测试,CF300/QY8911 复合材料的面内剪切强度有一定幅度的下降,湿热处理后由 23 ℃干态下的 97.1 MPa 变为 23 ℃湿态下的 99.0 MPa,几乎保持一致,保持率为 102.01%,130 ℃湿态下继续下降到 72.7 MPa,保持率为 74.86%。与此同时,CF300/QY8911 复合材料的面内剪切模量几乎不受湿热处理影响。

表 6.54　CF300/QY8911 复合材料弯曲性能

测试状态	弯曲强度/MPa	离散系数/%	保持率/%	弯曲模量/GPa	离散系数/%	保持率/%	测试标准
23 ℃干态	1 990	6.6	/	136	5.2	/	
23 ℃湿态	1 907	7.6	95.80	135	2.6	99.51	GB/T 3356
130 ℃湿态	1 392	18.6	69.93	—			

表 6.55　CF300/QY8911 复合材料面内剪切性能

测试状态	面内剪切强度/MPa	离散系数/%	保持率/%	面内剪切模量/GPa	离散系数/%	保持率/%	测试标准
23 ℃干态	97.1	7.3	/	5.15	6.6	/	
23 ℃湿态	99.0	—	102.01	5.06	—	98.12	GB/T 3355
130 ℃湿态	72.7	19.5	74.86	—			

　　表 6.56 所列为 CF300/QY8911 复合材料开孔拉伸性能。结果显示,CF300/QY8911 复合材料的开孔拉伸强度几乎不受湿热处理与高温测试的影响,湿态与高温下的测试结果与室温干态下的结果相差不大。这说明 CF300/QY8911 复合材料试样的开孔拉伸强度主要由碳纤维的力学性能主导,与高温高湿环境关系不大。

表 6.56　CF300/QY8911 复合材料开孔拉伸性能

测试状态	开孔拉伸强度/MPa	离散系数/%	保持率/%	测试标准
23 ℃干态	342	10.7	/	
23 ℃湿态	366	—	106.87	HB 6740
130 ℃湿态	353	4.9	103.10	

　　表 6.57 所列为 CF300/QY8911 复合材料开孔压缩性能。结果显示,CF300/QY8911 复合材料的开孔压缩强度几乎不受湿热处理与高温测试的影响,湿态与高温下的测试结果与室温干态下的结果相差不大。

　　结合 0°压缩、90°压缩、短梁剪切与面内剪切的测试结果,可以认为湿热处理对 CF300/QY8911 复合材料的界面结合影响较小,而湿热处理后暴露于 130 ℃高温时,复合材料制件的界面结合能力会出现大幅下降,导致其一系列宏观力学性能的劣化,需要特别注意。

表 6.57　CF300/QY8911 复合材料开孔压缩性能

测试状态	开孔压缩强度/MPa	离散系数/%	保持率/%	测试标准
23 ℃干态	342	5.9	/	
23 ℃湿态	366	5.6	106.87	HB 6741
130 ℃湿态	353	13.3	103.10	

　　CF300/QY8911 复合材料宏观力学性能如图 6.19 所示。

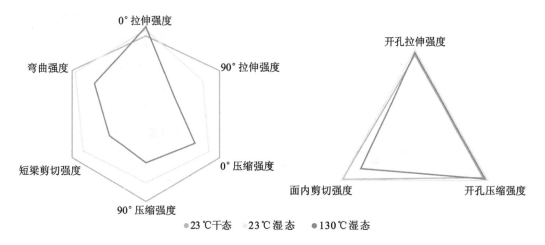

●23 ℃干态　●23 ℃湿态　●130 ℃湿态

图 6.19　CF300/QY8911 复合材料宏观力学性能

6.9　AS4/PPS Cetex® TC1100 复合材料

本节对由 Cetex® TC1100 PPS 预浸料通过热压成型工艺制备的 AS4/PPS 复合材料进行一系列宏观力学性能测试。

6.9.1　吸湿行为

本小节对 Cetex® TC1100 PPS 预浸料制备的 AS4/PPS 复合材料在 71 ℃的去离子水水浸环境中的吸湿行为进行研究,通过对不同时间吸湿率的计算,得到 AS4/PPS 复合材料相对吸湿率-时间的平方根($M_t - \sqrt{t}$)的关系,如图 6.20 中的散点图像所示。

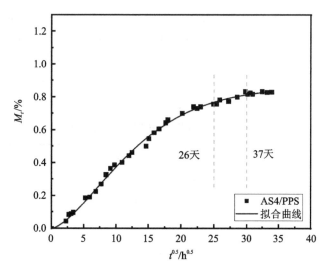

图 6.20　AS4/PPS 复合材料吸湿曲线

根据 Fick 第二定律确定的复合材料相对吸湿率方程,对 AS4/PPS 复合材料的实验数据进行拟合,根据相对吸湿率方程与扩散初期 $M_t - \sqrt{t}$ 的线性拟合结果,所得试样的饱和吸湿率 M_∞、扩散系数 D 等结果见表 6.58。可见 AS4/PPS 复合材料在采用 Fick 第二定律拟合后相关系数 R^2 高于 0.997,表现出很高的拟合度。该复合材料样品的吸湿过程初期,相对吸湿率与 $\sqrt{t}$ 成近似正比例关系。随着吸湿行为不断进行,试样的吸湿速率逐渐降低并逐渐趋于稳定,达到饱和吸湿率之后基本保持不变。

表 6.58　AS4/PPS 复合材料吸湿行为的主要参数

试　样	相关系数 R^2	扩散系数 $D/(\mathrm{mm}^2 \cdot \mathrm{h}^{-1})$	饱和吸湿率 $M_\infty/\%$
AS4/PPS	0.997	1.49×10^{-3}	0.857

为了研究复合材料试样吸湿率增加速率的变化,根据 Fick 第二定律拟合曲线的方程,计算出该试样相对吸湿率达到饱和吸湿率 95% 时的时间。在 71 ℃水浸环境下吸湿处理约 37 天后,达到 95% 饱和吸湿率。可以认为,该复合材料试样吸湿的前 26 天,吸湿率迅速升高,在短时间内达到基本饱和。而第 26 天之后直到实验结束,吸湿速率很慢,试样的相对吸湿率变化不大。

6.9.2　宏观力学性能

本小节对 AS4/PPS 复合材料试样进行一系列宏观力学性能测试。该复合材料试样的纤维体积含量为 66%。

表 6.59 所列为 AS4/PPS 复合材料 0°拉伸性能。结果显示,AS4/PPS 复合材料试样的 0°拉伸强度受湿热处理影响很小,82 ℃与 120 ℃湿态的拉伸强度与模量均与对应温度干态试样的性能几乎一致。温度影响方面,—55 ℃与 82 ℃的测试条件对复合材料试样的强度与模量影响几乎可以忽略,但 120 ℃时复合材料的 0°拉伸强度下降至室温干态数值的 80% 左右。

单向复合材料试样的 0°拉伸强度主要由碳纤维性能决定,聚合物基体与界面的力学性能对其并无直接影响,而是主要起到在部分碳纤维断裂之后将其本应承受的应力横向传递到其他碳纤维上的作用。120 ℃温度条件下 AS4/PPS 复合材料 0°拉伸强度的下降,应该归因于该温度下聚合物基体与界面性能的劣化导致一部分碳纤维断裂之后应力无法及时传导到其他碳纤维上,造成应力集中而破坏失效。120 ℃温度条件下该试样的 0°拉伸模量没有发生太大变化,也佐证了这一推断。

表 6.59　AS4/PPS 复合材料 0°拉伸性能

测试状态	0°拉伸强度/MPa	离散系数/%	保持率/%	0°拉伸模量/GPa	离散系数/%	保持率/%	测试标准
—55 ℃干态	2 229	11.0	107.11	147	1.6	103.04	
23 ℃干态	2 081	10.6	/	143	3.2	/	
82 ℃干态	2 160	9.2	103.77	144	2.9	100.62	ASTM D3039
120 ℃干态	1 576	26.9	75.72	142	9.8	99.67	
82 ℃湿态	2 006	8.2	96.40	150	2.7	104.86	
120 ℃湿态	1 770	19.0	85.04	137.5	4.5	96.38	

表 6.60 所列为 AS4/PPS 复合材料 90°拉伸性能。结果显示，−55 ℃ 与 23 ℃温度条件下的 90°拉伸强度与 90°拉伸模量相比较，23 ℃温度条件下的 90°拉伸强度和模量低于−55 ℃温度条件下的数值。温度升高到 82 ℃后，90°拉伸强度提高而模量降低。温度继续升高到120 ℃后，90°拉伸强度与 90°拉伸模量均有明显降低。湿热处理后，对应温度测试的 90°拉伸强度与 90°拉伸模量均与干态测试结果数值相同。

90°拉伸强度由复合材料聚合物基体与界面的抗拉性能共同决定。90°拉伸测试的结果表明，湿热处理对 AS4/PPS 复合材料的界面性能影响较小。温度方面，82 ℃下 AS4/PPS 复合材料的界面性能不但没有下降，反而有一定程度的上升；而 120 ℃对 AS4/PPS 复合材料的聚合物基体与界面力学性能影响较大，使其 90°拉伸强度与模量分别下降为室温干态数值的60%与 40%左右，对制件应用有较大影响，需要特殊注意。

表 6.60　AS4/PPS 复合材料 90°拉伸性能

测试状态	90°拉伸强度/MPa	离散系数/%	保持率/%	90°拉伸模量/GPa	离散系数/%	保持率/%	测试标准
−55 ℃干态	46.2	9.1	111.08	9.76	2.2	106.48	
23 ℃干态	41.5	13.6	/	9.17	2.7	/	
82 ℃干态	50.5	15.3	121.46	7.57	3.3	82.55	ASTM D3039
120 ℃干态	26.6	16.9	64.06	3.92	1.8	42.81	
82 ℃湿态	49.8	16.8	119.91	8.09	4.2	88.22	
120 ℃湿态	25.7	28.1	61.96	3.75	7.0	40.87	

表 6.61 所列为 AS4/PPS 复合材料 0°压缩性能。结果显示，−55 ℃ 与 23 ℃温度条件下的 0°压缩强度与 0°压缩模量相差不大，其中 23 ℃温度条件下的 0°压缩强度最高。当温度升高到 82 ℃、120 ℃时，0°压缩性能依次下降。湿热处理后，82 ℃下测试的 0°压缩强度与 0°压缩模量均高于干态测试结果，而湿热处理后 120 ℃下的 0°压缩强度低于干态测试结果。该结果同样说明 120 ℃高温是影响 AS4/PPS 复合材料界面性能的最大因素。

表 6.61　AS4/PPS 复合材料 0°压缩性能

测试状态	0°压缩强度/MPa	离散系数/%	保持率/%	0°压缩模量/GPa	离散系数/%	保持率/%	测试标准
−55 ℃干态	1 213	11.1	98.28	127	2.6	100.63	
23 ℃干态	1 234	12.5	/	127	2.5	/	
82 ℃干态	883	20.9	71.52	125	4.6	98.92	SACMA 1R/94
120 ℃干态	703	18.3	56.95	—	—	—	
82 ℃湿态	997	20.7	80.78	129	4.0	101.67	
120 ℃湿态	649	15.5	52.57	—	—	—	

表 6.62 所列为 AS4/PPS 复合材料 90°压缩性能。结果显示，−55 ℃温度条件下AS4/PPS 复合材料的 90°压缩强度高于室温干态下的数值。随着温度升高，试样的 90°压缩强

度逐渐降低,而湿热处理对同一温度下的试样 90°压缩强度影响很小。90°压缩强度结果同样表明,AS4/PPS 复合材料力学性能显著下降的条件是 120 ℃高温环境。

表 6.62　AS4/PPS 复合材料 90°压缩性能

测试状态	90°压缩强度/MPa	离散系数/%	保持率/%	90°压缩模量/GPa	离散系数/%	保持率/%	测试标准
-55 ℃干态	202	13.1	114.70	11.54	3.80	111.22	
23 ℃干态	176	2.97	/	10.38	1.42	/	
82 ℃干态	143	2.99	81.06	9.21	2.22	88.71	SACMA 1R/94
120 ℃干态	101	4.28	57.07	—	—	—	
82 ℃湿态	145	3.78	82.23	11.76	3.22	113.33	
120 ℃湿态	98	3.56	55.82	—	—	—	

表 6.63 所列为 AS4/PPS 复合材料短梁剪切性能。从测试结果可以看出,-55 ℃与 23 ℃温度条件下的短梁剪切强度相比较,23 ℃温度条件下的数值较低,而随着温度的升高,短梁剪切强度逐渐降低。湿热处理后,对应温度下试样的短梁剪切强度没有显著变化。

表 6.63　AS4/PPS 复合材料短梁剪切性能

测试状态	短梁剪切强度/MPa	离散系数/%	保持率/%	测试标准
-55 ℃干态	98	3.6	117.01	
23 ℃干态	83	3.4	/	
82 ℃干态	64	1.7	76.22	ASTM D2344
120 ℃干态	51	2.9	61.35	
82 ℃湿态	65	2.7	78.10	
120 ℃湿态	51	3.9	61.23	

表 6.64 所列为 AS4/PPS 复合材料弯曲性能。结果显示,-55 ℃与 23 ℃温度条件下的弯曲强度和弯曲模量相比较,23 ℃温度条件下弯曲强度较低,而弯曲模量保持不变。温度升高到 82 ℃后,弯曲强度降低。温度继续升高到 120 ℃后,弯曲强度进一步降低。这一过程中弯曲模量基本保持不变。湿热处理后,82 ℃、120 ℃温度条件下弯曲强度和弯曲模量均低于同温度下干态测试数值。

表 6.65 所列为 AS4/PPS 复合材料面内剪切性能。结果显示,与-55 ℃温度条件下的面内剪切强度和面内剪切模量相比,23 ℃温度条件下的数值均较低。温度升高到 82 ℃后,面内剪切强度与模量降低。温度继续升高到 120 ℃后,面内剪切强度与模量进一步降低。湿热处理后,82 ℃、120 ℃温度条件下的面内剪切强度与模量均有小幅度下降。120 ℃湿态条件下复合材料的面内剪切强度保持率仅有 41.27%,说明该条件对 AS4/PPS 复合材料的面内剪切性能影响较大。

表 6.64　AS4/PPS 复合材料弯曲性能

测试状态	弯曲强度/MPa	离散系数/%	保持率/%	弯曲模量/GPa	离散系数/%	保持率/%	测试标准
−55 ℃干态	1 443	11.7	106.42	121	3.3	99.18	ASTM D7264
23 ℃干态	1 356	6.5	/	122	3.1	/	
82 ℃干态	1 088	4.4	80.24	120	4.5	98.36	
120 ℃干态	783	4.2	57.74	123	1.9	100.82	
82 ℃湿态	957	8.7	70.58	117	3.6	95.90	
120 ℃湿态	682	4.8	50.29	115	2.3	94.26	

表 6.65　AS4/PPS 复合材料面内剪切性能

测试状态	面内剪切强度/MPa	离散系数/%	保持率/%	面内剪切模量/GPa	离散系数/%	保持率/%	测试标准
−55 ℃干态	91.5	5.2	121.03	4.81	2.5	110.07	ASTM D3518
23 ℃干态	75.6	8.0	/	4.37	6.7	/	
82 ℃干态	48.4	5.2	64.02	2.84	4.5	64.99	
120 ℃干态	36.9	5.3	48.81	1.86	4.0	42.56	
82 ℃湿态	44.5	2.4	58.86	2.06	2.4	47.14	
120 ℃湿态	31.2	6.2	41.27	1.29	5.2	29.52	

AS4/PPS 复合材料宏观力学性能如图 6.21 所示。

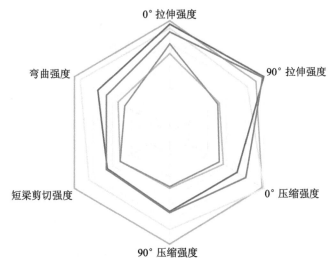

图 6.21　AS4/PPS 复合材料宏观力学性能

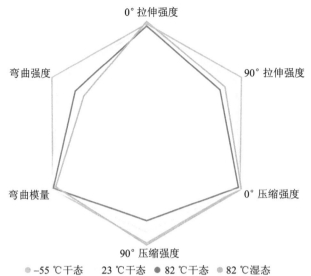

图 6.21   AS4/PPS 复合材料宏观力学性能(续)

6.10   AS4/PEEK Cetex® TC1200 复合材料

本节对由 Cetex® TC1200 PEEK 预浸料通过热压成型工艺制备的 AS4/PEEK 复合材料进行一系列宏观力学性能测试。

6.10.1   吸湿行为

对 Cetex® TC1200 PEEK 预浸料制备的 AS4/PEEK 复合材料在 71 ℃的去离子水水浸中的吸湿行为进行研究,通过对不同时间相对吸湿率的计算,得到 AS4/PEEK 复合材料相对吸湿率–时间的平方根($M_t - \sqrt{t}$)的关系,如图 6.22 中的散点图像所示。

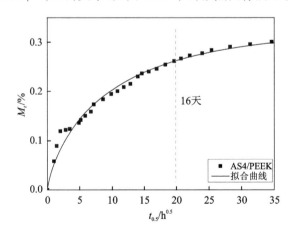

图 6.22   AS4/PEEK 复合材料吸湿曲线

表 6.66　AS4/PEEK 复合材料吸湿行为的主要参数

试　样	相关系数 R^2	扩散系数 $D/(\text{mm}^2 \cdot \text{h}^{-1})$	饱和吸湿率 $M_\infty/\%$
AS4/PEEK	0.983	27.04×10^{-3}	0.326

根据 Fick 第二定律确定的复合材料相对吸湿率方程,对 AS4/PEEK 复合材料的实验数据进行拟合,根据相对吸湿率方程与扩散初期 $M_t - \sqrt{t}$ 的线性拟合结果,所得试样的饱和吸湿率 M_∞、扩散系数 D 等结果见表 6.66。可见 AS4/PEEK 复合材料在采用 Fick 第二定律拟合后相关系数 R^2 为 0.983,表现出很高的拟合度。该复合材料样品的吸湿过程初期,相对吸湿率与 $\sqrt{t}$ 成近似正比例关系。随着吸湿行为不断进行,试样的吸湿速率逐渐降低并逐渐趋于稳定,达到饱和吸湿率之后基本保持不变。

为了研究该复合材料试样吸湿率增加速率的变化,根据 Fick 第二定律拟合曲线的方程,计算出该试样相对吸湿率达到饱和吸湿率 95% 时的时间。在 71 ℃水浸环境下吸湿处理 54 天后,试样仍未达到 95% 饱和吸湿率。

6.10.2　宏观力学性能

本小节对 AS4/PEEK 复合材料试样进行一系列宏观力学性能测试。该复合材料试样的纤维体积含量为 66%。

表 6.67 所列为 AS4/PEEK 复合材料 0°拉伸性能。结果显示,AS4/PEEK 复合材料试样在 82 ℃、120 ℃湿态条件下的拉伸强度、拉伸模量均与对应温度干态条件下的性能相比有一定降低。温度影响方面,-55 ℃与 82 ℃的测试条件对该复合材料试样的强度与模量影响几乎可以忽略,但 120 ℃时复合材料的 0°拉伸强度下降至室温干态数值的 85.74%。

单向复合材料试样的 0°拉伸强度主要由碳纤维性能决定,聚合物基体与界面的力学性能对其并无直接影响,而是主要起到在部分碳纤维断裂之后将本应承受的应力横向传递到其他碳纤维上的作用。120 ℃下 AS4/PEEK 复合材料 0°拉伸强度的下降应该归因于该温度下聚合物基体与界面性能的劣化导致一部分碳纤维断裂之后应力无法及时传导到其他碳纤维上,造成应力集中而破坏失效。120 ℃下试样的模量没有发生太大变化,也佐证了这一推断。

表 6.67　AS4/PEEK 复合材料 0°拉伸性能

测试状态	0°拉伸强度/MPa	离散系数/%	保持率/%	0°拉伸模量/GPa	离散系数/%	保持率/%	测试标准
-55 ℃干态	2 054	11.4	103.50	134	5.6	100.05	
23 ℃干态	1 984	7.9	/	134	5.1	/	
82 ℃干态	2 028	12.5	102.22	133	2.4	99.49	ASTM D3039
120 ℃干态	1 701	11.1	85.74	132	5.8	98.41	
82 ℃湿态	1 726	15.1	86.98	135	5.2	101.01	
120 ℃湿态	1 590	11.8	80.14	128	2.7	95.52	

　　表 6.68 所列为 AS4/PEEK 复合材料 90°拉伸性能。结果显示，－55 ℃、23 ℃温度条件下的 90°拉伸强度与 90°拉伸模量相比较，23 ℃温度条件下的 90°拉伸强度与 90°拉伸模量均低于－55 ℃温度条件下的数值。当温度升高到 82 ℃后，90°拉伸强度降低而模量保持不变。当温度继续升高到 120 ℃后，90°拉伸强度与 90°拉伸模量均有明显降低。湿热处理后，82 ℃温度条件测试的 90°拉伸强度略低于干态测试结果而 90°拉伸模量不变，而湿热处理后 120 ℃温度条件下的 90°拉伸强度和 90°拉伸模量均略低于干态测试结果。

　　90°拉伸强度由复合材料聚合物基体与界面的抗拉性能共同决定。90°拉伸测试的结果表明，湿热处理对 AS4/PEEK 复合材料的界面性能影响较小，温度方面，高温处理对 AS4/PEEK 复合材料的 90°拉伸强度有一定影响。说明高温处理下复合材料聚合物基体或界面的力学性能出现了一定程度的劣化。

表 6.68　AS4/PEEK 复合材料 90°拉伸性能

测试状态	90°拉伸强度/MPa	离散系数/%	保持率/%	90°拉伸模量/GPa	离散系数/%	保持率/%	测试标准
－55 ℃干态	115.4	7.5	110.80	9.62	1.9	105.98	ASTM D3039
23 ℃干态	104.1	4.5	/	9.08	1.5	/	
82 ℃干态	83.1	5.8	79.79	9.10	2.3	100.22	
120 ℃干态	68.1	3.3	65.35	8.36	2.2	92.11	
82 ℃湿态	79.3	4.6	76.14	9.39	3.9	103.42	
120 ℃湿态	61.4	4.9	59.00	6.97	1.0	76.73	

　　表 6.69 所列为 AS4/PEEK 复合材料 0°压缩性能。结果显示，－55 ℃、23 ℃温度条件下的 0°压缩强度与 0°压缩模量相比，23 ℃温度条件下的 0°压缩强度与 0°压缩模量均较低。当温度升高到 82 ℃时，0°压缩强度和模量下降。当温度进一步升高到 120 ℃时，0°压缩强度进一步下降，而模量基本保持不变。湿热处理后，82 ℃与 120 ℃条件下测试的 0°压缩强度和 0°压缩模量与对应温度干态结果差别不大。该结果表明，AS4/PEEK 复合材料的 0°压缩性能受湿热与高温处理影响不大。

表 6.69　AS4/PEEK 复合材料 0°压缩性能

测试状态	0°压缩强度/MPa	离散系数/%	保持率/%	0°压缩模量/GPa	离散系数/%	保持率/%	测试标准
－55 ℃干态	1 323	11.6	108.09	121	3.9	103.42	SACMA 1R/94
23 ℃干态	1 224	22.9	/	117	5.4	/	
82 ℃干态	1 105	20.9	90.28	105	4.0	89.74	
120 ℃干态	899	20.1	73.45	102	4.8	87.18	
82 ℃湿态	971	21.6	79.33	104	3.5	88.89	
120 ℃湿态	982	9.3	80.23	98	3.3	83.76	

　　表 6.70 所列为 AS4/PEEK 复合材料 90°压缩性能。结果显示，－55 ℃温度条件下 AS4/PEEK 复合材料的 90°压缩强度高于室温干态下的数值。随着温度升高，试样的 90°压缩强度

逐渐降低,而湿热处理对 82 ℃温度条件下的试样 90°压缩强度影响很小,对 120 ℃温度条件下的试样 90°压缩强度有一定影响。90°压缩强度的结果表明,AS4/PEEK 复合材料的界面性能受到湿热与高温的综合影响,在 120 ℃湿态下保持率为 58.32%,仅能维持一定程度的界面结合。

表 6.70　AS4/PEEK 复合材料 90°压缩性能

测试状态	90°压缩强度/MPa	离散系数/%	保持率/%	90°压缩模量/GPa	离散系数/%	保持率/%	测试标准
−55 ℃干态	240	15.4	123.27	11.47	9.2	110.45	
23 ℃干态	195	5.6	/	10.38	1.4	/	
82 ℃干态	149	5.8	76.35	9.49	3.7	91.40	SACMA 1R/94
120 ℃干态	133	3.9	68.05	—	—	—	
82 ℃湿态	152	7.7	78.29	9.93	2.0	95.64	
120 ℃湿态	114	3.7	58.32				

表 6.71 所列为 AS4/PEEK 复合材料短梁剪切性能。结果显示,−55 ℃、23 ℃温度条件下的短梁剪切强度比较,23 ℃温度条件下的数值较低,而随着温度的升高,短梁剪切强度逐渐降低。湿热处理后,对应温度的短梁剪切强度基本保持不变,说明湿热处理对 AS4/PEEK 复合材料界面的抗纵向剪切能力影响不大,而高温处理对其影响比较显著。

表 6.71　AS4/PEEK 复合材料短梁剪切性能

测试状态	短梁剪切强度/MPa	离散系数/%	保持率/%	测试标准
−55 ℃干态	114	27.5	107.06	
23 ℃干态	106	1.2	/	
82 ℃干态	85	1.7	79.82	ASTM D2344
120 ℃干态	76	1.5	71.96	
82 ℃湿态	86	1.5	80.82	
120 ℃湿态	74	2.7	70.02	

表 6.72 所列为 AS4/PEEK 复合材料弯曲性能。结果显示,−55 ℃与 23 ℃温度条件下的弯曲强度和弯曲模量相比较,23 ℃温度条件下弯曲强度与弯曲模量均较低。温度升高到 82 ℃后,弯曲强度和弯曲模量均降低。当温度继续升高到 120 ℃后,弯曲强度和弯曲模量均进一步降低。湿热处理后,对应温度下测试结果与干态差别不大。

表 6.73 所列为 AS4/PEEK 复合材料面内剪切性能。结果显示,−55 ℃下 AS4/PEEK 复合材料的面内剪切强度高于室温干态下的数值。随着温度升高,试样的面内剪切强度逐渐降低,而湿热处理对 82 ℃温度条件下的试样面内剪切强度影响很小,对 120 ℃温度条件下的试样面内剪切强度有一定影响。面内剪切强度的结果表明,AS4/PEEK 复合材料的界面性能受到湿热与高温的综合影响,在 120 ℃湿态下保持率为 58.32%,仅能维持一定程度的界面结合。

表 6.72 AS4/PEEK 复合材料弯曲性能

测试状态	弯曲强度/MPa	离散系数/%	保持率/%	弯曲模量/GPa	离散系数/%	保持率/%	测试标准
−55 ℃干态	1 602	8.3	103.35	118	1.4	97.52	
23 ℃干态	1 550	6.3	/	121	2.0	/	
82 ℃干态	1 375	1.9	88.71	105	1.7	86.78	ASTM D7264
120 ℃干态	1 114	4.0	71.87	98	3.3	80.99	
82 ℃湿态	1 256	9.7	81.03	102	2.6	84.30	
120 ℃湿态	1 013	4.3	65.35	99	1.2	81.82	

表 6.73 AS4/PEEK 复合材料面内剪切性能

测试状态	面内剪切强度/MPa	离散系数/%	保持率/%	面内剪切模量/GPa	离散系数/%	保持率/%	测试标准
−55 ℃干态	97.1	5.4	134.09	4.94	4.1	114.41	
23 ℃干态	72.4	3.0	/	4.32	2.4	/	
82 ℃干态	59.9	5.2	82.76	3.58	9.4	82.85	ASTM D3518
120 ℃干态	48.7	4.3	67.17	2.39	6.1	55.25	
82 ℃湿态	57.4	6.1	79.29	3.57	4.0	82.78	
120 ℃湿态	41.7	3.1	57.56	1.89	2.8	43.69	

表 6.74 所列为 AS4/PEEK 复合材料开孔拉伸性能。结果显示，−55 ℃温度条件下 AS4/PEEK 复合材料的开孔拉伸强度与 23 ℃干态下结果基本一致，120 ℃湿态下，AS4/PEEK 复合材料的开孔拉伸强度由 23 ℃干态的 447 MPa 下降至 409 MPa，保持率为 91.45%，下降幅度较小。复合材料开孔拉伸性能主要由碳纤维性能决定，受高温与湿热处理影响不大。

表 6.74 AS4/PEEK 复合材料开孔拉伸性能

测试状态	开孔拉伸强度/MPa	离散系数/%	保持率/%	测试标准
−55 ℃干态	461	4.3	103.02	
23 ℃干态	447	3.7	/	ASTM D5766
120 ℃湿态	409	6.1	91.45	

表 6.75 所列为 AS4/PEEK 复合材料开孔压缩性能。结果显示，−55 ℃、82 ℃温度条件下，AS4/PEEK 复合材料的开孔压缩强度与 23 ℃干态下的结果基本一致；120 ℃温度条件下，AS4/PEEK 复合材料的开孔压缩下降至 23 ℃干态时的 85% 左右。湿热处理对复合材料的开孔压缩强度影响不大。

AS4/PEEK 复合材料在 23 ℃干态下的冲击后压缩强度为 254 MPa。AS4/PEEK 复合材料宏观力学性能如图 6.23 所示。

表 6.75　AS4/PEEK 复合材料开孔压缩性能

测试状态	开孔拉伸强度/MPa	离散系数/%	保持率/%	测试标准
−55 ℃干态	312	4.0	98.68	ASTM D6484
23 ℃干态	316	6.0	/	
82 ℃干态	289	4.2	91.32	
120 ℃干态	262	3.2	82.88	
82 ℃湿态	306	4.2	96.91	
120 ℃湿态	273	4.0	86.41	

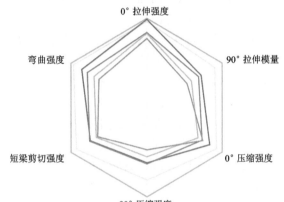

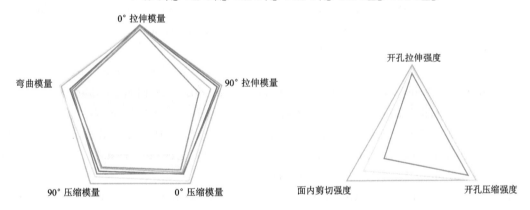

图 6.23　AS4/PEEK 复合材料宏观力学性能

原材料技术是先进复合材料研发的基础与前提,而增强纤维技术尤为重要。日本碳纤维生产代表了目前碳纤维不断向高性能发展的一个趋势。与此同时,国产碳纤维的生产技术在近几十年迅猛发展,形成了一系列成熟的牌号体系。航空碳纤维增强聚合物基结构复合材料可分为中温、中高温和高温复合材料,主要对应环氧树脂、双马来酰亚胺树脂及聚酰亚胺等热固性聚合物。相应地,国产碳纤维与航空用聚合物的匹配技术日益成熟。同时,碳纤维增强热塑性聚合物基复合材料的研发又使得复合材料的应用更加广泛。本书中的数据均为研制过程中的阶段性数据,仅供参考。

参考文献

[1] 益小苏，杜善义，张立同. 复合材料手册[M]. 北京：化学工业出版社，2009.

[2] 陈祥宝. 聚合物基复合材料手册[M]. 北京：化学工业出版社，2004.

[3] 贺福. 碳纤维及石墨纤维[M]. 北京：化学工业出版社，2010.

[4] 师昌绪，李恒德，周廉. 材料科学与工程手册[M]. 北京：化学工业出版社，2004.

[5] 包建文，钟翔屿，张代军，等. 国产高强中模碳纤维及其增强高韧性树脂基复合材料研究进展[J]. 材料工程，2020，48(8)：16.

[6] 彭公秋，李国丽，曹正华，等. 高性能聚丙烯腈基碳纤维发展现状与分析[J]. 材料导报，2017，31(S2)：398-402.

[7] Kim jang-Kyo. Engineered interfaces in fiber reinforced composites[J]. 1998：329-365.

[8] Raphael N，Namratha K，Chandrashekar B N，et al. Surface modification and grafting of carbon fibers：A route to better interface[J]. Progress in Crystal Growth and Characterization of Materials，2018，64(3)：75-101.

[9] Bauer M，Beratz S，Ruhland K，et al. Anodic oxidation of carbon fibers in alkaline and acidic electrolyte：Quantification of surface functional groups by gas-phase derivatization [J]. Applied Surface Science，2020，506：144947.

[10] Li J，Yang Z，Huang X，et al. Interfacial reinforcement of composites by the electrostatic self-assembly of graphene oxide and NH_3 plasma-treated carbon fiber [J]. Applied Surface Science，2022，585：152717.

[11] Chen F，Liu X，Liu H，et al. Improved interfacial performance of carbon fiber/polyetherimide composites by polyetherimide and modified graphene oxide complex emulsion type sizing agent[J]. High Performance Polymers，2022，34(3)：292-309.

[12] Raphael N，Namratha K，Chandrashekar B N，et al. Surface modification and grafting of carbon fibers：A route to better interface[J]. Progress in Crystal Growth and Characterization of Materials，2018，64(3)：75-101.

[13] Teklal F，Djebbar A，Allaoui S，et al. A review of analytical models to describe pull-out behavior-Fiber/matrix adhesion[J]. Composite Structures，2018，201：791-815.

[14] Xiong S，Zhao Y，Wang Y，et al. Enhanced interfacial properties of carbon fiber/epoxy composites by coating carbon nanotubes onto carbon fiber surface by one-step dipping method[J]. Applied Surface Science，2021，546：149135.

[15] Chen J，Li G，Liu Z，et al. Influence of the electrochemical treatment level of carbon fibers on the compression after impact property of carbon fiber/epoxy composites[J]. Polymer Composites，2022.

[16] Li X，Zhao Y，Wang K. Interfacial crystallization behavior of poly (ether-ether-ketone) on polyimide-modified CCF300 carbon fibers[J]. Polymer Composites，2020，41

(6)：2433-2445.

[17] Liu H，Zhao Y，Li N，et al. Effect of polyetherimide sizing on surface properties of carbon fiber and interfacial strength of carbon fiber/polyetheretherketone composites [J]. Polymer Composites，2021，42(2)：931-943.

[18] Chen J，Wang K，Zhao Y. Enhanced interfacial interactions of carbon fiber reinforced PEEK composites by regulating PEI and graphene oxide complex sizing at the interface [J]. Composites Science and Technology，2018，154：175-186.

[19] Liu H，Zhao Y，Chen F，et al. Effects of polyetherimide sizing involving carbon nanotubes on interfacial performance of carbon fiber/polyetheretherketone composites[J]. Polymers for Advanced Technologies，2021，32(9)：3689-3700.

[20] Liu H，Zhao Y，Li N，et al. Enhanced interfacial strength of carbon fiber/PEEK composites using a facile approach via PEI&ZIF-67 synergistic modification[J]. Journal of Materials Research and Technology，2019，8(6)：6289-6300.

[21] Lacroix T，Tilmans B，Keunings R，et al. Modelling of critical fibre length and interfacial debonding in the fragmentation testing of polymer composites[J]. Composites Science and Technology，1992，43(4)：379-387.

[22] Pillay S，Vaidya U K，Janowski G M. Effects of moisture and UV exposure on liquid molded carbon fabric reinforced nylon 6 composite laminates[J]. Composites Science & Technology，2009，69(6)：839-846.

[23] Zhang A，Lu H，Zhang D. Synergistic effect of cyclic mechanical loading and moisture absorption on the bending fatigue performance of carbon/epoxy composites[J]. Journal of Materials Science，2014，49(1)：314-320.

[24] Akay M，Spratt G R，Meenan B. The effects of long-term exposure to high temperatures on the ILSS and impact performance of carbon fibre reinforced bismaleimide[J]. Composites Science & Technology，2003，63(7)：1053-1059.

[25] Shetty K，Srihari S，Manjunatha C M. Effect of hygrothermal aging on the interlaminar shear strength of a carbon fibre composite[J]. Procedia Structural Integrity，2019 (14)：849-854.

[26] 隋晓东,熊舒,朱亮,等. 国产T800级碳纤维/环氧树脂复合材料湿热性能[J]. 航空材料学报，2019，3(39)：88-93.

[27] 李博,文友谊,王千足,等. 航空用国产碳纤维/双马树脂复合材料湿热力学性能[J]. 航空材料学报，2020，5(40)：80-87.

[28] Standard test method for moisture absorption properties and equilibrium conditioning of polymer matrix composite materials：ASTM D5229 [S]. [2022-10-24].

[29] Standard test method for compressive properties of polymer matrix composite materials using a combined loading compression (CLC) test fixture：ASTM D6641[S]. [2022-10-24].

[30] Standard test method for tensile properties of polymer matrix composite materials：ASTM D3039[S]. [2022-10-24].

［31］ Standard test method for short-beam strength of polymer matrix composite material and their laminates:ASTM D2344—2016［S］.［2022-10-24］.

［32］ Standard test method for flexural properties of polymer matrix composite materials: ASTM D7264［S］.［2022-10-24］.

［33］中国国家标准化管理委员会.聚合物基复合材料短梁剪切强度试验方法:GB/T 30969—2014［S］.北京:中国标准出版社,2014.

［34］王迎芬,彭公秋,李国丽,等.T800H 碳纤维表面特性及 T800H/BA9918 复合材料湿热性能研究［J］.材料科学与工艺,2015,23(4):115-120.

［35］王迎芬,彭公秋,谢富原,等.国产 T700 级碳纤维/BMI 复合材料湿热性能［J］.材料科学与工艺,2018,26(3):22-28.

［36］彭公秋,李珂,钟翔屿,等.国产 T800H 炭纤维与 M40J 石墨纤维层内混杂复合材料性能对比［J］.新型炭材料,2020,6(35):776-784.

［37］ Cox H L. The elasticity and strength of paper and other fibrous materials［J］. British Journal of Applied Physics,1952,3(3):72.

［38］ Kelly A,Tyson W R. Fiber-strengthened materials［J］. 1964.

［39］ Teklal F,Djebbar A,Allaoui S,et al. A review of analytical models to describe pull-out behavior—Fiber/matrix adhesion［J］. Composite Structures,2018,201:791-815.

［40］ Piggott M R,Sanadi A,Chua P S,et al. Mechanical interactions in theinterphasial region of fibre reinforced thermosets［J］. Composite Interfaces,1986:109-121.

［41］ Penn L S,Chou C T. Identification of factors affecting single filament pull-out test results［J］. Composites Technology and Research,1990,12(3):164-171.

［42］ Palley I,Stevans D. A fracture mechanics approach to the single fiber pull-out problem as applied to the evaluation of the adhesion strength between the fiber and the matrix ［J］. Journal of Adhesion Science and Technology,1989,3(1):141-153.

［43］ Greszczuk L B. Theoretical studies of the mechanics of the fiber-matrix interface in composites［J］. Interfaces in Composites,1969:42-58.

［44］ Scheer R J,Nairn J A. Variational mechanics analysis of stresses and failure in micro-drop debond specimens［J］. Composites Engineering,1992,2(8):641-654.

［45］ Large-Toumi B. Etude ducomportement en fatigue de composites carbone/expoxy: Rôle de l'interface［D］. Ecully,Ecole Centrale de Lyon,1994.